JN033389

物理学アドバンストシリーズ

量子力学

萩野浩一［著］

大塚孝治・佐野雅己・宮下精二［編］

日本評論社

シリーズ刊行によせて

物理学は自然のあり方の普遍的な原理を追求するものであり，古くは惑星運動など物体の運動，電磁気に関する諸現象，また熱の諸現象に関して，力学，電磁気学，熱力学が構築され，古典物理学として 19 世紀に完成した．それに関する不備が物理の暗雲として指摘され，20 世紀に入り，エネルギーの非常に大きな現象 (相対論)，エネルギーの非常に小さな現象 (量子力学)，さらに相転移など自由度が大きい系での集団運動 (統計力学) に関する飛躍的な進展が現代物理学として定式化された．これらは，21 世紀に入りさらなる進歩を遂げ，物質の根源，宇宙の成り立ち，高度な機能物質や最近の量子情報技術，さらには生命の神秘など多岐にわたり，大きな力を発揮している．

本シリーズ「物理学アドバンストシリーズ」では，教養課程において，古典物理学など基礎的な物理学を習得した大学 3・4 年生を対象に，上記の物理学の諸分野での展開に興味を抱くきっかけになるような少しアドバンストな内容の教科書シリーズを企画した．そのため，現在盛んに研究が行われている諸分野の先端の先生方に，物理学がそれぞれの分野でどのような興味深い展開を見せるのかについて，最近の研究にも触れて，それぞれでの分野での物理学の果たす役割，その使い方をわかりやすく説明していただくようにお願いした．

シリーズでは，量子力学，統計力学のより進んだ内容，宇宙への適用も含めた流体力学をはじめ，アドバンストな物理の素粒子，原子核，宇宙分野，物性物理学，量子光学，生物物理，などへの展開，さらには最近非常に進んで来た新しい物理学手法としての計算物理学を取り上げた．

本シリーズを通して，具体的にどのように物理学が諸問題で活躍しているかに触れ，物理の面白さの発見につながっていくことを期待している．

2021 年 7 月

編集委員　大塚孝治・佐野雅己・宮下精二

はじめに

量子力学は，相対性理論とともに現代物理学の金字塔である．相対性理論の大部分がアインシュタイン一人の手によって完成したのに対し，量子力学はプランク，ド・ブロイ，シュレーディンガー，ハイゼンベルク，ボーア，パウリ，ディラックをはじめとして多くの物理学者がその発展に関与した．量子力学には，不確定性原理や光の二重性など，古典力学とはまったく相容れない不思議な世界があり，初学者は古典力学とのあまりの違いに大いにとまどうとともにその不思議さに魅了される．そして，ひとたび量子力学の考えに「慣れ」てしまうと，量子力学を用いて物理学や化学の多くの現象が説明されることに目を奪われることになる．

本書では，初学者を意識しつつも，ややアドバンスな内容を含めるような執筆を心掛けた．これまでに，日本語，英語を問わず，量子力学の良い教科書が数多く存在する．そこで，本書では前期量子論や量子力学の歴史はできるだけ省略し，散乱理論や半古典論など，これまでの量子力学の教科書でしばしば簡略化されたり省略されたりしてきた内容に多くのページ数を割くようにした．このために，量子力学のごく初歩的な内容は簡単にまとめるだけにとどまったところも少なくない．初めて量子力学を学ぶ読者は，特に前半の部分を他の教科書で内容を補いながら本書を読むことをお勧めする．

本書で力を入れた内容のうち，特に散乱理論に関しては，筆者の専門 (原子核反応理論) と近いこともあり，さまざまな内容を盛り込んだ．その１つが，半古典論を用いた散乱理論である．これは，量子力学の教科書で触れられることはほとんどないが，半古典論を介すると量子散乱理論をよりクリアに，そしてより深く理解することができるというメリットがある．また，最近活発に研究が行われている弱束縛系や冷却原子の物理で重要になる散乱長，バーチャル状態，共鳴状態などの内容も含めた．量子散乱理論や半古典論は，原子核物理などの専門書を読むと詳しく書いてあることも多いが，そのような専門書を参照しなくても量子力学の教科書の中で基本的な内容をしっかり説明したい，という思いをこめたつもりである．また，砂川重信著『散乱の量子論』(岩波全書) のような名著もあるが，量子力学の初学者やそれに近い人にとってはやや敷居が高いかもしれない．本書がそのような量子散乱理論に特化した教科書への橋渡しになるようになればいいのではないかと考えている．また，最近発展が目覚ましい量子情報理論の入門の章も本書に含めた．ただし，本書では初歩的な内容しか取り扱っていないので，本書を読んで興味を持った読者はより進んだ教科書を参照して欲しい．

この教科書は，筆者が東北大学理学部物理学科で行った量子力学 II, III の講義，および京都大学理学部物理学科で行った量子力学特論 I の講義がベースになっている．京都大学における講義に関して助言をしていただいた京都大学の菅沼秀夫博士，本書の執筆を勧めてくださり筆者が気が付かなかった多くのコメントを下さった大塚孝治東京大学名誉教授，出版に至るまでお世話になった日本評論社の筧裕子氏，そして原稿を読んで数多くの有益なコメントをくれた鵜沢浩太朗さん，内藤智也さん，長瀬伊織さん，長谷川直人さん，松本萌末さんの皆さんに感謝申し上げる．

2022 年 1 月

萩野浩一

目次

第1章

量子力学と波動関数

1.1 波動関数とシュレーディンガー方程式

量子力学は，プランク (Planck) がエネルギー量子の概念を提案したことから始まる．彼は，「周波数 ν を持つ電磁波のエネルギーは連続的に変化せず，$h\nu$ の整数倍しかとれない」という仮定をおき，当時謎であった黒体輻射のスペクトルを見事に説明した．古典力学では物体のエネルギーは連続的にどのような値でもとれるのに対し，プランクの考えによると電磁波のエネルギーは $h\nu, 2h\nu, 3h\nu, \cdots$ という離散的な値しかとれないことになる．これを，エネルギーが**量子化**されているという．定数 h はプランク定数とよばれ，$h = 6.6261 \times 10^{-34}$ J s (ジュール秒) という値を持つ．また，角振動数 $\omega = 2\pi\nu$ を用いると，$h\nu = \dfrac{h}{2\pi}\omega$ と書き直すこともできる．しばしば，$h/2\pi$ は $\hbar$ と表され，$\hbar = 1.0546 \times 10^{-34}$ J s という値を持つ．$\hbar$ を用いるとエネルギーは $\hbar\omega$ と表せる．h や $\hbar$ に光速 c をかけた量は，「エネルギー × 長さ」の次元を持つ [1]．

エネルギー量子の考え方は，光が粒子の性質を持つことを示唆する．すなわち，$h\nu$ のエネルギーをもつ粒子 (「フォトン (光子)」とよばれる) が 1 個，2 個，3 個，… 存在すると考えれば，電磁波のエネルギーの離散性が説明できる．この光の粒子性は，後に，光電効果に対するアインシュタインの理論的研究やコンプトン散

1) 電子が 1 ボルトの電位差を抵抗なしに通過するときに得るエネルギーを 1 電子ボルト (1 eV) と定義すると，$\hbar c = 1.973 \times 10^{-7}$ eV m という値を持つ．1 MeV = 10^6 eV, 1 fm = 10^{-15} m を用いると，$\hbar c = 197.3$ MeV fm である．あるいは，1 Å=10^{-10} m を用いると $\hbar c = 1973$ eV Å とも書ける．物理量のおおよその値を知りたい場合には，しばしば $\hbar c \simeq 200$ MeV fm = 2000 eV Å という近似が用いられる．

乱の実験によって確かめられた．

電磁波のように波の性質を持つ光が粒子の性質も合わせ持つのであれば，逆に，粒子として振る舞っているものも波としての性質を持つのではないか．これがド・ブロイ (de Broglie) が最初に提唱した物質波 (ド・ブロイ波) の考え方である．彼は，運動量 $\boldsymbol{p}$ とエネルギー E を持つ自由粒子の運動は，波数ベクトル $\boldsymbol{k}=\boldsymbol{p}/\hbar$ および角振動数 $\omega=E/\hbar$ で特徴づけられる波動

$$\psi(\boldsymbol{r},t)=e^{i\boldsymbol{k}\cdot\boldsymbol{r}-i\omega t}=e^{i\boldsymbol{p}\cdot\boldsymbol{r}/\hbar-iEt/\hbar} \tag{1.1}$$

で記述できると主張した．ここで，$\boldsymbol{r}$ は空間の座標，t は時刻を表す．また，この式の右辺の指数関数の肩における 2 つの項の符号の違いは，相対論に基づく考察による．この波動の波長 $\lambda\!\!\!^{-}=\hbar/p=1/k$ はド・ブロイ波長とよばれる ($\hbar$ と同様に λ の記号の中にバーがついていることに注意．これは通常の波長の定義 $\lambda=2\pi/k$ を 2π で割ったものである)．シュレーディンガーはさらに，ド・ブロイ波 (1.1) が方程式

$$i\hbar\frac{\partial}{\partial t}\psi(\boldsymbol{r},t)=-\frac{\hbar^2}{2m}\boldsymbol{\nabla}^2\psi(\boldsymbol{r},t) \tag{1.2}$$

に従うことを見出した．ここで m は粒子の質量であり，微分演算子 $\boldsymbol{\nabla}$ は $\boldsymbol{\nabla}=\left(\frac{\partial}{\partial x},\frac{\partial}{\partial y},\frac{\partial}{\partial z}\right)$ で定義される．実際に式 (1.1) をこの式に代入すると，自由粒子の古典力学的なエネルギーの関係式

$$E=\frac{\boldsymbol{p}^2}{2m} \tag{1.3}$$

が導かれる．

式 (1.2) は古典的なエネルギーの式 (1.3) で

$$E\to i\hbar\frac{\partial}{\partial t},\qquad \boldsymbol{p}\to\hat{\boldsymbol{p}}=\frac{\hbar}{i}\boldsymbol{\nabla} \tag{1.4}$$

という置き換えをし，関数 $\psi(\boldsymbol{r},t)$ に演算したものとみなすことができる (微分演算子の前の係数の符号の違いは，式 (1.1) の右辺における符号の違いに起因する)．このとき，エネルギー E や運動量 $\boldsymbol{p}$ は古典的な数 (しばしば classical を意味する c を用いて「c 数」とよばれる) ではなく，関数 $\psi(\boldsymbol{r},t)$ に作用する**演算子** (「q 数」ともよばれる) となる．これを量子化の手続きという．c 数と演算子を区別す

るために，演算子にはしばしば ^ (ハット) の記号が付けられる．

量子化の手続きは，粒子がポテンシャル $V(\boldsymbol{r},t)$ を感じながら運動する場合にも適用することができる．このとき，古典的なエネルギーは

$$E=\frac{\boldsymbol{p}^2}{2m}+V(\boldsymbol{r},t) \tag{1.5}$$

であるので，これから

$$i\hbar\frac{\partial}{\partial t}\psi(\boldsymbol{r},t)=\left(-\frac{\hbar^2}{2m}\boldsymbol{\nabla}^2+V(\boldsymbol{r},t)\right)\psi(\boldsymbol{r},t) \tag{1.6}$$

が得られる．これは**シュレーディンガー方程式**とよばれ，量子力学の基礎方程式である．この方程式の右辺に現れる演算子を

$$\hat{H}=-\frac{\hbar^2}{2m}\boldsymbol{\nabla}^2+V(\boldsymbol{r},t) \tag{1.7}$$

と書き，これを**ハミルトニアン**とよぶ．また，関数 $\psi(\boldsymbol{r},t)$ は一般に**波動関数**とよばれ，ド・ブロイ波を一般化したものとみなすことができる．

シュレーディンガー方程式 (1.6) は波動関数 $\psi(\boldsymbol{r},t)$ に関して線形な微分方程式である．したがって，波動関数 $\psi_1(\boldsymbol{r},t)$ と $\psi_2(\boldsymbol{r},t)$ がともにシュレーディンガー方程式 (1.6) を満たすとすると，それらの適当な線形和 (線形結合ともいう) をとった波動関数

$$\psi(\boldsymbol{r},t)=\alpha\psi_1(\boldsymbol{r},t)+\beta\psi_2(\boldsymbol{r},t) \tag{1.8}$$

もシュレーディンガー方程式を満たす (ここで，α，β は $\boldsymbol{r}$ や t に依らない定数)．これを**重ね合わせの原理**という．

ポテンシャル $V(\boldsymbol{r})$ が陽に時間に依存しないとき，波動関数を

$$\psi(\boldsymbol{r},t)=\phi(\boldsymbol{r})e^{-iEt/\hbar} \tag{1.9}$$

とおいてシュレーディンガー方程式に代入し変数 t と変数 $\boldsymbol{r}$ を分離すると，$\phi(\boldsymbol{r})$ は

$$\left(-\frac{\hbar^2}{2m}\boldsymbol{\nabla}^2+V(\boldsymbol{r})\right)\phi(\boldsymbol{r})=E\phi(\boldsymbol{r}) \tag{1.10}$$

を満たす．この式も (時間に依らない) シュレーディンガー方程式とよばれる．こ

のとき，$\phi(\boldsymbol{r})$ をハミルトニアン $\hat{H}$ の**固有波動関数**，E を**エネルギー固有値**といい，また固有波動関数 $\phi(\boldsymbol{r})$ で記述される状態をハミルトニアン $\hat{H}$ の**固有状態**という．

1.2 波動関数の確率解釈

波動関数 $\psi(\boldsymbol{r},t)$ は粒子の運動，あるいはより一般的には粒子の状態を記述する．このとき，粒子は一般にある決まった座標にあるわけではなく，波動関数に従って分布していると解釈される．波動関数 $\psi(\boldsymbol{r},t)$ は「時刻 t において粒子を座標 $\boldsymbol{r}$ に見出す確率」の振幅に相当する．すなわち，時刻 t において粒子を位置 $\boldsymbol{r}$ とそこから微小量 $d\boldsymbol{r}$ 離れた位置 $\boldsymbol{r}+d\boldsymbol{r}$ の間に見出す確率は

$$P(\boldsymbol{r},t)d\boldsymbol{r}=|\psi(\boldsymbol{r},t)|^2d\boldsymbol{r} \tag{1.11}$$

で与えられる．これを**確率解釈**という．波動関数は一般に複素数であり，確率を計算するときにはその絶対値を2乗している．また，波動関数の全体としての位相は確率を計算する際には関係しない．

粒子は空間内のどこかには必ずいるはずなので，確率 $P(\boldsymbol{r})$ を全空間で積分すれば1になるはずである．すなわち，

$$1=\int d\boldsymbol{r}P(\boldsymbol{r},t)=\int d\boldsymbol{r}|\psi(\boldsymbol{r},t)|^2 \tag{1.12}$$

が成り立つ．これを**波動関数の規格化条件**とよぶ．ただし，この式が成り立つためには波動関数が遠方でゼロになる必要がある．

ここで，線形結合された状態 $\psi(\boldsymbol{r},t)=\psi_1(\boldsymbol{r},t)+\psi_2(\boldsymbol{r},t)$ に対して，確率 $P(\boldsymbol{r},t)$ を計算すると，

$$\begin{aligned}P(\boldsymbol{r},t)&=|\psi_1(\boldsymbol{r},t)+\psi_2(\boldsymbol{r},t)|^2\\&=|\psi_1(\boldsymbol{r},t)|^2+|\psi_2(\boldsymbol{r},t)|^2+\psi_1^*(\boldsymbol{r},t)\psi_2(\boldsymbol{r},t)+\psi_1(\boldsymbol{r},t)\psi_2^*(\boldsymbol{r},t)\end{aligned} \tag{1.13}$$

となる．この式で最初の2項が古典的な確率分布に相当するものである．後ろの2つの項が量子力学に特有な項で，これは状態 $\psi_1(\boldsymbol{r},t)$ と状態 $\psi_2(\boldsymbol{r},t)$ の干渉を表す．ψ_1 と ψ_2 の位相は古典的な確率分布では重要ではないが，干渉項ではその相対的な位相の差が重要となる．例えば，$\psi_i=|\psi_i|e^{i\theta_i}$ $(i=1,2)$ と書くと，式

(1.13) は

$$P(\boldsymbol{r},t)=|\psi_1|^2+|\psi_2|^2+2|\psi_1||\psi_2|\cos(\theta_1-\theta_2) \tag{1.14}$$

となる．最初の 2 項が位相に関係ないのに対し，最後の干渉項は ψ_1 と ψ_2 の位相の差 $\theta_1-\theta_2$ の関数になっているのがわかる．

ところで，波動関数 $\psi(\boldsymbol{r},t)$ を用いて密度 $\rho(\boldsymbol{r},t)$ および流束 (フラックス)$\boldsymbol{j}(\boldsymbol{r},t)$ を

$$\rho(\boldsymbol{r},t)=|\psi(\boldsymbol{r},t)|^2=P(\boldsymbol{r},t), \tag{1.15}$$

$$\boldsymbol{j}(\boldsymbol{r},t)=\frac{\hbar}{2im}(\psi^*(\boldsymbol{r},t)\boldsymbol{\nabla}\psi(\boldsymbol{r},t)-\psi(\boldsymbol{r},t)\boldsymbol{\nabla}\psi^*(\boldsymbol{r},t)) \tag{1.16}$$

と定義すると，シュレーディンガー方程式から**連続の方程式**

$$\frac{\partial}{\partial t}\rho(\boldsymbol{r},t)+\boldsymbol{\nabla}\cdot\boldsymbol{j}(\boldsymbol{r},t)=0 \tag{1.17}$$

を導くことができる．これを全空間で積分すると，

$$\frac{\partial}{\partial t}\int d\boldsymbol{r}\,\rho(\boldsymbol{r},t)=-\int d\boldsymbol{r}\,\boldsymbol{\nabla}\cdot\boldsymbol{j}(\boldsymbol{r},t)=0 \tag{1.18}$$

となる．ここで，わき出しや吸い込みがない限り $\int d\boldsymbol{r}\,\rho(\boldsymbol{r},t)$ が時間に対し一定であることを用いた．もし空間のある点 $\boldsymbol{r}_0$ で波動関数 $\psi(\boldsymbol{r},t)$ に不連続があるとすると，この方程式が成り立たなくなる．そのような解は物理的な状態を表さず，その解は棄却される．

1.3 演算子の期待値

前節の式 (1.11) を用いると，系が波動関数 $\psi(\boldsymbol{r},t)$ で記述される状態にあるとき，位置 $\boldsymbol{r}$ の期待値 $\langle\boldsymbol{r}\rangle$ は

$$\langle\boldsymbol{r}\rangle=\int d\boldsymbol{r}\,\boldsymbol{r}|\psi(\boldsymbol{r},t)|^2 \tag{1.19}$$

と計算できる．座標 $\boldsymbol{r}$ の関数 $f(\boldsymbol{r})$ の期待値も同様に

$$\langle f(\boldsymbol{r})\rangle=\int d\boldsymbol{r}\,f(\boldsymbol{r})|\psi(\boldsymbol{r},t)|^2 \tag{1.20}$$

で与えられる．

式 (1.19) の辺々の時間微分をとると，

$$\frac{d}{dt}\langle \boldsymbol{r}\rangle = \int d\boldsymbol{r}\,\boldsymbol{r}\left[\left(\frac{\partial}{\partial t}\psi^*(\boldsymbol{r},t)\right)\psi(\boldsymbol{r},t)+\psi^*(\boldsymbol{r},t)\left(\frac{\partial}{\partial t}\psi(\boldsymbol{r},t)\right)\right] \tag{1.21}$$

となる．ここでシュレーディンガー方程式 (1.6) およびその複素共役 $-i\hbar\dot{\psi}^* = \hat{H}\psi^*$ を用いると (ψ^* の上のドットは時間微分を表す)，この式は

$$\frac{d}{dt}\langle \boldsymbol{r}\rangle = \frac{\hbar}{2im}\int d\boldsymbol{r}\,[(\boldsymbol{\nabla}^2\psi^*(\boldsymbol{r},t))\boldsymbol{r}\psi(\boldsymbol{r},t)-\psi^*(\boldsymbol{r},t)\boldsymbol{r}(\boldsymbol{\nabla}^2\psi(\boldsymbol{r},t))] \tag{1.22}$$

と書き直すことができる．波動関数 ψ が遠方で十分ゼロになるとき，第1項に対して2回部分積分をすると

$$\frac{d}{dt}\langle \boldsymbol{r}\rangle = \frac{\hbar}{2im}\int d\boldsymbol{r}\,[\psi^*(\boldsymbol{r},t)\boldsymbol{\nabla}^2(\boldsymbol{r}\psi(\boldsymbol{r},t))-\psi^*(\boldsymbol{r},t)\boldsymbol{r}(\boldsymbol{\nabla}^2\psi(\boldsymbol{r},t))] \tag{1.23}$$

となるが，$\boldsymbol{\nabla}^2(\boldsymbol{r}\psi(\boldsymbol{r},t))=2\boldsymbol{\nabla}\psi(\boldsymbol{r},t)+\boldsymbol{r}\boldsymbol{\nabla}^2\psi(\boldsymbol{r},t)$ であるから，

$$\frac{d}{dt}\langle \boldsymbol{r}\rangle = \frac{\hbar}{im}\int d\boldsymbol{r}\,\psi^*(\boldsymbol{r},t)\boldsymbol{\nabla}\psi(\boldsymbol{r},t) \tag{1.24}$$

を得る．$m\dfrac{d\langle \boldsymbol{r}\rangle}{dt}$ を運動量 $\boldsymbol{p}$ の期待値とみなせば，これより

$$\langle \boldsymbol{p}\rangle = \int d\boldsymbol{r}\,\psi^*(\boldsymbol{r},t)\left(\frac{\hbar}{i}\boldsymbol{\nabla}\right)\psi(\boldsymbol{r},t) \tag{1.25}$$

を得る．これは式 (1.4) の運動量演算子 $\hat{\boldsymbol{p}}=\dfrac{\hbar}{i}\boldsymbol{\nabla}$ を波動関数 $\psi(\boldsymbol{r},t)$ とその複素共役 $\psi^*(\boldsymbol{r},t)$ ではさんで積分をした形をしている．

ところで，波動関数のフーリエ逆変換

$$\tilde{\psi}(\boldsymbol{p},t) = \frac{1}{\sqrt{(2\pi\hbar)^3}}\int d\boldsymbol{r}\,\psi(\boldsymbol{r},t)e^{-i\boldsymbol{p}\cdot\boldsymbol{r}/\hbar} \tag{1.26}$$

を用いて波動関数 $\psi(\boldsymbol{r},t)$ は

$$\psi(\boldsymbol{r},t) = \frac{1}{\sqrt{(2\pi\hbar)^3}}\int d\boldsymbol{p}\,\tilde{\psi}(\boldsymbol{p},t)e^{i\boldsymbol{p}\cdot\boldsymbol{r}/\hbar} \tag{1.27}$$

と書ける．$\psi(\boldsymbol{r},t)$ を波動関数の座標表示，$\tilde{\psi}(\boldsymbol{p},t)$ を波動関数の運動量表示とい

う．$\tilde{\psi}(\boldsymbol{p},t)$ を用いると $\boldsymbol{r}$ の期待値，$\boldsymbol{p}$ の期待値はそれぞれ

$$\langle \boldsymbol{r} \rangle = \int d\boldsymbol{p} \tilde{\psi}^*(\boldsymbol{p},t)(i\hbar \boldsymbol{\nabla}_p)\tilde{\psi}(\boldsymbol{p},t), \tag{1.28}$$

$$\langle \boldsymbol{p} \rangle = \int d\boldsymbol{p}\, \boldsymbol{p} |\tilde{\psi}(\boldsymbol{p},t)|^2 \tag{1.29}$$

と表すことができる．ただし，$\boldsymbol{\nabla}_p = \left(\frac{\partial}{\partial p_x}, \frac{\partial}{\partial p_y}, \frac{\partial}{\partial p_z}\right)$ である．これより，座標 $\boldsymbol{r}$ に対する演算子を $\hat{\boldsymbol{r}} = i\hbar\boldsymbol{\nabla}_p$ のように定義することができることがわかる．

量子力学では，物理量は演算子の期待値として与えられる．一般に演算子 $\hat{A}$ の期待値は

$$\langle \hat{A} \rangle = \int d\boldsymbol{r} \psi^*(\boldsymbol{r},t)\hat{A}\psi(\boldsymbol{r},t) = \int d\boldsymbol{p} \tilde{\psi}^*(\boldsymbol{p},t)\hat{A}\tilde{\psi}(\boldsymbol{p},t) \tag{1.30}$$

と表される．座標の場合は $\hat{A} = \hat{\boldsymbol{r}} = i\hbar\boldsymbol{\nabla}_p$，運動量の場合は $\hat{A} = \hat{\boldsymbol{p}} = \frac{\hbar}{i}\boldsymbol{\nabla}$ である．ただし，後に 1.7 節で述べるように，$\hat{\boldsymbol{r}}\psi(\boldsymbol{r},t) = \boldsymbol{r}\psi(\boldsymbol{r},t)$，$\hat{\boldsymbol{p}}\tilde{\psi}(\boldsymbol{p},t) = \boldsymbol{p}\tilde{\psi}(\boldsymbol{p},t)$ が成り立つ (ハットが付いていない $\boldsymbol{r}$，$\boldsymbol{p}$ は c 数である)．

また，1.1 節で述べたハミルトニアン $\hat{H}$ の場合と同様に，演算子 $\hat{A}$ に対して固有状態を定義することができる．演算子 $\hat{A}$ の固有状態の波動関数を $\chi_n(\boldsymbol{r})$，固有値を A_n とすると，これらは

$$\hat{A}\chi_n(\boldsymbol{r}) = A_n\chi_n(\boldsymbol{r}) \tag{1.31}$$

を満たす．

1.4 演算子のエルミート共役とオブザーバブル

式 (1.30) のような積分を，異なる 2 つの波動関数 ψ_1 と ψ_2 で行うことを考えよう．すなわち，

$$A_{12} \equiv \int d\boldsymbol{r} \psi_1^*(\boldsymbol{r},t)\hat{A}\psi_2(\boldsymbol{r},t) = \int d\boldsymbol{p} \tilde{\psi}_1^*(\boldsymbol{p},t)\hat{A}\tilde{\psi}_2(\boldsymbol{p},t) \tag{1.32}$$

という量を考える．これを演算子 $\hat{A}$ の**行列要素**という．このとき，

$$(A^\dagger)_{12} = (A_{21})^* \tag{1.33}$$

という性質を満たす演算子 $\hat{A}^\dagger$ を考え，これを演算子 $\hat{A}$ の**エルミート共役**という．すなわち，

$$\int d\boldsymbol{r}\,\psi_1^*(\boldsymbol{r},t)\hat{A}^\dagger\psi_2(\boldsymbol{r},t)=\left(\int d\boldsymbol{r}\,\psi_2^*(\boldsymbol{r},t)\hat{A}\psi_1(\boldsymbol{r},t)\right)^*, \tag{1.34}$$

$$\int d\boldsymbol{p}\,\tilde{\psi}_1^*(\boldsymbol{p},t)\hat{A}^\dagger\tilde{\psi}_2(\boldsymbol{p},t)=\left(\int d\boldsymbol{p}\,\tilde{\psi}_2^*(\boldsymbol{p},t)\hat{A}\tilde{\psi}_1(\boldsymbol{p},t)\right)^* \tag{1.35}$$

である．

$\hat{A}=\hat{A}^\dagger$ となる演算子のことを特に**エルミート演算子**とよぶ．式 (1.34) で $\psi_1=\psi_2=\psi$ とおき $\hat{A}=\hat{A}^\dagger$ を用いると

$$\int d\boldsymbol{r}\,\psi^*(\boldsymbol{r},t)\hat{A}\psi(\boldsymbol{r},t)=\left(\int d\boldsymbol{r}\,\psi^*(\boldsymbol{r},t)\hat{A}\psi(\boldsymbol{r},t)\right)^* \tag{1.36}$$

となるから，エルミート演算子は常に実数の期待値をとる．同様のことは式 (1.35) を用いても証明できる．現実の**観測可能量 (オブザーバブル)** は必ず実数の値が観測されるため，そのような量はエルミート演算子を用いて記述されることになる．例えば，運動量演算子に対して

$$\left[\int d\boldsymbol{r}\,\psi_2^*(\boldsymbol{r},t)\left(\frac{\hbar}{i}\boldsymbol{\nabla}\right)\psi_1(\boldsymbol{r},t)\right]^*=\left[\int d\boldsymbol{r}\,\psi_2(\boldsymbol{r},t)\left(-\frac{\hbar}{i}\boldsymbol{\nabla}\right)\psi_1^*(\boldsymbol{r},t)\right] \tag{1.37}$$

であり，これを部分積分すると (簡単のために，ここでは波動関数 $\psi_1(\boldsymbol{r},t)$, $\psi_2(\boldsymbol{r},t)$ は遠方で十分ゼロになるとする．ただし，波動関数が無限に広がっている場合でも，後の 2.6.1 節のような取り扱いをすれば結果は同じになる)，

$$(\text{右辺})=\left[\int d\boldsymbol{r}\,\psi_1^*(\boldsymbol{r},t)\left(\frac{\hbar}{i}\boldsymbol{\nabla}\right)\psi_2(\boldsymbol{r},t)\right] \tag{1.38}$$

となるので，式 (1.34) より

$$\left(\frac{\hbar}{i}\boldsymbol{\nabla}\right)^\dagger=\frac{\hbar}{i}\boldsymbol{\nabla} \tag{1.39}$$

となる．すなわち，$\hat{\boldsymbol{p}}^\dagger=\hat{\boldsymbol{p}}$ であり，運動量演算子はエルミート演算子であることがわかる．同様に，

$$(i\hbar\boldsymbol{\nabla}_p)^\dagger=i\hbar\boldsymbol{\nabla}_p \tag{1.40}$$

が成り立ち，座標演算子 $\hat{\boldsymbol{r}}$ もエルミート演算子である．このことは座標や運動量

が観測可能な量であるということと合致している.

1.5 演算子の交換関係

量子力学では演算子が重要な役割を果たすが, 複数の演算子の積で作られる演算子を考えることもできる. ここで, 演算子 $\hat{A}$ と $\hat{B}$ の積 $\hat{A}\hat{B}$ を波動関数 ψ に作用させたものは, 演算子 $\hat{B}$ を波動関数に作用させてできた状態 $\phi \equiv \hat{B}\psi$ に $\hat{A}$ を作用させたものと定義する. すなわち,

$$\hat{A}\hat{B}\psi = \hat{A}(\hat{B}\psi) = \hat{A}\phi, \qquad \phi \equiv \hat{B}\psi \tag{1.41}$$

である.

量子力学では, 演算子 $\hat{A}$ と $\hat{B}$ の積 $\hat{A}\hat{B}$ とその順番を入れ替えた $\hat{B}\hat{A}$ は一般には一致しない. このため, 一般に

$$(\hat{A}+\hat{B})^2 = (\hat{A}+\hat{B})(\hat{A}+\hat{B}) = \hat{A}^2 + \hat{B}^2 + \hat{A}\hat{B} + \hat{B}\hat{A} \neq \hat{A}^2 + \hat{B}^2 + 2\hat{A}\hat{B} \tag{1.42}$$

となる. そこで $\hat{A}\hat{B}$ と $\hat{B}\hat{A}$ の差をとったものを演算子 $\hat{A}$ と $\hat{B}$ の**交換関係**といい, $[\hat{A},\hat{B}]$ と表す. すなわち,

$$[\hat{A},\hat{B}] \equiv \hat{A}\hat{B} - \hat{B}\hat{A} \tag{1.43}$$

である. 演算子の交換関係も一般に演算子である. また, 交換関係の定義から

$$[\hat{B},\hat{A}] = -[\hat{A},\hat{B}] \tag{1.44}$$

が成り立つことは自明である.

ここで座標演算子 $\hat{\boldsymbol{r}}$ の i 成分 $\hat{x}_i$ と運動量演算子 $\hat{\boldsymbol{p}}$ の j 成分 $\hat{p}_j$ の交換関係を計算してみよう. 前節で示したように, 運動量演算子 $\hat{p}_j$ は $\hat{p}_j = \dfrac{\hbar}{i}\dfrac{\partial}{\partial x_j}$ と表せる. これを用いると, 交換関係 $[\hat{x}_i,\hat{p}_j]$ を波動関数 $\psi(\boldsymbol{r},t)$ に作用させたものは,

$$[\hat{x}_i,\hat{p}_j]\psi(\boldsymbol{r},t) = (\hat{x}_i\hat{p}_j - \hat{p}_j\hat{x}_i)\psi(\boldsymbol{r},t) \tag{1.45}$$

であるが,

$$\hat{p}_j\hat{x}_i\psi(\boldsymbol{r},t) = \frac{\hbar}{i}\frac{\partial}{\partial x_j}[x_i\psi(\boldsymbol{r},t)] = \frac{\hbar}{i}\left(\frac{\partial x_i}{\partial x_j}\psi(\boldsymbol{r},t) + x_i\frac{\partial\psi(\boldsymbol{r},t)}{\partial x_j}\right)$$

$$=\frac{\hbar}{i}\left(\delta_{i,j}\psi(\boldsymbol{r},t)+x_i\frac{\partial\psi(\boldsymbol{r},t)}{\partial x_j}\right)$$
$$=-i\hbar\delta_{i,j}\psi(\boldsymbol{r},t)+x_i\hat{p}_j\psi(\boldsymbol{r},t) \tag{1.46}$$

に注意すると，

$$[\hat{x}_i,\hat{p}_j]\psi(\boldsymbol{r},t)=i\hbar\delta_{i,j}\psi(\boldsymbol{r},t) \tag{1.47}$$

となる．これが任意の波動関数 $\psi(\boldsymbol{r},t)$ に対して成り立つので，結局，

$$[\hat{x}_i,\hat{p}_j]=i\hbar\delta_{i,j} \tag{1.48}$$

を得る．これは**正準交換関係**とよばれる．また，式 (1.44) より

$$[\hat{p}_i,\hat{x}_j]=\frac{\hbar}{i}\delta_{i,j} \tag{1.49}$$

も成り立つ．

1.6　不確定性関係

x を $\boldsymbol{r}$ の x 座標として，波動関数 $\psi(\boldsymbol{r},t)$ で記述される状態における $\hat{x}$ の期待値 $\langle x\rangle$ および $\hat{p}_x$ の期待値 $\langle p_x\rangle$ は式 (1.19)，(1.25) より

$$\langle x\rangle=\int d\boldsymbol{r}\psi^*(\boldsymbol{r},t)x\psi(\boldsymbol{r},t), \tag{1.50}$$
$$\langle p_x\rangle=\int d\boldsymbol{r}\psi^*(\boldsymbol{r},t)\frac{\hbar}{i}\frac{\partial}{\partial x}\psi(\boldsymbol{r},t) \tag{1.51}$$

で与えられる．ここで，演算子 $(\hat{x}-\langle x\rangle)$ を波動関数 ψ に作用させた関数を ψ_x，演算子 $(\hat{p}_x-\langle p_x\rangle)$ を波動関数 ψ に作用させた関数を ψ_p と定義する．すなわち，

$$\psi_x(\boldsymbol{r},t)\equiv(\hat{x}-\langle x\rangle)\psi(\boldsymbol{r},t)=(x-\langle x\rangle)\psi(\boldsymbol{r},t), \tag{1.52}$$
$$\psi_p(\boldsymbol{r},t)\equiv(\hat{p}_x-\langle p_x\rangle)\psi(\boldsymbol{r},t)=\left(\frac{\hbar}{i}\frac{\partial}{\partial x}-\langle p_x\rangle\right)\psi(\boldsymbol{r},t) \tag{1.53}$$

である．

式 (1.52) の座標 x および期待値 $\langle x\rangle$，$\langle p_x\rangle$ は実数であるので，式 (1.12) のように波動関数 $\psi(\boldsymbol{r},t)$ が規格化されているとすると，

$$\int d\boldsymbol{r}\psi_x^*(\boldsymbol{r},t)\psi_x(\boldsymbol{r},t)=\int d\boldsymbol{r}\psi^*(\boldsymbol{r},t)(x^2-2x\langle x\rangle+\langle x\rangle^2)\psi(\boldsymbol{r},t)=\langle x^2\rangle-\langle x\rangle^2 \tag{1.54}$$

となる．これは座標 x の分散 $(\Delta x)^2$ に他ならない．また，

$$\begin{aligned}
&\int d\boldsymbol{r}\psi_p^*(\boldsymbol{r},t)\psi_p(\boldsymbol{r},t)\\
&=\int d\boldsymbol{r}\left(-\frac{\hbar}{i}\frac{\partial\psi^*(\boldsymbol{r},t)}{\partial x}-\langle p_x\rangle\psi^*(\boldsymbol{r},t)\right)\left(\frac{\hbar}{i}\frac{\partial\psi(\boldsymbol{r},t)}{\partial x}-\langle p_x\rangle\psi(\boldsymbol{r},t)\right)\\
&=\int d\boldsymbol{r}\left[\hbar^2\left(\frac{\partial\psi^*(\boldsymbol{r},t)}{\partial x}\right)\left(\frac{\partial\psi(\boldsymbol{r},t)}{\partial x}\right)-\langle p_x\rangle\psi^*(\boldsymbol{r},t)\left(\frac{\hbar}{i}\frac{\partial\psi(\boldsymbol{r},t)}{\partial x}\right)\right.\\
&\quad\left.+\langle p_x\rangle\left(\frac{\hbar}{i}\frac{\partial\psi^*(\boldsymbol{r},t)}{\partial x}\right)\psi(\boldsymbol{r},t)+\langle p_x\rangle^2\psi^*(\boldsymbol{r},t)\psi(\boldsymbol{r},t)\right]
\end{aligned} \tag{1.55}$$

であるが，ここで，波動関数 $\psi(\boldsymbol{r},t)$ が積分の端でゼロになることを用いて部分積分を行うと，

$$\begin{aligned}
&\int d\boldsymbol{r}\psi_p^*(\boldsymbol{r},t)\psi_p(\boldsymbol{r},t)\\
&=\int d\boldsymbol{r}\left[-\hbar^2\psi^*(\boldsymbol{r},t)\left(\frac{\partial^2\psi(\boldsymbol{r},t)}{\partial x^2}\right)-2\langle p_x\rangle\psi^*(\boldsymbol{r},t)\left(\frac{\hbar}{i}\frac{\partial\psi(\boldsymbol{r},t)}{\partial x}\right)\right]+\langle p_x\rangle^2\\
&=\langle\hat{p}_x^2\rangle-\langle\hat{p}_x\rangle^2=(\Delta p_x)^2
\end{aligned} \tag{1.56}$$

を得る．

これより，

$$(\Delta x)^2(\Delta p_x)^2=\left[\int d\boldsymbol{r}\psi_x^*(\boldsymbol{r},t)\psi_x(\boldsymbol{r},t)\right]\left[\int d\boldsymbol{r}\psi_p^*(\boldsymbol{r},t)\psi_p(\boldsymbol{r},t)\right] \tag{1.57}$$

となるが，コーシー-シュワルツの不等式よりこれには

$$(\Delta x)^2(\Delta p_x)^2\geq\left|\int d\boldsymbol{r}\psi_x^*(\boldsymbol{r},t)\psi_p(\boldsymbol{r},t)\right|^2 \tag{1.58}$$

というような下限値が存在する．

ところで，任意の複素数 z に対して

$$|z|^2=[z\text{ の実部}]^2+[z\text{ の虚部}]^2\geq[z\text{ の虚部}]^2=\left(\frac{z-z^*}{2i}\right)^2 \tag{1.59}$$

が成り立つので,

$$(\Delta x)^2(\Delta p_x)^2 \geq \left[\frac{1}{2i}\int d\boldsymbol{r}\psi_x^*(\boldsymbol{r},t)\psi_p(\boldsymbol{r},t) - \frac{1}{2i}\int d\boldsymbol{r}\psi_p^*(\boldsymbol{r},t)\psi_x(\boldsymbol{r},t)\right]^2 \tag{1.60}$$

が成り立つ. 式 (1.54), (1.56) と同様の計算を行うと,

$$\int d\boldsymbol{r}\psi_x^*(\boldsymbol{r},t)\psi_p(\boldsymbol{r},t) = \langle \hat{x}\hat{p}_x\rangle - \langle \hat{x}\rangle\langle \hat{p}_x\rangle, \tag{1.61}$$

$$\int d\boldsymbol{r}\psi_p^*(\boldsymbol{r},t)\psi_x(\boldsymbol{r},t) = \langle \hat{p}_x\hat{x}\rangle - \langle \hat{x}\rangle\langle \hat{p}_x\rangle \tag{1.62}$$

となるので,

$$(\Delta x)^2(\Delta p_x)^2 \geq \left(\frac{1}{2i}\langle[\hat{x},\hat{p}_x]\rangle\right)^2 \tag{1.63}$$

となる. ここで, 交換関係 (1.48) を用いると,

$$(\Delta x)^2(\Delta p_x)^2 \geq \left(\frac{\hbar}{2}\right)^2 \tag{1.64}$$

すなわち

$$(\Delta x)(\Delta p_x) \geq \frac{\hbar}{2} \tag{1.65}$$

を得る. これは**不確定性関係**とよばれる量子力学で重要な関係式の 1 つである. 不確定性関係は, 座標 x と運動量 p_x を同時に正確に決定することはできず, 必ず不定性が残ることを示している. もし片方を正確に決めるともう片方は完全に不確定になる. これは古典力学とは完全に異なる量子力学の特徴である (例えば, $\Delta x=0$ のとき $\Delta p_x=\infty$ となる).

不確定性関係 (1.65) は一般の場合にも拡張することができる. すなわち, 運動量 $\hat{\boldsymbol{p}}$ と座標 $\hat{\boldsymbol{r}}$ の場合と同様にして, 2 つのエルミート演算子 $\hat{A}$ と $\hat{B}$ の交換関係が

$$[\hat{A},\hat{B}] = i\hat{C} \tag{1.66}$$

であれば, 不確定性関係は

$$(\Delta A)(\Delta B) \geq \frac{|\langle \hat{C}\rangle|}{2} \tag{1.67}$$

となることを示すことができる．

もしエルミート演算子 $\hat{A}$ と $\hat{B}$ の交換関係がゼロ，すなわち $[\hat{A},\hat{B}]=0$ であれば物理量 A と B を同時に正確に決めることができる．このとき，状態は演算子 $\hat{A}$ と演算子 $\hat{B}$ の両方の固有状態として与えることができる．すなわち，

$$\hat{A}\psi_{AB}(\boldsymbol{r},t)=A\psi_{AB}(\boldsymbol{r},t), \quad \hat{B}\psi_{AB}(\boldsymbol{r},t)=B\psi_{AB}(\boldsymbol{r},t) \tag{1.68}$$

を同時に満たす波動関数 $\psi_{AB}(\boldsymbol{r},t)$ を作ることができる．このとき，波動関数 $\psi_{AB}(\boldsymbol{r},t)$ は演算子 $\hat{A}$ と 演算子 $\hat{B}$ の**同時固有状態**になっているという．

コラム◉小澤の不等式

不確定性関係 (1.65) は運動量および座標の分散の間に成り立つ関係式であり，実際の測定とは無関係に成り立つ式である．実際の測定に即して不等式を導くと

$$\epsilon_x\eta_p+\epsilon_x\Delta p_x+(\Delta x)\eta_p\geq\frac{\hbar}{2} \tag{1.69}$$

となる．ここで，ϵ_x は座標 x を測定したときの測定誤差，η_p は座標 x を測定したことにより生じる運動量 p_x の値の変化である．Δp_x と Δx は式 (1.65) に出てくるものと同じものである．運動量 p_x を測定したときにも同様に

$$\epsilon_p\eta_x+\epsilon_p\Delta x+(\Delta p_x)\eta_x\geq\frac{\hbar}{2} \tag{1.70}$$

が成り立つ．これらの不等式は 2003 年に小澤正直氏によって発表されたもので，小澤の不等式とよばれている．小澤の不等式の実験的検証もこれまでに光子の偏光や中性子を用いて行われている (長谷川祐司『日本物理学会誌』67 巻 6 号 (2012 年) 398 ページ，および枝松圭一，金田文寛，So-Young Baek，小澤正直『日本物理学会誌』70 巻 3 号 (2015 年) 188 ページを参照のこと)．

1.7 波動関数のブラケット表示

ここでディラック (Dirac) による波動関数の**ブラケット表示**を導入しよう．これを用いると，量子力学の記述を格段に簡略化することができ，量子力学の数学的な再定式化に便利である．

ディラックは波動関数を状態を表す抽象的なベクトルだと考え (**状態ベクトル**とよばれる)，それを $|\psi\rangle$ と表した．量子力学では重ね合わせの原理が成り立つので，$|\psi\rangle$ は線形結合を用いて

$$|\psi\rangle=\sum_i C_i|\psi_i\rangle \tag{1.71}$$

のように書かれる．ここで，C_i は重ね合わせの係数，$\{|\psi_i\rangle\}$ は規格化された状態ベクトルの集合である．この式は状態ベクトル $|\psi\rangle$ をいくつかの (単位) 状態ベクトル $|\psi_i\rangle$ に分解したとみなすことができる ($\{\psi_i\}$ を**基底ベクトル**とよぶ)．波動関数 $|\psi\rangle$ を状態「ベクトル」とよぶ所以である．また，(単位) 状態ベクトル $\{|\psi_i\rangle\}$ によって張られる空間 (それらの状態ベクトルの重ね合わせで作れる状態ベクトルの抽象的な空間の全体) を**ヒルベルト空間**とよぶ．

状態ベクトル $|\psi\rangle$ の転置複素共役ベクトルを $\langle\psi|$ と書く．$\langle\psi|$，$|\psi\rangle$ はそれぞれ**ブラベクトル**，**ケットベクトル**とよばれる (「括弧」を表す英語 bracket(ブラケット) に由来する)．このような考えに基づき，2つの状態ベクトルの内積を $\langle\psi|\phi\rangle$ と定義することができる．すなわち，

$$\langle\psi|\phi\rangle=\int d\boldsymbol{r}\,\psi^*(\boldsymbol{r})\phi(\boldsymbol{r}) \tag{1.72}$$

である．また，一般に状態ベクトル $|\psi\rangle$ に演算子 $\hat{A}$ を作用した状態 $|\phi\rangle=\hat{A}|\psi\rangle$ に対応するブラベクトルは $\langle\phi|=\langle\psi|\hat{A}^\dagger$ であり，ケットベクトル $|\phi\rangle$ からブラベクトル $\langle\phi|$ への変換を「エルミート共役をとる」と表現する．$\hat{A}=c$ (c は c 数) のときは $|\phi\rangle=c|\psi\rangle$ に対して $\langle\phi|=c^*\langle\psi|$ となる．

座標演算子 $\hat{\boldsymbol{r}}$ および運動量演算子 $\hat{\boldsymbol{p}}$ の固有状態も同様な形で定義することができ，それを $|\boldsymbol{r}\rangle$ および $|\boldsymbol{p}\rangle$ と表す．これらの状態はそれぞれ，粒子が特定の場所 $\boldsymbol{r}$ にいる状態および特定の運動量 $\boldsymbol{p}$ を持つ状態を表し，

$$\hat{\boldsymbol{r}}|\boldsymbol{r}\rangle=\boldsymbol{r}|\boldsymbol{r}\rangle,\qquad \langle\boldsymbol{r}|\hat{\boldsymbol{r}}=\langle\boldsymbol{r}|\boldsymbol{r}, \tag{1.73}$$

$$\hat{\boldsymbol{p}}|\boldsymbol{p}\rangle = \boldsymbol{p}|\boldsymbol{p}\rangle, \qquad \langle\boldsymbol{p}|\hat{\boldsymbol{p}} = \langle\boldsymbol{p}|\boldsymbol{p} \tag{1.74}$$

を満たす ($\hat{\boldsymbol{r}}^\dagger = \hat{\boldsymbol{r}}$, $\hat{\boldsymbol{p}}^\dagger = \hat{\boldsymbol{p}}$ であることに注意せよ). 波動関数 $\psi(\boldsymbol{r},t)$ は時刻 t における状態ベクトル $|\psi(t)\rangle$ と座標演算子の固有状態の内積をとったもので

$$\psi(\boldsymbol{r},t) = \langle\boldsymbol{r}|\psi(t)\rangle \tag{1.75}$$

と表される. これの複素共役をとったものは

$$\psi^*(\boldsymbol{r},t) = \langle\boldsymbol{r}|\psi(t)\rangle^* = \langle\psi(t)|\boldsymbol{r}\rangle \tag{1.76}$$

と表される. 同様に,

$$\tilde{\psi}(\boldsymbol{p},t) = \langle\boldsymbol{p}|\psi(t)\rangle, \qquad \tilde{\psi}^*(\boldsymbol{p},t) = \langle\boldsymbol{p}|\psi(t)\rangle^* = \langle\psi(t)|\boldsymbol{p}\rangle \tag{1.77}$$

である. これらは, 抽象的な状態ベクトル $|\psi\rangle$ を座標演算子や運動量演算子の固有状態との内積をとって具象化したという意味で, 波動関数の座標表示および運動量表示をとったもの, という言い方をする. 1.3 節の最後で述べた $\hat{\boldsymbol{r}}\psi(\boldsymbol{r},t) = \boldsymbol{r}\psi(\boldsymbol{r},t)$, $\hat{\boldsymbol{p}}\tilde{\psi}(\boldsymbol{p},t) = \boldsymbol{p}\tilde{\psi}(\boldsymbol{p},t)$ という関係式は, ブラケット表示を用いると

$$\langle\boldsymbol{r}|\hat{\boldsymbol{r}}|\psi\rangle = \boldsymbol{r}\langle\boldsymbol{r}|\psi\rangle = \boldsymbol{r}\psi(\boldsymbol{r},t), \tag{1.78}$$

$$\langle\boldsymbol{p}|\hat{\boldsymbol{p}}|\psi\rangle = \boldsymbol{p}\langle\boldsymbol{p}|\psi\rangle = \boldsymbol{p}\tilde{\psi}(\boldsymbol{p},t) \tag{1.79}$$

という意味である. また, 運動量演算子の固有状態 $|\boldsymbol{p}\rangle$ の座標表示をとったものは

$$\psi_p(\boldsymbol{r}) = \langle\boldsymbol{r}|\boldsymbol{p}\rangle = \frac{1}{\sqrt{(2\pi\hbar)^3}} e^{i\boldsymbol{p}\cdot\boldsymbol{r}/\hbar} \tag{1.80}$$

である. ここで,

$$\int d\boldsymbol{r}\psi^*_{p'}(\boldsymbol{r})\psi_p(\boldsymbol{r}) = \delta(\boldsymbol{p}-\boldsymbol{p}') \tag{1.81}$$

となるように 式 (1.80) 右辺の指数関数の前の係数を決めた. $\delta(p-p')$ はデルタ関数で, 任意の関数 $f(p)$ に対して

$$\int_{-\infty}^{\infty} dp f(p)\delta(p-p') = f(p') \tag{1.82}$$

となる関数である. $\delta(\boldsymbol{p}-\boldsymbol{p}')$ はそれを 3 次元に拡張したもので

$$\delta(\boldsymbol{p}-\boldsymbol{p}')=\delta(p_x-p_x')\delta(p_y-p_y')\delta(p_z-p_z') \tag{1.83}$$

と定義される (3次元であることを強調してこれを $\delta^{(3)}(\boldsymbol{p}-\boldsymbol{p}')$ と書くこともある). 波動関数 (1.80) が運動量演算子の固有状態であることは, 演算子 $\hat{\boldsymbol{p}}=\frac{\hbar}{i}\boldsymbol{\nabla}$ を作用させてみるとすぐわかる. 同様に, 座標演算子の固有状態 $|\boldsymbol{r}\rangle$ の運動量表示をとったものは

$$\psi_r(\boldsymbol{p})=\langle\boldsymbol{p}|\boldsymbol{r}\rangle=\langle\boldsymbol{r}|\boldsymbol{p}\rangle^*=\frac{1}{\sqrt{(2\pi\hbar)^3}}e^{-i\boldsymbol{p}\cdot\boldsymbol{r}/\hbar} \tag{1.84}$$

で与えられる (代入して確かめられるように, $\hat{\boldsymbol{r}}\psi_r(\boldsymbol{p})=i\hbar\boldsymbol{\nabla}_p\psi_r(\boldsymbol{p})=\boldsymbol{r}\psi_r(\boldsymbol{p})$ になっている).

これらの表示を用いると2つの状態ベクトルの内積は

$$\langle\psi|\phi\rangle=\int d\boldsymbol{r}\langle\psi|\boldsymbol{r}\rangle\langle\boldsymbol{r}|\phi\rangle=\int d\boldsymbol{p}\langle\psi|\boldsymbol{p}\rangle\langle\boldsymbol{p}|\phi\rangle \tag{1.85}$$

となる. さらに, 状態ベクトル $|\phi\rangle$ に演算子 $\hat{A}$ が作用した状態 $\hat{A}|\phi\rangle$ と状態ベクトル $|\psi\rangle$ の内積は $\langle\psi|\hat{A}|\phi\rangle$ と書ける. 演算子のエルミート共役の定義より,

$$\langle\psi|\hat{A}|\phi\rangle=\langle\phi|\hat{A}^\dagger|\psi\rangle^* \tag{1.86}$$

が成り立つ. また, 演算子 $\hat{B}$ が状態ベクトル $|\phi\rangle$ に作用した状態を $|\phi_B\rangle\equiv\hat{B}|\phi\rangle$ とすると,

$$\langle\psi|\hat{A}\hat{B}|\phi\rangle=\langle\psi|\hat{A}|\phi_B\rangle \tag{1.87}$$

となるから, 辺々のエルミート共役をとると

$$\langle\phi|(\hat{A}\hat{B})^\dagger|\psi\rangle^*=\langle\phi_B|\hat{A}^\dagger|\psi\rangle^*=\langle\phi|\hat{B}^\dagger\hat{A}^\dagger|\psi\rangle^* \tag{1.88}$$

となる. これより, 演算子の積のエルミート共役は

$$(\hat{A}\hat{B})^\dagger=\hat{B}^\dagger\hat{A}^\dagger \tag{1.89}$$

となることがわかる. また, 同様に

$$(\hat{A}+\hat{B})^\dagger=\hat{A}^\dagger+\hat{B}^\dagger, \tag{1.90}$$

$$(c\hat{A})^\dagger=c^*\hat{A}^\dagger \qquad (c\text{ は定数}) \tag{1.91}$$

を示すことができる.

1.8 エルミート演算子の固有状態と完全正規直交性

ここで，エルミート演算子の固有状態の性質をまとめておこう．ブラケット表示を用いると，演算子 $\hat{A}$ の固有状態 $|\psi_n\rangle$ は固有値を A_n として

$$\hat{A}|\psi_n\rangle = A_n|\psi_n\rangle \tag{1.92}$$

を満たす．ここで n は異なる状態を区別する指標である.

もし演算子 $\hat{A}$ がエルミート演算子 $(\hat{A} = \hat{A}^\dagger)$ であれば，演算子 $\hat{A}$ は以下の性質を持つ.

(1) 固有値 A_n は実数
(2) 固有状態は正規直交となる $(\langle\psi_n|\psi_{n'}\rangle = \delta_{n,n'})$
(3) 固有状態は完全系を張る $(\sum_n |\psi_n\rangle\langle\psi_n| = 1)$

(1) については，式 (1.92) の辺々のエルミート共役をとると

$$\langle\psi_n|\hat{A}^\dagger = A_n^*\langle\psi_n| \tag{1.93}$$

となるが，演算子のエルミート性より $\langle\psi_n|\hat{A}^\dagger = \langle\psi_n|\hat{A}$ である．この式の辺々で右側から状態ベクトル $|\psi_n\rangle$ をかけて内積をとると，式 (1.92) を用いて

$$A_n^*\langle\psi_n|\psi_n\rangle = \langle\psi_n|\hat{A}|\psi_n\rangle = A_n\langle\psi_n|\psi_n\rangle \tag{1.94}$$

となる．したがって，$A_n^* = A_n$，すなわち固有値 A_n は実数である.

(2) に関しては，式 (1.92) の左から $\langle\psi_{n'}|$ をかけて内積をとったもの

$$\langle\psi_{n'}|\hat{A}|\psi_n\rangle = A_n\langle\psi_{n'}|\psi_n\rangle \tag{1.95}$$

と，$\psi_{n'}$ に対して成り立つ式 $\langle\psi_{n'}|\hat{A} = A_{n'}\langle\psi_{n'}|$ の右から $|\psi_n\rangle$ をかけて内積をとったもの

$$\langle\psi_{n'}|\hat{A}|\psi_n\rangle = A_{n'}\langle\psi_{n'}|\psi_n\rangle \tag{1.96}$$

を引くと

$$0=(A_n-A_{n'})\langle\psi_{n'}|\psi_n\rangle \tag{1.97}$$

を得る．$n\neq n'$ のときに $A_n\neq A_{n'}$ であるとすると，このときにはこの式より $\langle\psi_{n'}|\psi_n\rangle=0$ となる．また，$n=n'$ のときには波動関数を規格化することにより $\langle\psi_{n'}|\psi_n\rangle=1$ とすることができる．もし，$n\neq n'$ のときに $A_n=A_{n'}$ となる状態が複数あるとしても，シュミットの直交化を用いて $\langle\psi_{n'}|\psi_n\rangle=0$ となるようにそれらの波動関数の線形結合をとることができる．いずれの場合にも，

$$\langle\psi_n|\psi_{n'}\rangle=\delta_{n,n'} \tag{1.98}$$

という正規直交条件が成り立つ．

(3) に関しては，状態ベクトル $|\psi\rangle$ を演算子 $\hat{A}$ の固有状態を用いて

$$|\psi\rangle=\sum_n C_n|\psi_n\rangle \tag{1.99}$$

と展開できたとする．この状態で演算子 $\hat{A}$ で表される物理量 A を観測した場合，$|C_n|^2$ の確率で A_n という値が観測されることになる．物理量 A のいずれかの値が観測される確率は $\sum_n|C_n|^2$ であるが，観測をしたときに必ずどれかの値が得られるはずなので，

$$\sum_n|C_n|^2=1 \tag{1.100}$$

になるはずである．すなわち，観測可能な量に対して「観測されない値」を定義することはできない．式 (1.98) を用いると，式 (1.99) より $C_n=\langle\psi_n|\psi\rangle$ であるので，

$$\sum_n|C_n|^2=\sum_n\langle\psi|\psi_n\rangle\langle\psi_n|\psi\rangle=1 \tag{1.101}$$

が成り立つ．右辺の 1 を $\langle\psi|\psi\rangle$ に置き換えると，この式より完全性の式

$$\sum_n|\psi_n\rangle\langle\psi_n|=1 \tag{1.102}$$

が導かれる．これを，状態ベクトル $\{\psi_n\}$ は完全系を張るという．

この完全性の関係をブラベクトル $\langle\psi|$ とケットベクトル $|\phi\rangle$ の間に挟むと，これらの 2 つの状態の内積は

$$\langle\psi|\phi\rangle=\sum_{n}\langle\psi|\psi_n\rangle\langle\psi_n|\phi\rangle \tag{1.103}$$

となる．特に，エルミート演算子 $\hat{A}$ として座標演算子 $\hat{\boldsymbol{r}}$ や運動量演算子 $\hat{\boldsymbol{p}}$ をとると，固有値は連続量であるから完全系の関係は

$$\int d\boldsymbol{r}|\boldsymbol{r}\rangle\langle\boldsymbol{r}|=1, \qquad \int d\boldsymbol{p}|\boldsymbol{p}\rangle\langle\boldsymbol{p}|=1 \tag{1.104}$$

となり，内積の式 (1.103) は式 (1.85) と一致する (式 (1.75)，(1.76)，(1.77) を見よ)．また，正規直交条件 (1.98) はデルタ関数を用いて

$$\langle\boldsymbol{r}|\boldsymbol{r}'\rangle=\delta(\boldsymbol{r}-\boldsymbol{r}'), \qquad \langle\boldsymbol{p}|\boldsymbol{p}'\rangle=\delta(\boldsymbol{p}-\boldsymbol{p}') \tag{1.105}$$

となる．

1.9 シュレーディンガー描像とハイゼンベルク描像

ポテンシャル $V(\boldsymbol{r})$ が陽に時間に依存しないとき，シュレーディンガー方程式

$$i\hbar\frac{\partial}{\partial t}|\psi(t)\rangle=\hat{H}|\psi(t)\rangle \tag{1.106}$$

は，時間とともに系の波動関数がどのように変化するかを記述する (このシュレーディンガー方程式は式 (1.6) をブラケット表示したものである)．これを系の**時間発展**という．このとき，式 (1.106) の解は

$$|\psi(t)\rangle=e^{-i\hat{H}t/\hbar}|\psi(0)\rangle \tag{1.107}$$

とかける．この式で，$e^{-i\hat{H}t/\hbar}$ を**時間発展演算子**といい，$t=0$ における波動関数 $|\psi(0)\rangle$ から系がどのように時間発展をするのかを記述する．これを $\hat{U}(t)$ と書くと，$\hat{U}^\dagger(t)=e^{i\hat{H}t/\hbar}$ であり，$\hat{U}(t)\hat{U}^\dagger(t)=\hat{U}^\dagger(t)\hat{U}(t)=1$，すなわち $\hat{U}^\dagger(t)=\hat{U}^{-1}(t)$ が成り立つ．このような性質を持つ演算子を**ユニタリー演算子**という．ポテンシャル V が時間に依存している場合でも，一般にシュレーディンガー方程式の解はユニタリー演算子 $\hat{U}(t)$ を用いて

$$|\psi(t)\rangle=\hat{U}(t)|\psi(0)\rangle \tag{1.108}$$

とかける．このとき，時間発展演算子は式 (1.106) より

$$i\hbar\frac{d}{dt}\hat{U}(t)=\hat{H}\hat{U}(t) \tag{1.109}$$

を満たすことがわかる．辺々のエルミート共役をとると

$$-i\hbar\frac{d}{dt}\hat{U}^{\dagger}(t)=\hat{U}^{\dagger}(t)\hat{H} \tag{1.110}$$

となる．式 (1.108) の状態で演算子 $\hat{A}$ の期待値を計算すると，

$$\langle\psi(t)|\hat{A}|\psi(t)\rangle=\langle\psi(0)|\hat{U}^{\dagger}(t)\hat{A}\hat{U}(t)|\psi(0)\rangle \tag{1.111}$$

となる．

この定式化では，演算子は時間に依存せずに，系の波動関数が時間発展をする．これを**シュレーディンガー描像**という．一方で，系の波動関数は時間的に変化せずに，演算子の方が時間発展をするという定式化をすることも可能である．これを**ハイゼンベルク描像**という．式 (1.111) より，時間に依存した演算子として

$$\hat{A}_H(t)\equiv\hat{U}^{\dagger}(t)\hat{A}\hat{U}(t) \tag{1.112}$$

を定義すると，演算子 $\hat{A}$ の時刻 t における期待値は

$$\langle A\rangle(t)=\langle\psi(0)|\hat{A}_H(t)|\psi(0)\rangle \tag{1.113}$$

となる．これは波動関数が $t=0$ のまま変わらず，演算子が $\hat{A}_H(0)$ から $\hat{A}_H(t)$ に時間発展したとみなすことができる．式 (1.109) および (1.110) を用いると $\hat{A}_H(t)$ は

$$i\hbar\frac{d}{dt}\hat{A}_H(t)=[\hat{A}_H(t),\hat{H}]=\hat{A}_H(t)\hat{H}-\hat{H}\hat{A}_H(t) \tag{1.114}$$

を満たすことがわかる．ここで $\hat{U}(t)\hat{U}^{\dagger}(t)=1$ およびハイゼンベルク描像におけるハミルトニアン演算子が $\hat{H}_H(t)=\hat{U}^{\dagger}(t)\hat{H}\hat{U}(t)=\hat{H}$ となることを用いた．この方程式のことを**ハイゼンベルク方程式**という．

演算子の期待値はシュレーディンガー描像で計算しようとハイゼンベルク描像で計算しようと同じものになる．したがって，どちらの描像で系の時間発展を記述してもよいが，系の一般的な時間発展を扱うときはシュレーディンガー描像，特定の演算子の期待値の時間発展に興味があるときにはハイゼンベルク描像を用いた方が便利な場合が多い．

演習問題

問題 1.1

1 次元空間の波動関数が $-\infty \leq x \leq +\infty$ の範囲で

$$\psi(x) = Ne^{-x^2/2a^2} \tag{1.115}$$

で与えられているとき，規格化因子 N を求め，この波動関数での $\hat{x}$ および $\hat{x}^2$ の期待値を計算せよ．

問題 1.2

前問の波動関数を用いて $\hat{p} = \frac{\hbar}{i}\frac{d}{dx}$ および $\hat{p}^2 = -\hbar^2\frac{d^2}{dx^2}$ の期待値を計算せよ．また，それらを用いて $(\Delta x)(\Delta p) = \hbar/2$ となることを示せ．すなわち，式 (1.115) の波動関数は不確定性が一番小さい状態になっている．

問題 1.3

式 (1.115) の波動関数をフーリエ逆変換して波動関数の運動量表示 $\tilde{\psi}(p)$ を求めよ．それを用いて $\hat{p}$ および $\hat{p}^2$ の期待値を計算し，それらの値が前問で求めたものと一致することを確かめよ．

問題 1.4

以下の交換関係を求めよ．

(1) $[\hat{A}+\hat{B}, \hat{C}]$
(2) $[c\hat{A}, \hat{B}]$ (c は定数)
(3) $[\hat{A}, \hat{B}\hat{C}]$
(4) $[\hat{A}\hat{B}, \hat{C}]$
(5) $[\hat{A}, \hat{A}^n]$
(6) $[\hat{A}, f(\hat{A})]$ ($f(\hat{A})$ は演算子 $\hat{A}$ の任意の関数)
(7) $[\hat{x}, f(\hat{p})]$ ($f(\hat{p})$ は運動量演算子 $\hat{p}$ の任意の関数)
(8) $[\hat{p}, g(\hat{x})]$ ($g(\hat{x})$ は座標演算子 $\hat{x}$ の任意の関数)

問題 1.5

$(\hat{A}\hat{B})^\dagger = \hat{B}^\dagger\hat{A}^\dagger$ であることを用いて，前問の $f(\hat{p})$ および $g(\hat{x})$ がエルミート

演算子であることを示せ.

問題 1.6

$[\hat{A},[\hat{A},\hat{B}]]=[\hat{B},[\hat{A},\hat{B}]]=0$ のとき,

$$e^{\lambda\hat{A}}=\sum_{n=0}^{\infty}\frac{(\lambda\hat{A})^n}{n!} \qquad (\lambda \text{は実定数})$$

と展開することにより,

$$e^{-\lambda\hat{A}}\hat{B}e^{\lambda\hat{A}}=\hat{B}-\lambda[\hat{A},\hat{B}]$$

となることを示せ.

問題 1.7

前問と同様に $[\hat{A},[\hat{A},\hat{B}]]=[\hat{B},[\hat{A},\hat{B}]]=0$ のとき, $[e^{\lambda\hat{A}},[\hat{A},\hat{B}]]=0$ であることを用いると, 前問の式より $[\hat{B},e^{\lambda\hat{A}}]=-\lambda[\hat{A},\hat{B}]e^{\lambda\hat{A}}$ が成り立つことがわかる. $F(\lambda)\equiv e^{\lambda\hat{A}}e^{\lambda\hat{B}}$ の辺々を λ で微分することにより $F(\lambda)$ の従う方程式を導き, それを解いて $\lambda=1$ とおくことによって

$$e^{\hat{A}}e^{\hat{B}}=e^{\hat{A}+\hat{B}+\frac{1}{2}[\hat{A},\hat{B}]} \tag{1.116}$$

となることを示せ. この式はベイカー-キャンベル-ハウスドルフ (Baker-Campbell-Hausdorff) の公式として知られている.

問題 1.8

$\boldsymbol{a}$ を 3 次元空間におけるベクトルとして,

$$e^{i\boldsymbol{a}\cdot\hat{\boldsymbol{p}}/\hbar}\psi(\boldsymbol{r})=\psi(\boldsymbol{r}+\boldsymbol{a})$$

となることを示せ.

第 **2** 章

1次元固有値問題

2.1 1次元系の特徴

この章では，粒子の運動の方向を1次元に限定し，種々の1次元ポテンシャル $V(x)$ に対するシュレーディンガー方程式

$$\left(-\frac{\hbar^2}{2m}\frac{d^2}{dx^2}+V(x)\right)\phi(x)=E\phi(x) \tag{2.1}$$

を解く．前章で述べたように，これは時間に依存しない1次元ハミルトニアン

$$\hat{H}=-\frac{\hbar^2}{2m}\frac{d^2}{dx^2}+V(x) \tag{2.2}$$

に対する固有値問題 $\hat{H}\phi(x)=E\phi(x)$ とみなすことができ，系の時間発展は $\psi(x,t)=e^{-iEt/\hbar}\phi(x)$ と表される．このとき，確率分布 $\rho(x,t)\equiv|\psi(x,t)|^2=|\phi(x)|^2$ は時間に依らず，このような状態は**定常状態**とよばれる．

ポテンシャル $V(x)$ が遠方で $V(x)\to 0$ $(x\to\pm\infty)$ となるとき，$E<0$ の状態を**束縛状態**，$E>0$ の解を**散乱状態**という．$x\to\pm\infty$ においてポテンシャル $V(x)$ がゼロになるので，シュレーディンガー方程式 (2.1) は $x\to\pm\infty$ で

$$-\frac{\hbar^2}{2m}\frac{d^2}{dx^2}\phi(x)=E\phi(x) \qquad (x\to\pm\infty) \tag{2.3}$$

となる．束縛状態に対しては，この方程式の一般解は $e^{\pm\kappa x}$ $(\kappa=\sqrt{2m|E|/\hbar^2})$ であるが，波動関数 $\phi(x)$ が規格化できるためには $\phi(x)\to 0$ $(x\to\pm\infty)$ となっている必要がある．したがって，束縛状態に対する波動関数 $\phi(x)$ の $x\to\pm\infty$ における漸近形は

$$\phi(x) \to \begin{cases} Ae^{-\kappa x} & (x \to \infty) \\ A'e^{\kappa x} & (x \to -\infty) \end{cases} \qquad (E<0) \tag{2.4}$$

となる．ここで，A，A' は定数である．散乱状態に対しては，$k=\sqrt{2mE/\hbar^2}$ として波動関数の漸近形は

$$\phi(x) \to \begin{cases} Ae^{ikx}+Be^{-ikx} & (x \to \infty) \\ A'e^{ikx}+B'e^{-ikx} & (x \to -\infty) \end{cases} \qquad (E>0) \tag{2.5}$$

と定まる (散乱状態に対する規格化については 2.6.1 節を見よ)．ここでも，A，A'，B，B' は定数である．

具体的なポテンシャルに対して問題を解く前に，ここに1次元系に対する他の一般的な特徴をまとめておこう．

（1） 1次元束縛状態は縮退した状態がない

一般に，2つの異なる状態 ϕ，ψ が同じエネルギーを持つとき，この2つの状態は**エネルギー的に縮退する**，あるいは単に**縮退する**という．ただし，波動関数 ψ の全体の位相を変えた状態 $e^{i\theta}\psi$ は，あらゆる物理量の期待値が ψ と同じため，ψ と同一の状態とみなされる．

1次元系においては，2つの束縛状態がエネルギー的に縮退することはない．これは次のように証明することができる．いま，2つの状態 ϕ_1，ϕ_2 が同一のエネルギー固有値 E を持つとすると，

$$\left(-\frac{\hbar^2}{2m}\frac{d^2}{dx^2}+V(x)\right)\phi_1(x)=E\phi_1(x), \tag{2.6}$$

$$\left(-\frac{\hbar^2}{2m}\frac{d^2}{dx^2}+V(x)\right)\phi_2(x)=E\phi_2(x) \tag{2.7}$$

が成り立つ．これらのうち，上の方程式に $\phi_2(x)$ を掛けたものと下の方程式に $\phi_1(x)$ を掛けたものを引いて整理すると，

$$-\frac{\hbar^2}{2m}\frac{d}{dx}(\phi_2(x)\phi_1'(x)-\phi_1(x)\phi_2'(x))=0 \tag{2.8}$$

を得る．ここで，$\phi_i'(x)=\dfrac{d\phi_i(x)}{dx}$ である．これは，$\phi_2(x)\phi_1'(x)-\phi_1(x)\phi_2'(x)=$

定数 を意味するが，$x \to \pm\infty$ でこの式を求めると，式 (2.4) よりこの定数は 0 であることがわかる．すなわち，$\dfrac{\phi_1'(x)}{\phi_1(x)} = \dfrac{\phi_2'(x)}{\phi_2(x)}$ が成り立つ．$\phi_2(x) = f(x)\phi_1(x)$ とおいてこの方程式を解くと，$f(x) =$ 定数 となるが，規格化条件より $|f(x)| = 1$ となる．すなわち，$\phi_1(x)$ と $\phi_2(x)$ は同じ状態に対する波動関数であり，ある与えられた固有値 E (<0) に対して状態は 1 つしかないことを示している．

ただし，波動関数 $\phi_1(x)$ が有限の値を持つ領域のすべてで $\phi_2(x)$ がゼロになる場合は (あるいは $\phi_2(x) \neq 0$ となる領域のすべてで $\phi_1(x) = 0$ となる場合には)，$\phi_1(x) \propto \phi_2(x)$ とおくことができず，縮退があり得る．2.5 節で取り上げる，中間に無限大の障壁を持つ 2 重井戸型ポテンシャルがその例である．

(2)　1 次元束縛状態の波動関数は実数にとれる

波動関数 $\phi(x)$ を実部 $\phi_R(x)$ と虚部 $\phi_I(x)$ に分け $\phi(x) = \phi_R(x) + i\phi_I(x)$ と書こう．ここで，$\phi_R(x)$，$\phi_I(x)$ はともに実数とする．ポテンシャル $V(x)$ が実数のとき，ハミルトニアン $\hat{H}$ はエルミート演算子であるから，1.4 節で述べたようにその固有値 E は実数となる．したがって，波動関数 $\phi(x) = \phi_R(x) + i\phi_I(x)$ をシュレーディンガー方程式に代入し，実部と虚部に分けると

$$\left(-\frac{\hbar^2}{2m}\frac{d^2}{dx^2} + V(x)\right)\phi_R(x) = E\phi_R(x), \tag{2.9}$$

$$\left(-\frac{\hbar^2}{2m}\frac{d^2}{dx^2} + V(x)\right)\phi_I(x) = E\phi_I(x) \tag{2.10}$$

となる．このとき，(1) における議論と同様に，$\phi_I(x) = C\phi_R(x)$ (C は定数) となるから，$\phi(x) = (1+iC)\phi_R(x)$ である．波動関数 $\phi(x)$ の規格化因子の位相を適当にとれば，$\mathcal{N}$ を実数の定数として $\phi(x) = \mathcal{N}\phi_R(x)$ とすることができる．すなわち，波動関数 $\phi(x)$ は常に実数の関数に位相因子を掛けた形となる．

(3)　1 次元の引力ポテンシャルは少なくとも 1 つの束縛状態を持つ

ポテンシャル $V(x)$ の全空間にわたる積分が負のとき，すなわち，

$$\int_{-\infty}^{\infty} dx V(x) < 0 \tag{2.11}$$

となるとき，このポテンシャルは少なくとも 1 つの束縛状態を持つ．そのうち最低エネルギーを持つ状態を**基底状態**という．

これは次のように証明することができる．7.4 節で述べるように，任意の波動関数 $\psi(x)$ を用いてハミルトニアンの期待値を計算すると，それは必ず基底状態のエネルギーと同じかそれより大きくなる．すなわち，基底状態のエネルギーを E_0 として

$$\frac{\langle\psi|H|\psi\rangle}{\langle\psi|\psi\rangle} \geq E_0 \tag{2.12}$$

が成り立つ．これを**変分原理**という．いま，波動関数 $\psi(x)$ として例えば規格化されたガウス関数

$$\psi(x) = \left(\frac{\alpha}{\pi}\right)^{1/4} e^{-\alpha x^2/2} \qquad (\alpha > 0) \tag{2.13}$$

を用いると，

$$\begin{aligned}\frac{\langle\psi|H|\psi\rangle}{\langle\psi|\psi\rangle} &= \int_{-\infty}^{\infty} dx \psi(x) \left(-\frac{\hbar^2}{2m}\frac{d^2\psi}{dx^2} + V(x)\psi(x)\right) \\ &= \frac{\hbar^2\alpha}{4m} + \sqrt{\frac{\alpha}{\pi}} \int_{-\infty}^{\infty} dx e^{-\alpha x^2} V(x)\end{aligned} \tag{2.14}$$

と計算できる．ここで，α を十分小さくとれば，$\int_{-\infty}^{\infty} dx e^{-\alpha x^2} V(x) \neq 0$ である限りは第 1 項は第 2 項に比べて無視することができる．またこのとき，十分よい精度で $\int_{-\infty}^{\infty} dx e^{-\alpha x^2} V(x) \sim \int_{-\infty}^{\infty} dx V(x)$ とすることができる．すなわち，十分小さな α のもとでは，

$$\sqrt{\frac{\alpha}{\pi}} \int_{-\infty}^{\infty} dx V(x) \geq E_0 \tag{2.15}$$

が成り立つ．$\sqrt{\alpha/\pi} > 0$ であるので，式 (2.11) が成り立てば $E_0 < 0$，すなわち少なくとも基底状態は束縛状態になる．

2.2　無限井戸型ポテンシャル

具体的な 1 次元ポテンシャルの例として，まず無限井戸型ポテンシャルを考えよう．このポテンシャルは以下の関数で与えられる．

$$V(x)=\begin{cases} 0 & 0\leq x\leq a \\ \infty & x<0,\ x>a. \end{cases} \tag{2.16}$$

$x<0$ および $x>a$ では無限大の斥力ポテンシャルが立っており，もしこの領域で波動関数が有限の値を持つと，ポテンシャル $V(x)$ の期待値が発散してしまうことになる．そうすると有限のエネルギー固有値に対するシュレーディンガー方程式を満たすことができなくなるため，この領域では波動関数はゼロになる必要がある．すなわち，波動関数の境界条件として

$$\phi(0)=\phi(a)=0 \tag{2.17}$$

が成り立つ必要がある．$0\leq x\leq a$ の領域ではポテンシャルがゼロであるので，シュレーディンガー方程式は式 (2.3) と同じになる．したがって方程式の一般解は

$$\phi(x)=Ae^{ikx}+Be^{-ikx} \qquad (0\leq x\leq a) \tag{2.18}$$

で与えられる．あるいは，e^{ikx} と e^{-ikx} の適当な線形結合をとり

$$\phi(x)=A'\sin(kx)+B'\cos(kx) \qquad (0\leq x\leq a) \tag{2.19}$$

と書くこともできる．

境界条件 (2.17) を満たすように波数 k および定数 A'，B' を決定すると，

$$A'\neq 0, \quad B'=0, \quad ka=n\pi \qquad (n=1,2,\cdots) \tag{2.20}$$

を得る．ここで $n<0$ が除外されているのは，符号を除いて $n>0$ と同じ波動関数となるためである．また $n=0$ が除外されているのは，この場合 $\phi(x)=0$ となり物理的な状態を表さないからである．規格化条件

$$\int_{-\infty}^{\infty} dx|\phi(x)|^2=1 \tag{2.21}$$

を満たすように定数 A' を決めると，波動関数として

$$\phi(x)=\begin{cases} \sqrt{\dfrac{2}{a}}\sin\left(\dfrac{n\pi}{a}x\right) & 0\leq x\leq a \\ 0 & x<0,\ x>a \end{cases} \tag{2.22}$$

を得る．また，エネルギー固有値は

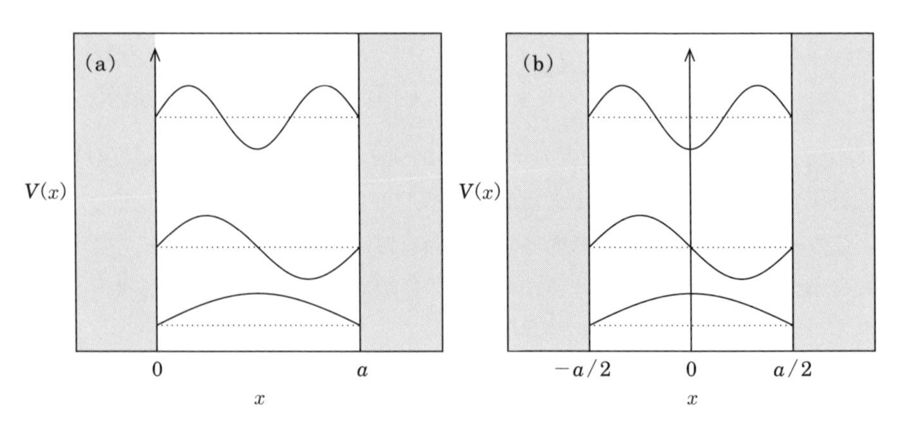

図 2.1 無限井戸型ポテンシャルの固有波動関数．点線はそれぞれの固有値を示す．左図は式 (2.16) でポテンシャルが与えられる場合 (ポテンシャルが $0 \leq x \leq a$ の範囲にある場合)，右図は式 (2.24) でポテンシャルが与えられる場合 (ポテンシャルが $-a/2 \leq x \leq a/2$ の範囲にある場合) の解を示す．右図では，波動関数はパリティの固有状態にもなっている．

$$E_n = \frac{k_n^2 \hbar^2}{2m} \qquad \left(k_n \equiv \frac{n\pi}{a}\right) \tag{2.23}$$

で与えられる．エネルギーは古典力学のように連続的に変化せず，量子力学では**離散的**になっている．最低エネルギー状態のことを**基底状態**とよび，その上のエネルギーが大きい状態を第一**励起状態**，第二励起状態，… とよぶ．今の場合，基底状態は $n=1$ であり，エネルギーは $E_1 = \pi^2\hbar^2/2ma^2$ で与えられる．古典力学では，粒子がポテンシャル中で静止した状態が最低エネルギー状態であり，このとき系のエネルギーはゼロとなる．一方で，量子力学では最低エネルギー状態でもエネルギーが 0 にならない．これを**ゼロ点運動**という．$0 \leq x \leq a$ の範囲でポテンシャルが 0 であるので，これは運動エネルギーが有限の値を持つことを示している．位置が $\Delta x = a$ の範囲で不確定であるので，不確定性関係より，運動量は $\Delta p \doteq \hbar/2a$ 程度の不確定性を持つ．基底状態における波数 $k_1 = p_1/\hbar = \pi/a$ はこれを反映したものである．

$n=1,2,3$ に対し，波動関数とエネルギー固有値を図 2.1 (a) に図示する．波動関数がゼロとなる点を波動関数の節 (ノード) というが (ただし波動関数の端の点はノードには数えない)，ノードの数は $n=1,2,3,\cdots$ に対して $0,1,2,\cdots$ となっている．これは一般のポテンシャルの場合も同様であり，ノードの数の順番でハミルトニアンの固有状態が並ぶ．特に，基底状態はノードの数が 0 である．これは定性的には次のように理解することができる：波動関数のノード数が多いということは，それだけ波動関数の空間的な変化が大きいといえる．運動エネルギーは波動関数の座標に関する 2 階微分に比例するので，ノード数が多いほど運動エネルギーは大きくなる．ポテンシャル $V(x)$ は各状態に共通であり，したがってノード数が多いほどエネルギーが大きくなる．

2.2.1 パリティ

式 (2.22) を用いて，$x=0$ に対して対称となる (すなわち $V(x)=V(-x)$ となる) 無限井戸型ポテンシャル

$$V(x)=\begin{cases} 0 & -a/2\le x\le a/2 \\ \infty & x<-a/2,\ x>a/2 \end{cases} \tag{2.24}$$

の固有波動関数を求めることができる．それは式 (2.22) で $x\to x+a/2$ にしたものに等しい．これにより，$-a/2\le x\le a/2$ における波動関数として，

$$\phi(x)=\begin{cases} \sqrt{\dfrac{2}{a}}\cos\left(\dfrac{2}{a}\left(n'+\dfrac{1}{2}\right)\pi x\right) & (n=2n'+1 \text{ の場合．}\quad n'=0,1,\cdots) \\ \sqrt{\dfrac{2}{a}}\sin\left(\dfrac{2}{a}n'\pi x\right) & (n=2n' \text{の場合．}\quad n'=1,2,\cdots) \end{cases} \tag{2.25}$$

を得る．ただし，波動関数の符号は適当にとった．エネルギー固有値は $n=2n'+1$，$n=2n'$ の両方の場合でもとの無限井戸型ポテンシャルと同様に式 (2.23) で与えられる．この場合の波動関数を図 2.1 (b) に示す．

ポテンシャル (2.24) は $V(x)\to V(-x)$ の変換に対して不変である．これを

$$\Pi V(x)\Pi^{-1}\equiv V(-x)=V(x) \tag{2.26}$$

と書き，この変換を**パリティ変換**と呼ぶ．Π^{-1} は Π の逆変換を表し，$\Pi\Pi^{-1}=\Pi^{-1}\Pi=1$ が成り立つ．また，波動関数 $\phi(x)$ に対するパリティ変換を $\Pi\phi(x)\equiv\phi(-x)$ と定義する．$\Pi^2\phi(x)=\Pi\phi(-x)=\phi(x)$ であるので $\Pi^2=1$ であり，したがってパリティ演算子 Π の固有値は ±1 となる．

式 (2.26) が成り立つとき，

$$\Pi V(x) = V(x)\Pi \tag{2.27}$$

となるが，$\Pi\dfrac{d^2}{dx^2}\Pi^{-1} = \dfrac{d^2}{d(-x)^2} = \dfrac{d^2}{dx^2}$ であるので，結局，$[H,\Pi]=0$ となる．このとき，1.6 節で述べたようにハミルトニアン H とパリティ演算子 Π の同時固有状態を作ることができる．実際，H の固有状態 (2.25) はパリティの固有状態にもなっている．すなわち，cos 関数で表される状態 ($n=2n'+1$ の状態) は $\Pi\phi(x)=\phi(x)$ となっており，パリティの固有値が 1 である．このような状態を**正パリティ状態**という．一方，sin 関数で表される状態 ($n=2n'$ の状態) は $\Pi\phi(x)=-\phi(x)$ でパリティの固有値は -1 である．このような状態は**負パリティ状態**とよばれる．正パリティ状態，負パリティ状態はそれぞれ偶パリティ状態，奇パリティ状態ともよばれる．正パリティ状態は $x=0$ における波動関数の微分 $\phi'(0)$ が 0 であり，負パリティ状態は $x=0$ における波動関数の値 $\phi(0)$ が 0 になっている．

x のような演算子は $\Pi x\Pi^{-1}=-x$ であり，これがパリティの固有状態に演算すると状態のパリティを変える．正パリティ状態，負パリティ状態の波動関数を記号的に $\phi_\pm(x)$ と書くとすると，定義により $\Pi\phi_\pm(x)=\pm\phi_\pm(x)$ であるから，

$$\Pi(x\phi_\pm(x)) = \Pi x\Pi^{-1}\Pi\phi_\pm(x) = \mp(x\phi_\pm(x)) \tag{2.28}$$

となり，$x\phi_+(x)$ と $x\phi_-(x)$ はそれぞれ負パリティの状態，正パリティの状態であることがわかる．同様に，x^2 のような演算子は $\Pi x^2\Pi^{-1}=(-x)^2=x^2$ であり，状態のパリティを変えない．

$\phi_+(x)$ と $\phi_-(x)$ は異なる固有値を持つパリティの固有状態であるから，それらは直交する．これをブラケット形式で書くと $\langle\phi_+|\phi_-\rangle=\langle\phi_-|\phi_+\rangle=0$ となる．これよりただちに，

$$\langle\phi_+|\hat{F}_e|\phi_-\rangle = \langle\phi_-|\hat{F}_e|\phi_+\rangle = 0, \tag{2.29}$$

$$\langle\phi_-|\hat{F}_o|\phi_-\rangle = \langle\phi_+|\hat{F}_o|\phi_+\rangle = 0 \tag{2.30}$$

となることがわかる．ここで，$\hat{F}_e$, $\hat{F}_o$ はそれぞれ $\Pi\hat{F}_e\Pi^{-1}=\hat{F}_e$ および $\Pi\hat{F}_o\Pi^{-1}=-\hat{F}_o$ を満たす演算子である (添え字の e と o は偶 (even) と奇 (odd) を表す)．x および x^2 はそれぞれ $\hat{F}_o$，$\hat{F}_e$ の具体的な例である．

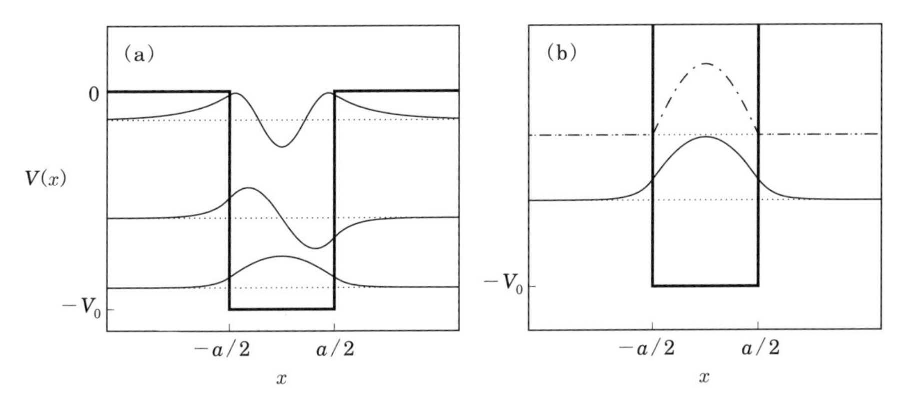

図 2.2　(a) 式 (2.31) で与えられる有限井戸型ポテンシャル (太い実線) と固有波動関数．固有波動関数はそれぞれのエネルギー固有値と同じ高さのところにプロットしている．(b) 有限井戸型ポテンシャルと無限井戸型ポテンシャルの基底状態の波動関数の比較．左図の $-V_0$ の近傍を拡大して書いてある．実線が有限井戸の場合，一点鎖線が無限井戸の場合を示す．波動関数はそれぞれの固有値と同じ高さのところにプロットしてあり，有限井戸型ポテンシャルの固有値が無限井戸型ポテンシャルの固有値に比べて小さくなっていることがわかる．

2.3　有限井戸型ポテンシャル (束縛状態)

次に，有限の深さを持つ井戸型ポテンシャルを考えよう．このポテンシャルは

$$V(x)=\begin{cases} -V_0 & -a/2\leq x\leq a/2 \\ 0 & x<-a/2,\ x>a/2 \end{cases} \tag{2.31}$$

で与えられる．このポテンシャルを図 2.2 (a) に太い実線で図示する．この節では特に $E<0$ の束縛状態を考える．$E>0$ の解は 2.6 節で別に議論する．

このポテンシャルは $V(-x)=V(x)$，すなわち $\Pi V(x)\Pi^{-1}=V(x)$ であるから，式 (2.24) で与えられる無限井戸型ポテンシャルと同様にエネルギー固有状態はパリティの固有状態にもなる．正パリティ状態に対し波動関数は

$$\phi_+(x)=\begin{cases} Ae^{\kappa x} & x<-a/2 \\ B\cos k'x & -a/2\leq x\leq a/2 \\ Ae^{-\kappa x} & x>a/2 \end{cases} \tag{2.32}$$

で与えられる．ただし，$k'\equiv\sqrt{2m(E+V_0)/\hbar^2}$，$\kappa\equiv\sqrt{2m|E|/\hbar^2}$ であり，A，B

は定数である．無限井戸の場合と異なり，$x<-a/2$ および $x>a/2$ の領域に波動関数がしみ出していることに注意せよ．同様に，A' および B' を定数として負パリティ状態に対し波動関数は

$$\phi_-(x)=\begin{cases} A'e^{\kappa x} & x<-a/2 \\ B'\sin k'x & -a/2\leq x\leq a/2 \\ -A'e^{-\kappa x} & x>a/2 \end{cases} \tag{2.33}$$

と書ける．

ところで，波動関数 $\phi_\pm(x)$ およびその微係数 $\phi'_\pm(x)=\dfrac{d\phi_\pm(x)}{dx}$ は境界 $x=\pm a/2$ で連続的に接続 (マッチング) される．波動関数の連続性は 1.2 節で述べたように連続の方程式からの要請である．波動関数の微係数の連続性は次のように示される．境界を $x=b$ とし，その左側の波動関数を $\phi_<(x)$, 右側の波動関数を $\phi_>(x)$ とおくと，$x=b$ におけるその微分の差は

$$\phi'_>(b)-\phi'_<(b)=\lim_{\epsilon\to 0}\int_{b-\epsilon}^{b+\epsilon}dx\,\frac{d^2\phi(x)}{dx^2}=\lim_{\epsilon\to 0}\int_{b-\epsilon}^{b+\epsilon}dx\,\frac{2m}{\hbar^2}(V(x)-E))\phi(x) \tag{2.34}$$

となる (最後の式変形はシュレーディンガー方程式を用いた)．ポテンシャル $V(x)$ が有限であるので，右辺は $\epsilon\to 0$ の極限でゼロになる．すなわち，波動関数の微係数は境界において連続である．これは井戸型ポテンシャルのように境界においてポテンシャルが不連続であってもポテンシャルが有限である限り成り立つ．ただし，のちに述べるようにポテンシャルがデルタ関数で与えられる場合はポテンシャルが有限ではないために，波動関数の微係数は不連続になる．波動関数およびその微係数の連続性は，両者をまとめて波動関数の対数微分 $\phi'(x)/\phi(x)$ の連続性とよぶこともできる．

式 (2.32) および (2.33) に対して $x=\pm a/2$ における波動関数および微係数の接続条件を課すと，

$$\kappa=k'\tan\left(\frac{k'a}{2}\right) \qquad \text{(正パリティの場合)}, \tag{2.35}$$

$$\kappa=-k'\cot\left(\frac{k'a}{2}\right) \qquad \text{(負パリティの場合)} \tag{2.36}$$

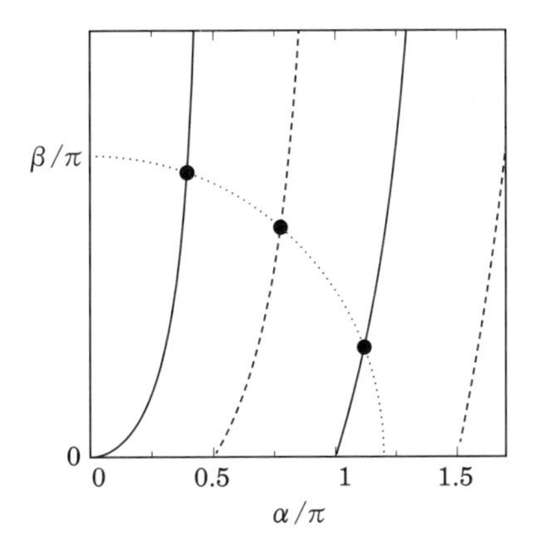

図 2.3　有限井戸型ポテンシャルの固有状態に対する接続条件．縦軸は式 (2.38)，(2.39) の両辺の値，横軸は $\alpha = k'a/2$ である．実線および破線はそれぞれ式 (2.38) および (2.39) の右辺，点線は $\beta^2 \equiv ma^2V_0/2\hbar^2 = 1.2\pi$ のときの左辺を表す (両方の式で左辺は同じものである)．線が交わった点が束縛状態を表す．

を得る ($x = a/2$ における接続条件と $x = -a/2$ における接続条件は同一の式となる)．さらに，

$$\left(\frac{\kappa a}{2}\right)^2 = \frac{a^2}{4}\frac{2m}{\hbar^2}(-E) = \frac{a^2}{4}\left(\frac{2m}{\hbar^2}V_0 - k'^2\right) = \frac{ma^2}{2\hbar^2}V_0 - \frac{k'^2a^2}{4} \tag{2.37}$$

であることに注意すると，接続条件は

$$\sqrt{\beta^2 - \alpha^2} = \alpha\tan\alpha \qquad \text{(正パリティの場合)}, \tag{2.38}$$

$$\sqrt{\beta^2 - \alpha^2} = -\alpha\cot\alpha \qquad \text{(負パリティの場合)} \tag{2.39}$$

と書き直すことができる．ここで $\alpha \equiv k'a/2$，$\beta^2 \equiv ma^2V_0/2\hbar^2$ である．これらの方程式はグラフ的に解くことができる．図 2.3 は α の関数として方程式の両辺の関数をプロットしたものである．式 (2.38)，(2.39) の左辺は半径 β の円となるが，それと右辺の曲線が交わるところが解である．この図から，1) 有限井戸型ポテンシャルは束縛状態を最低 1 つは持つ，2) 束縛状態の数は有限個になる，3) ポテンシャルが深いほど (V_0 の値が大きいほど)，またはポテンシャルが広いほど (a の値が大きいほど) β の値が大きくなり，より多くの束縛状態をもつ，ということがわかる．

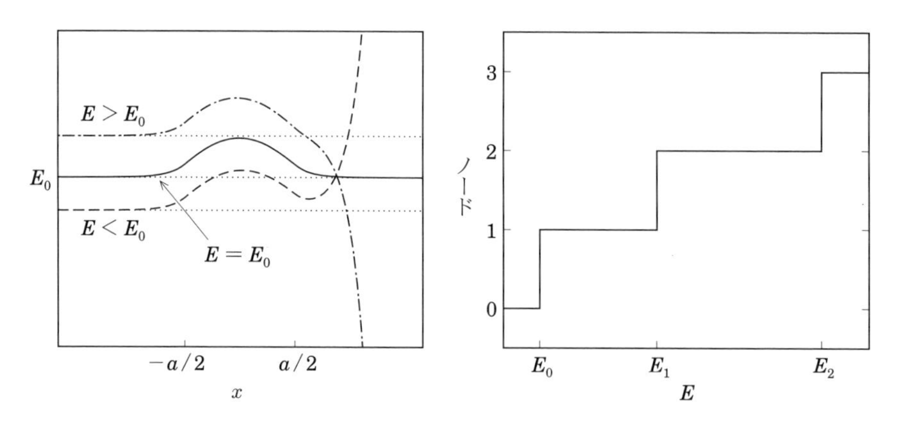

図 2.4 (左図) 任意のエネルギーにおける2次方程式 (2.1) の解．実線は方程式でエネルギーを基底状態のエネルギー E_0 にとったときの波動関数を表す．破線および一点鎖線はそれぞれエネルギーが E_0 より小さい場合と大きい場合の解を表す．(右図) エネルギー E の関数として方程式の解のノードの数を示したもの．ノードの数は固有エネルギー E_0, E_1, E_2 のところで階段状に1だけ増加する．

束縛状態が3つある場合の固有波動関数を図 2.2 (a) に細い実線で示す．図 2.2 (b) には基底状態に関して無限井戸型ポテンシャルの場合 (式 (2.31) で $|x|>a/2$ で $V(x)=\infty$ としたもの) と有限井戸型ポテンシャルの場合の比較を示す．井戸の深さが有限になると，波動関数のしみ出しが出てくるということに加え，固有値が小さくなる (無限井戸の場合に比べてエネルギーが下がる) ことがわかる．これは井戸が有限になることによりポテンシャルの斥力が弱まったことに起因する．

ここで，エネルギー E が固有エネルギーと異なるときに2次方程式 (2.1) の解がどのような振る舞いをするか見てみよう．このために，方程式の解を

$$\phi(x)=\begin{cases} e^{\kappa x} & x<-a/2 \\ Ae^{ik'x}+Be^{-ik'x} & -a/2\le x\le a/2 \\ Ce^{-\kappa x}+De^{\kappa x} & x>a/2 \end{cases} \tag{2.40}$$

とおき，$x=\pm a/2$ における接続条件から係数 A,B,C,D を決める．ここで，$x\to-\infty$ で解が指数関数的に減衰するように $x<-a/2$ での解の形を決めた．ただし，ここでは解の振る舞いのみを議論するので，波動関数の規格化は考慮していない．エネルギーが固有値と一致するときには $D=0$ となるが，固有値からずれている

場合には $D \neq 0$ となり解は $x \to \infty$ で発散する．図 2.4 の左図は，エネルギー固有値として基底状態エネルギー E_0 をとった場合 (実線) と，エネルギーがそれより大きい場合 (一点鎖線) と小さい場合 (破線) の比較を示したものである．エネルギーが基底状態エネルギーより小さい場合には，解は $x \to \infty$ でゼロに落ち切らずに正に発散する．このとき方程式の解のノードの数はゼロである．一方，エネルギーが基底状態エネルギーより大きい場合には，方程式の解はゼロを超えて $-\infty$ に発散する．このときの解のノード数は 1 である．図 2.4 の右図にエネルギー E の関数として解のノード数を示す．エネルギーが固有値をとるところでノード数が階段状に 1 だけ増加する．逆に，ノード数が n と $n+1$ の境目を探すことができれば，そのエネルギーがエネルギー固有値 E_n に対応する．

コラム◉ 1 次元引力ポテンシャルが束縛状態を少なくとも 1 つ持つこと

2.1 節でポテンシャル $V(x)$ が式 (2.11) の条件を満たしているときには束縛状態を少なくとも 1 つ持つことを証明した．もしポテンシャルが x のいたるところで引力 $(V(x) < 0)$ である場合には，より簡単にそのことを証明することができる．この場合，ポテンシャル $V(x)$ の内側に適当な井戸型ポテンシャル $V_{\rm sw}(x)$ を設定することができる (図 2.5 参照のこと)．この節で見たように，この井戸型ポ

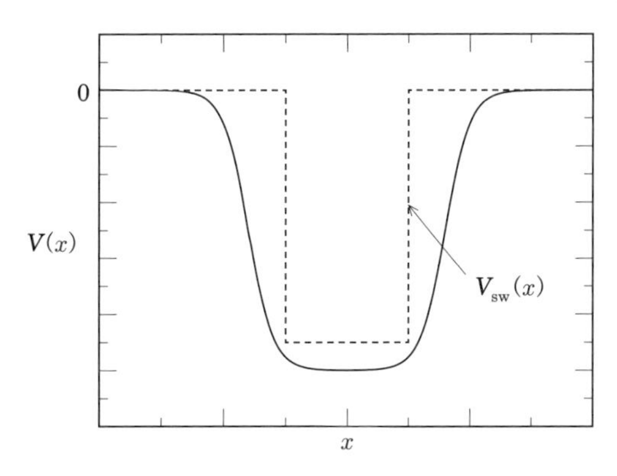

図 2.5　x のいたるところで負の値をもつポテンシャル $V(x)$ とその内側におかれた有限井戸型ポテンシャル $V_{\rm sw}(x)$.

テンシャル $V_{\rm sw}(x)$ は必ず束縛状態を1つもつ．その束縛エネルギーを ϵ_0 (<0)，固有関数を $\phi_0(x)$ としよう．ポテンシャルの差 $V(x)-V_{\rm sw}(x)$ は x のいたるところで負であるから，波動関数 $\phi_0(x)$ でのハミルトニアンの期待値を計算すると

$$\langle\phi_0|H|\phi_0\rangle=\langle\phi_0|T+V_{\rm sw}+V-V_{\rm sw}|\phi_0\rangle=\epsilon_0+\langle\phi_0|V-V_{\rm sw}|\phi_0\rangle<0 \tag{2.41}$$

となる．ここで運動エネルギー演算子を T と書き，$(T+V_{\rm sw})|\phi_0\rangle=\epsilon_0|\phi_0\rangle$ となることを用いた．2.1節で述べたように，この式の左辺は必ずハミルトニアン H の基底状態より大きくなるので，このハミルトニアンの基底状態のエネルギーは必ず負になり，したがって束縛することになる．

2.4 デルタ関数型ポテンシャルの束縛状態

次に，ポテンシャルがデルタ関数に比例する場合 $[V(x)=-g\delta(x)\ (g>0)]$ の束縛状態 $(E<0)$ を考える．この場合，波動関数は A を定数として

$$\phi(x)=\begin{cases} Ae^{\kappa x} & x<0 \\ Ae^{-\kappa x} & x>0 \end{cases} \tag{2.42}$$

とおくことができる．ここで $\kappa=\sqrt{2m|E|/\hbar^2}$ である．式 (2.34) から明らかなように，ポテンシャルがデルタ関数に比例する場合，波動関数の微係数は $x=0$ で不連続になる (ただし，波動関数そのものは $x=0$ で連続である)．式 (2.42) を式 (2.34) を代入すると，

$$-2\kappa=-\frac{2m}{\hbar^2}g. \tag{2.43}$$

すなわち $\kappa=mg/\hbar^2$ と求まる．これより，$E=-mg^2/2\hbar^2$ が導かれる．

デルタ関数ポテンシャル $V(x)=-g\delta(x)$ は前節の有限井戸型ポテンシャルで，$\displaystyle\int_{-\infty}^{\infty}dxV(x)=-V_0a$ を一定値 g に固定したまま $V_0\to\infty$ にした極限とみなすことができる．このとき，図2.3で $\beta^2=(ma^2V_0^2/2\hbar^2)/V_0$ は0になるので，デルタ関数型ポテンシャルの束縛状態は1つのみ存在することになる．

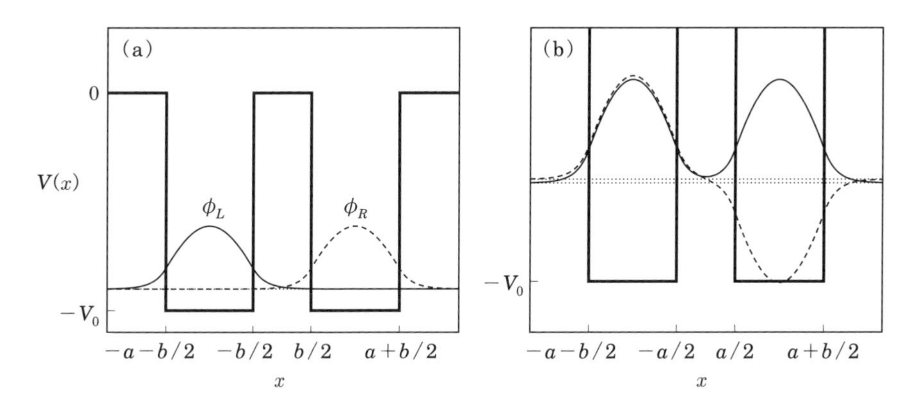

図 2.6　(a) 2 重井戸型ポテンシャル．$\phi_L(x)$ および $\phi_R(x)$ はそれぞれのポテンシャル井戸における基底状態の波動関数を表す．(b) 2 重井戸型ポテンシャルの基底状態 (実線) および励起状態 (破線) の波動関数．両者の状態は $\phi_L(x)$ と $\phi_R(x)$ の重なりが有限であるためにエネルギー的にわずかに分離する．

2.5　2 重井戸型ポテンシャル

次に，

$$V(x)=\begin{cases} 0 & x<-a-b/2 \\ -V_0 & -a-b/2\le x\le -b/2 \\ 0 & -b/2<x<b/2 \\ -V_0 & b/2\le x\le a+b/2 \\ 0 & x>a+b/2 \end{cases} \tag{2.44}$$

で与えられる 2 重井戸型ポテンシャルを考えよう．このポテンシャルは図 2.6 (a) の太線で示すように，幅 a を持つ 2 つの有限井戸型ポテンシャルが $a+b$ の距離だけ離れて配置されたものである．b の値が十分大きい場合は，それぞれの井戸の基底状態が近似的にこの 2 重井戸型ポテンシャルの基底状態になる．このときの波動関数を $\phi_L(x)$ および $\phi_R(x)$ と書く (図 2.6 (a) を参照のこと)．これらは 2.3 節で求めた有限井戸型ポテンシャルの基底状態の波動関数をそれぞれ $-(a+b)/2$ および $(a+b)/2$ だけ x 方向にずらしたもので，2 つの波動関数の重なりが十分小さければ，これらの 2 つの状態は近似的に縮退している．実際には，波動関数のしみ出しがあり，縮退はとける．波動関数を近似的に波動関数 $\phi_L(x)$ と $\phi_R(x)$

の重ね合わせとして

$$\phi(x)=\alpha\phi_L(x)+\beta\phi_R(x) \tag{2.45}$$

と書き，シュレーディンガー方程式 $H|\phi\rangle=E|\phi\rangle$ の両辺に左側から $\langle\phi_L|$ および $\langle\phi_R|$ をかけると，

$$\epsilon\alpha+\langle\phi_L|H|\phi_R\rangle\beta=E\alpha, \tag{2.46}$$

$$\langle\phi_R|H|\phi_L\rangle\alpha+\epsilon\beta=E\beta \tag{2.47}$$

という連立方程式を得る．ここで ϵ は2.3節で求めた1重井戸型ポテンシャルの基底状態のエネルギーであり，$|\langle\phi_L|\phi_R\rangle|\ll 1$ を仮定した．これを行列の形で書くと

$$\begin{pmatrix}\epsilon & v\\ v & \epsilon\end{pmatrix}\begin{pmatrix}\alpha\\ \beta\end{pmatrix}=E\begin{pmatrix}\alpha\\ \beta\end{pmatrix} \tag{2.48}$$

である．ただし，$\langle\phi_L|H|\phi_R\rangle=\langle\phi_R|H|\phi_L\rangle=v$ とおいた．これを解くと，基底状態のエネルギーと波動関数は

$$E_0=\epsilon-|v|, \qquad \phi_0(x)=\frac{1}{\sqrt{2}}(\phi_L(x)+\phi_R(x)) \tag{2.49}$$

となり，また，第一励起状態のエネルギーと波動関数は

$$E_1=\epsilon+|v|, \qquad \phi_1(x)=\frac{1}{\sqrt{2}}(\phi_L(x)-\phi_R(x)) \tag{2.50}$$

となる．すなわち, 2つの状態は $\Delta E=2|v|$ だけ分離することになる．$|\langle\phi_L|\phi_R\rangle|\ll 1$ を仮定したので，$|v|=|\langle\phi_L|H|\phi_R\rangle|$ もごく小さい量になる．これをトンネル分離という．図2.6 (b) にそれぞれの状態の波動関数を図示した．2.2節で述べたように, 2つの波動関数を対称に足したものがノードがなく基底状態になっている．また, 第一励起状態の波動関数はノードの数が1になっている．ポテンシャル (2.44) はパリティ変換に対して不変であり，これらの波動関数もパリティの固有状態になっていることに注意せよ．$\phi_L(x)$ と $\phi_R(x)$ の間には，$\phi_R(x)=\phi_L(-x)$ という関係がある．$\phi_L(x)$ や $\phi_R(x)$ 自体はパリティの固有状態ではないが, 式 (2.49) や (2.50) の波動関数は $\phi_\pm(x)=(\phi_L(x)\pm\phi_L(-x))/\sqrt{2}=\pm(\phi_R(x)\pm\phi_R(-x))/\sqrt{2}$

としてパリティの固有状態を構成したものととらえることもできる.

2.6　有限井戸型ポテンシャル (連続状態)

2.3 節では式 (2.31) の井戸型ポテンシャルに対する束縛状態を考えた. この節では同じポテンシャルに対し, $E>0$ の解を考える. 束縛状態のときと同じようにパリティの固有状態を作ると, 波動関数は正パリティ状態に対し

$$\phi_+(x)=\begin{cases} A\cos kx - C\sin kx & x<-a/2 \\ B\cos k'x & -a/2\leq x\leq a/2 \\ A\cos kx + C\sin kx & x>a/2 \end{cases} \tag{2.51}$$

負パリティ状態に対し,

$$\phi_-(x)=\begin{cases} -A'\cos kx + C'\sin kx & x<-a/2 \\ B'\sin k'x & -a/2\leq x\leq a/2 \\ A'\cos kx + C'\sin kx & x>a/2 \end{cases} \tag{2.52}$$

となる. ただし, k' は 2.3 節で定義されたように $k'=\sqrt{2m(E+V_0)/\hbar^2}$ であり, また, $k=\sqrt{2mE/\hbar^2}$ である. 係数 A,B,C,A',B',C' は束縛状態のときと同様に $x=\pm a/2$ における波動関数およびその微係数の接続条件により求めることができる.

束縛状態に対しては, $x\to\pm\infty$ で波動関数が指数関数的に減衰する必要があり, 一般解 $\alpha e^{\kappa x}+\beta e^{-\kappa x}$ でどちらかの項がゼロになるという条件が課された (式 (2.32), (2.33) を見よ). この条件により, ある特定のエネルギー E のみが選択され, 束縛状態は離散的になる. 一方で, $E>0$ ではこのような条件はなく, $x\to\pm\infty$ で $\cos kx$ に比例する項と $\sin kx$ に比例する項の 2 つがある. これにより, 任意の E で $x=\pm\infty$ における境界条件を満たすことが必ずできるようになり, スペクトルは連続的になる. このため, $E>0$ の解を**連続状態**ともよぶ.

1.1 節で述べたように, 量子力学では重ね合わせの原理が成り立つ. 式 (2.51) と (2.52) の適当な線形結合をとると, 連続状態の一般解として

$$\phi(x)=\begin{cases} A_+e^{ikx}+A_-e^{-ikx} & x<-a/2 \\ B_+e^{ik'x}+B_-e^{-ik'x} & -a/2\leq x\leq a/2 \\ C_+e^{ikx}+C_-e^{-ikx} & x>a/2 \end{cases} \tag{2.53}$$

というように書くことができる．$x=-a/2$ における接続条件から

$$A_+e^{-ika/2}+A_-e^{ika/2}=B_+e^{-ik'a/2}+B_-e^{ik'a/2}, \tag{2.54}$$

$$ikA_+e^{-ika/2}-ikA_-e^{ika/2}=ik'B_+e^{-ik'a/2}-ik'B_-e^{ik'a/2} \tag{2.55}$$

すなわち

$$\begin{pmatrix} e^{-ika/2} & e^{ika/2} \\ ike^{-ika/2} & -ike^{ika/2} \end{pmatrix}\begin{pmatrix} A_+ \\ A_- \end{pmatrix}=\begin{pmatrix} e^{-ik'a/2} & e^{ik'a/2} \\ ik'e^{-ik'a/2} & -ik'e^{ik'a/2} \end{pmatrix}\begin{pmatrix} B_+ \\ B_- \end{pmatrix} \tag{2.56}$$

を得る．同様に，$x=a/2$ における接続条件から

$$\begin{pmatrix} e^{ik'a/2} & e^{-ik'a/2} \\ ik'e^{ik'a/2} & -ik'e^{-ik'a/2} \end{pmatrix}\begin{pmatrix} B_+ \\ B_- \end{pmatrix}=\begin{pmatrix} e^{ika/2} & e^{-ika/2} \\ ike^{ika/2} & -ike^{-ika/2} \end{pmatrix}\begin{pmatrix} C+ \\ C_- \end{pmatrix} \tag{2.57}$$

を得る．両者をあわせると

$$\begin{pmatrix} e^{-ika/2} & e^{ika/2} \\ ike^{-ika/2} & -ike^{ika/2} \end{pmatrix}\begin{pmatrix} A_+ \\ A_- \end{pmatrix}=\begin{pmatrix} e^{-ik'a/2} & e^{ik'a/2} \\ ik'e^{-ik'a/2} & -ik'e^{ik'a/2} \end{pmatrix}$$
$$\times\begin{pmatrix} e^{ik'a/2} & e^{-ik'a/2} \\ ik'e^{ik'a/2} & -ik'e^{-ik'a/2} \end{pmatrix}^{-1}\begin{pmatrix} e^{ika/2} & e^{-ika/2} \\ ike^{ika/2} & -ike^{-ika/2} \end{pmatrix}\begin{pmatrix} C+ \\ C_- \end{pmatrix} \tag{2.58}$$

と書くこともできる．

実際の散乱の状況で物理的に興味がある解は，

$$\phi_L(x)=\begin{cases} e^{ikx}+Re^{-ikx} & x<-a/2 \\ Te^{ikx} & x>a/2 \end{cases} \tag{2.59}$$

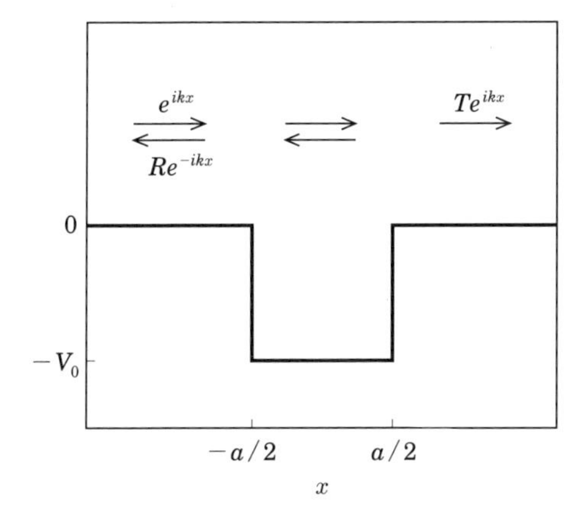

図 2.7　井戸型ポテンシャルに対する散乱問題．図の矢印は式 (2.59) で与えられる $\phi_L(x)$ に対応するものである．ここでは，正のエネルギーを持つ入射波がポテンシャルの左側から入射し，ポテンシャルで乱された結果ポテンシャルの左側に反射され，同時にポテンシャルの右側に透過する．

および

$$\phi_R(x)=\begin{cases} Te^{-ikx} & x<-a/2 \\ e^{-ikx}+Re^{ikx} & x>a/2 \end{cases} \tag{2.60}$$

となる解である．これらの解には $\phi_R(x)=\phi_L(-x)$ という関係があり，両者は線形独立になっている．$\psi(x)=e^{\pm ikx}$ に対するフラックス (式 (1.16) を参照のこと)

$$j(x)=\frac{\hbar}{2im}\left(\psi^*(x)\frac{d\psi(x)}{dx}-\psi(x)\frac{d\psi^*(x)}{dx}\right) \tag{2.61}$$

は $j(x)=\pm k\hbar/m$ であるので，e^{ikx} は右向き進行波，e^{-ikx} は左向き進行波を表す．したがって，$\phi_L(x)$ はポテンシャルの左側から入射した波 e^{ikx} がポテンシャルによって乱され，反射波 Re^{-ikx} と透過波 Te^{-ikx} となったものと解釈できる (図 2.7 を参照のこと)．$x>a/2$ でこの解に e^{-ikx} の成分がないのは，この物理的描像による要請のためである．一方，$\phi_R(x)$ はポテンシャルの右側から入射波 e^{-ikx} が入射した場合とみなすことができる．このような解釈が成り立つので，$\phi_L(x)$ や $\phi_R(x)$ のことを**散乱状態**の波動関数ともよぶ．

式 (2.59) および (2.60) に対して $x=\pm a/2$ における接続条件から T と R を求

めると，

$$T=\frac{2kk'e^{-ika}}{2kk'\cos k'a-i(k^2+k'^2)\sin k'a}, \tag{2.62}$$

$$R=\frac{-i(k^2-k'^2)e^{-ika}\sin k'a}{2kk'\cos k'a-i(k^2+k'^2)\sin k'a} \tag{2.63}$$

を得る．これより，$|T|^2+|R|^2=1$ となっていることがわかる．すなわち，全フラックスは保存し，$k\hbar/m$ の入射フラックスが $|T|^2k\hbar/m$ の透過フラックスと $|R|^2k\hbar/m$ の反射フラックスに分かれたことを示している．

ところで，古典力学では，今のような問題の場合，反射波は存在しない．このような状況でも，量子力学では反射波が存在し得る．これは粒子の波動としての振る舞いに起因し，量子力学に特有の特徴である．これを**量子反射**とよぶ．

2.6.1　散乱波動関数の規格化と完全性

束縛状態の波動関数は $x\to\pm\infty$ の極限で指数関数的に減衰し，式 (1.12) のように規格化することができた．ところが，散乱状態の波動関数は $x\to\pm\infty$ で減衰せず，同じように規格化することはできない．この場合，以下のようにデルタ関数を用いて規格化を定義する必要がある．すなわち，いま，

$$\phi_{k,L}(x)\equiv\frac{1}{\sqrt{2\pi}}\phi_L(x)=\begin{cases}\dfrac{1}{\sqrt{2\pi}}(e^{ikx}+R(k)e^{-ikx}) & x<-a/2\\ \dfrac{1}{\sqrt{2\pi}}T(k)e^{ikx} & x>a/2\end{cases} \tag{2.64}$$

および

$$\phi_{k,R}(x)\equiv\frac{1}{\sqrt{2\pi}}\phi_R(x)=\begin{cases}\dfrac{1}{\sqrt{2\pi}}T(k)e^{-ikx} & x<-a/2\\ \dfrac{1}{\sqrt{2\pi}}(e^{-ikx}+R(k)e^{ikx}) & x>a/2\end{cases} \tag{2.65}$$

を定義すると，これらは

$$\int_{-\infty}^{\infty}\phi^*_{k,R}(x)\phi_{k',R}(x)dx=\int_{-\infty}^{\infty}\phi^*_{k,L}(x)\phi_{k',L}(x)dx=\delta(k-k'), \tag{2.66}$$

$$\int_{-\infty}^{\infty}\phi^*_{k,R}(x)\phi_{k',L}(x)dx=0 \tag{2.67}$$

を満たし，デルタ関数を用いて規格化されている．これは次のように証明することができる．いま，表記を簡単にするために，$u_k(x)\equiv\phi_{k,L}(x)$ と書こう．波動関数 $u_k(x)$ および $u^*_{k'}(x)$ の従うシュレーディンガー方程式は

$$\left(-\frac{\hbar^2}{2m}\frac{d^2}{dx^2}+V(x)-E\right)u_k(x)=0, \tag{2.68}$$

$$\left(-\frac{\hbar^2}{2m}\frac{d^2}{dx^2}+V(x)-E'\right)u^*_{k'}(x)=0 \tag{2.69}$$

である．ただし，E' は波数 k' に対応するエネルギーである．この上の式に $u^*_{k'}(x)$ をかけたものから下の式に $u_k(x)$ をかけたものを引くと

$$-\frac{\hbar^2}{2m}\frac{d}{dx}\left(u^*_{k'}(x)\frac{du_k(x)}{dx}-u_k(x)\frac{du^*_{k'}(x)}{dx}\right)+(-E+E')u_k(x)u^*_{k'}(x)=0 \tag{2.70}$$

を得る．これより，

$$\int_{-\infty}^{\infty}u^*_{k'}(x)u_k(x)dx=-\frac{\hbar^2}{2m}\frac{1}{E-E'}\left(u^*_{k'}(x)\frac{du_k(x)}{dx}-u_k(x)\frac{du^*_{k'}(x)}{dx}\right)\Bigg|_{x=-\infty}^{\infty} \tag{2.71}$$

となる．式 (2.64) の表式をここに代入し整理すると，

$$\begin{aligned}\int_{-\infty}^{\infty}&u^*_{k'}(x)u_k(x)dx\\ &=-\frac{\hbar^2}{2m}\frac{1}{2\pi(E-E')}\lim_{x\to\infty}\big[i(k+k')(T(k')^*T(k)+R(k')^*R(k))e^{i(k-k')x}\\ &\quad -i(k+k')e^{-i(k-k')x}-i(k-k')R(k)e^{i(k+k')x}-i(k-k')R(k)^*e^{-i(k+k')x}\big]\end{aligned} \tag{2.72}$$

を得る．$k\neq k'$ のとき，$x\to\infty$ の極限で各項は激しく振動し互いに打ち消しあう ($k>0$ および $k'>0$ であるので最後の 2 項は $k=k'$ でも激しく振動する)．そこで $k\simeq k'$ の場合を考えると，$|T(k)|^2+|R(k)|^2=1$ を用いて

$$\begin{aligned}\int_{-\infty}^{\infty}&u^*_{k'}(x)u_k(x)dx\\ &=-\frac{\hbar^2}{2m}\frac{1}{2\pi(E-E')}\lim_{x\to\infty}i(k+k')(e^{i(k-k')x}-e^{-i(k-k')x})\end{aligned} \tag{2.73}$$

$$=\frac{\hbar^2}{2m}\frac{1}{E-E'}\lim_{x\to\infty}(k+k')(k-k')\frac{\sin((k-k')x)}{\pi(k-k')} \tag{2.74}$$

となる．ここで，

$$\lim_{x\to\infty}\frac{\sin((k-k')x)}{\pi(k-k')}=\delta(k-k') \tag{2.75}$$

および

$$\frac{\hbar^2}{2m}(k+k')(k-k')=\frac{\hbar^2}{2m}(k^2-k'^2)=E-E' \tag{2.76}$$

を用いると，式 (2.66) に帰着する．式 (2.67) も同様に示すことができる．

また，$E=\dfrac{k^2\hbar^2}{2m}$ より $dE=\dfrac{k\hbar^2}{m}dk$ であるから，$\phi_{E,L}(x)=\sqrt{\dfrac{m}{2\pi k\hbar^2}}\phi_L(x)$，$\phi_{E,R}(x)=\sqrt{\dfrac{m}{2\pi k\hbar^2}}\phi_R(x)$ を定義すると

$$\int_{-\infty}^{\infty}\phi^*_{E,R}(x)\phi_{E',R}(x)dx=\int_{-\infty}^{\infty}\phi^*_{E,L}(x)\phi_{E',L}(x)dx=\delta(E-E'), \tag{2.77}$$

$$\int_{-\infty}^{\infty}\phi^*_{E,R}(x)\phi_{E',L}(x)dx=0 \tag{2.78}$$

が満たされる．完全性の式 (1.102) はこの場合，

$$\begin{aligned}1&=\sum_{n:\text{束縛状態}}|\phi_n\rangle\langle\phi_n|+\int_0^{\infty}dk|\phi_{k,R}\rangle\langle\phi_{k,R}|+\int_0^{\infty}dk|\phi_{k,L}\rangle\langle\phi_{k,L}|\\&=\sum_{n:\text{束縛状態}}|\phi_n\rangle\langle\phi_n|+\int_0^{\infty}dE|\phi_{E,R}\rangle\langle\phi_{E,R}|+\int_0^{\infty}dE|\phi_{E,L}\rangle\langle\phi_{E,L}|\end{aligned} \tag{2.79}$$

に拡張される．

2.7 ポテンシャル障壁と量子トンネル現象

次に，前節と同様の散乱問題で，ポテンシャル $V(x)$ がポテンシャル井戸ではなくポテンシャル障壁になっている場合を考えよう．この場合のポテンシャルは，$|x|\leq a/2$ で $V(x)=V_0$ (>0)，それ以外は $V(x)=0$ になっているものである (図 2.8 の左図を参照のこと)．これは形式的には前節の解で V_0 を $-V_0$ に変えたものに等価である．

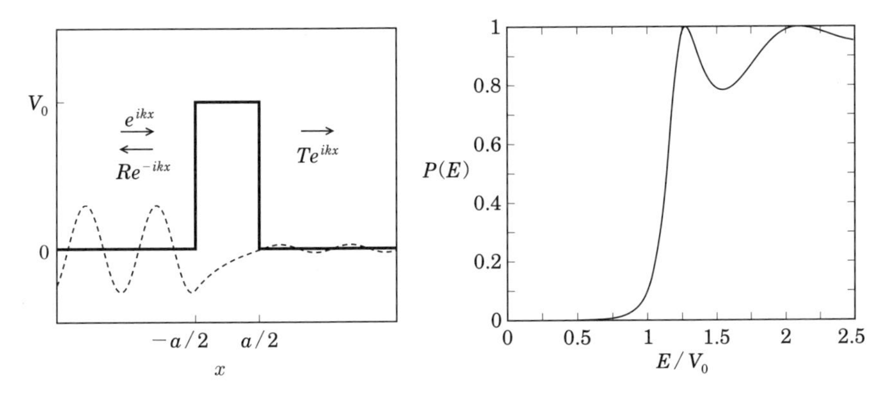

図 2.8 井戸型ポテンシャルの障壁に対する散乱問題．左図の破線は $E<V_0$ での波動関数を模式的に示したものである．右図は透過確率 $P(E)$ をエネルギー E の関数としてプロットしたものである．ここでは，$a=2$, $\beta^2=ma^2V_0/2\hbar^2=3$ とした．

特に興味深いのは $E<V_0$ の場合である．この場合，古典的には粒子はポテンシャルで反射し，ポテンシャルの反対側に出ることはない．一方で，量子力学では粒子は波動としての振る舞いを持ち，ポテンシャルの反対側に有限の確率で出ることができる．これは前節で述べた量子反射と同様の現象であり，**量子トンネル現象**あるいは**量子トンネル効果**とよばれる．図 2.8 の左図に破線で $E<V_0$ の場合の波動関数の模式的なカーブを示す．ポテンシャルの左から入ってきた波はポテンシャルの中で指数関数的に減衰する．これはポテンシャル障壁の中で波数 k' は純虚数になるためである．ポテンシャルの右側では，進行波が現れるがその振幅は入射波に比べて大きく減少する．

ポテンシャルの透過の確率は透過波 Te^{ikx} に対するフラックス $j_{\rm out}=|T|^2k\hbar/m$ を入射波 e^{ikx} に対するフラックス $j_{\rm in}=k\hbar/m$ で割ったもの (いま，入射波はポテンシャルの左側から入射する状況を考える) である．すなわち，トンネル効果の確率 $P(E)$ は

$$P(E)=\frac{j_{\rm out}}{j_{\rm in}}=|T|^2 \tag{2.80}$$

で与えられる．これをエネルギーの関数として図 2.8 の右図に示した．$E=V_0$ のあたりで透過確率が急激に立ち上がっているのがわかる ($E>V_0$ で透過確率が振動しているのはポテンシャル障壁が $x=\pm a/2$ で不連続的に立ち上がっている効

果である．より滑らかなポテンシャル障壁に対しては 9.4 節で議論するように透過確率はエネルギーとともに単調に増加する)．式 (2.62) の透過係数 T で $k' \to i\kappa'$ の置き換えをすると，$E \ll V_0$ において透過確率は

$$P(E) \sim \frac{16k^2\kappa'^2}{(k^2+\kappa'^2)^2} e^{-2\kappa' a} \tag{2.81}$$

となることがわかる．ここで，$\kappa' = \sqrt{2m(V_0-E)/\hbar^2}$ であり，透過確率が κ' の関数としておおよそ指数関数的に振る舞っていることがわかる．

2.8 調和振動子ポテンシャル

最後に，調和振動子ポテンシャル

$$V(x) = \frac{1}{2}m\omega^2 x^2 \tag{2.82}$$

の固有状態を考察する．

一般に，極小点を持つ任意のポテンシャルは (極小点が複数個存在してもよい)，その極小点 x_0 のまわりで

$$V(x) \sim V(x_0) + \frac{1}{2}V''(x_0)(x-x_0)^2 + \cdots \tag{2.83}$$

と展開することができる．極小点 x_0 のまわりの微小変化を考える限りでは，展開を 2 次で止めてもよく，そのときポテンシャルは調和振動子型 (2.82) に帰着される．調和振動子型ポテンシャルはそのような意味で応用上重要である．また，このポテンシャルはシュレーディンガー方程式が厳密に解ける数少ない例の 1 つでもある．

調和振動子ポテンシャルに対するシュレーディンガー方程式

$$\left(-\frac{\hbar^2}{2m}\frac{d^2}{dx^2} + \frac{1}{2}m\omega^2 x^2\right)\phi(x) = E\phi(x) \tag{2.84}$$

を解くにあたり，まず $x \to \pm\infty$ での波動関数の振る舞いを見ておこう．$x \to \pm\infty$ ではポテンシャル $V(x)$ に比べてエネルギー E を無視することができる．このとき，シュレーディンガー方程式は

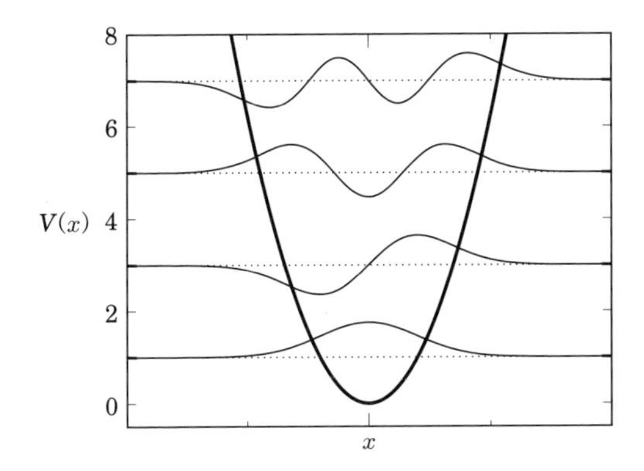

図 2.9　調和振動子ポテンシャルと固有波動関数．$\hbar\omega=2$ のときを図示している．

$$\left(-\frac{\hbar^2}{2m}\frac{d^2}{dx^2}+\frac{1}{2}m\omega^2x^2\right)\phi(x)=0 \tag{2.85}$$

となるが，この解は近似的に $\phi(x)\sim e^{-m\omega x^2/2\hbar}$ となる．そこで，全領域にわたる波動関数を

$$\phi(x)=f(x)e^{-\frac{m\omega}{2\hbar}x^2} \tag{2.86}$$

とおいてシュレーディンガー方程式に代入すると，関数 $f(x)$ の従う方程式として

$$-\frac{\hbar^2}{2m}\frac{d^2f(x)}{dx^2}+\hbar\omega x\frac{df(x)}{dx}=\left(E-\frac{\hbar\omega}{2}\right)f(x) \tag{2.87}$$

を得る．あるいは，$y\equiv\sqrt{\frac{m\omega}{\hbar}}x$ を用いてこの方程式を書き直すと，

$$\frac{d^2f(y)}{dy^2}-2y\frac{df(y)}{dy}+\left(\frac{2E}{\hbar\omega}-1\right)f(y)=0 \tag{2.88}$$

となる．この方程式の解は

$$\frac{2E}{\hbar\omega}-1=2n \qquad (n=0,1,2,\cdots) \tag{2.89}$$

すなわち

$$E=E_n=\left(n+\frac{1}{2}\right)\hbar\omega \qquad (n=0,1,2,\cdots) \tag{2.90}$$

のとき，規格化因子を除きエルミート多項式 $H_n(y)$ で与えられる．エルミート多項式は

$$H_n(y) = \sum_{k=0}^{[n/2]} (-1)^k \frac{n!}{k!(n-2k)!} (2y)^{n-2k} \tag{2.91}$$

で定義される多項式で（$[n/2]$ は $n/2$ を超えない最大の整数），特に $n=0,1,2$ に対して $H_0(y)=1$, $H_1(y)=2y$, $H_2(y)=4y^2-2$ となる．式 (2.89) の条件は，$f(y)=\sum_{n=0}^{\infty} c_n y^n$ とべき展開したときに，展開が有限の項までで打ち切られ，$f(y)$ が $y\to\pm\infty$ で発散しないための条件と一致する．$n=0$ のときのエネルギー $E_0=\frac{1}{2}\hbar\omega$ を特に**ゼロ点振動**のエネルギーという．調和振動子ポテンシャルの最大の特徴は，固有エネルギーの差 $\Delta E_n = E_{n+1} - E_n$ が n に依らず，等間隔 $\Delta E = \hbar\omega$ になることである．

規格化因子まで含めた波動関数は

$$\phi_n(x) = \left(\frac{m\omega}{\pi\hbar}\right)^{1/4} \frac{1}{\sqrt{2^n n!}} H_n\left(\sqrt{\frac{m\omega}{\hbar}}x\right) e^{-\frac{m\omega}{2\hbar}x^2} \tag{2.92}$$

で与えられる．ポテンシャル $V(x)$ と波動関数 $\phi_0(x)$, $\phi_1(x)$, $\phi_2(x)$, $\phi_3(x)$ を図 2.9 に図示する．

2.9　調和振動子ポテンシャル：代数学的解法

前節の調和振動子ポテンシャルは代数学的にも解くことができる．この方法は簡便な解法を与えるばかりではなく，場の理論などで第二量子化を取り扱う際に本質的に重要となるものである．

この方法では，

$$a^\dagger \equiv \sqrt{\frac{m\omega}{2\hbar}}\hat{x} - i\frac{\hat{p}}{\sqrt{2m\omega\hbar}} \tag{2.93}$$

で定義される演算子 $a^\dagger$ を導入する．演算子 $\hat{x}$, $\hat{p}$ はエルミート演算子であるので，$a^\dagger$ のエルミート共役は

$$a = \sqrt{\frac{m\omega}{2\hbar}}\hat{x} + i\frac{\hat{p}}{\sqrt{2m\omega\hbar}} \tag{2.94}$$

となる．$[\hat{x},\hat{p}]=i\hbar$ であることを用いると，a と $a^\dagger$ の交換関係は

$$[a,a^\dagger]=1 \tag{2.95}$$

となることがわかる．これを用いると，

$$[a,(a^\dagger)^n]=n(a^\dagger)^{n-1} \tag{2.96}$$

となることが数学的帰納法を用いて示すことができる．また，両辺のエルミート共役をとると

$$[a^\dagger,a^n]=-na^{n-1} \tag{2.97}$$

となる．これらより，$a^\dagger$ の任意の関数 $f(a^\dagger)$ および a の任意の関数 $g(a)$ に対して

$$[a,f(a^\dagger)]=\frac{d}{da^\dagger}f(a^\dagger), \qquad [a^\dagger,g(a)]=-\frac{d}{da}g(a) \tag{2.98}$$

となることが示される．

a と $a^\dagger$ を用いてハミルトニアンを書き直すと

$$H=\frac{\hat{p}^2}{2m}+\frac{1}{2}m\omega^2\hat{x}^2=\hbar\omega\left(a^\dagger a+\frac{1}{2}\right) \tag{2.99}$$

となる．ここで，ハミルトニアン H と a および $a^\dagger$ との交換関係をとると，

$$[H,a]=\hbar\omega[a^\dagger a,a]=\hbar\omega[a^\dagger,a]a=-\hbar\omega a, \tag{2.100}$$

$$[H,a^\dagger]=\hbar\omega[a^\dagger a,a^\dagger]=\hbar\omega a^\dagger[a,a^\dagger]=\hbar\omega a^\dagger \tag{2.101}$$

となる．したがって，もし $H|\varphi\rangle=E|\varphi\rangle$ を満たす状態 $|\varphi\rangle$ があったとしたら，

$$Ha|\varphi\rangle=(aH-\hbar\omega a)|\varphi\rangle=(E-\hbar\omega)a|\varphi\rangle, \tag{2.102}$$

$$Ha^\dagger|\varphi\rangle=(a^\dagger H+\hbar\omega a^\dagger)|\varphi\rangle=(E+\hbar\omega)a^\dagger|\varphi\rangle \tag{2.103}$$

となるので，状態 $a|\varphi\rangle$ および $a^\dagger|\varphi\rangle$ もハミルトニアン H の固有関数であり，固有値はそれぞれ $E-\hbar\omega$ および $E+\hbar\omega$ となることがわかる．ここからただちに調和振動子ポテンシャルの固有値は式 (2.90) のように $\hbar\omega$ を単位として等間隔に現れることがわかる．ところで，式 (2.82) の調和振動子ポテンシャルは最低値が 0 であり，ハミルトニアンの固有値は必ずこの最低値より大きくなる．したがっ

て，ある状態から出発して次々に a を作用していったときに，どこかで

$$a|0\rangle = 0 \tag{2.104}$$

となってこれ以上エネルギーが下がらないようにする必要がある．このような状態 $|0\rangle$ が調和振動子の基底状態である．すなわち，調和振動子の基底状態 $|0\rangle$ は $a|0\rangle = 0$ を満たす状態として定義される．このとき，

$$H|0\rangle = \hbar\omega\left(a^\dagger a + \frac{1}{2}\right)|0\rangle = \frac{1}{2}\hbar\omega|0\rangle \tag{2.105}$$

となるので，この状態はエネルギー固有値として $E_0 = \dfrac{1}{2}\hbar\omega$ を持つ．また，状態 $a|0\rangle = 0$ の座標表示をとると，

$$0 = \langle x|a|0\rangle = \left\langle x \middle| \sqrt{\frac{m\omega}{2\hbar}}\hat{x} + i\sqrt{\frac{1}{2m\omega\hbar}}\hat{p} \middle| 0 \right\rangle = \left(\sqrt{\frac{m\omega}{2\hbar}}x + i\sqrt{\frac{1}{2m\omega\hbar}}\frac{\hbar}{i}\frac{d}{dx}\right)\langle x|0\rangle \tag{2.106}$$

となる．これを解くと $u_0(x) = \langle x|0\rangle$ として $u_0(x) \propto e^{-m\omega x^2/2\hbar}$ を得る．これは前節でシュレーディンガー方程式を直接解いて求めたものと一致している．励起状態は，基底状態 $|0\rangle$ に演算子 $a^\dagger$ を何回か作用させて得ることができる．n 番目の励起状態はエネルギー固有値 $E_n = (n+1/2)\hbar\omega$ を持ち，規格化された波動関数は

$$|n\rangle = \frac{1}{\sqrt{n!}}\left(a^\dagger\right)^n|0\rangle \tag{2.107}$$

となる．この定義により，

$$a^\dagger|n\rangle = \sqrt{n+1}|n+1\rangle \tag{2.108}$$

となることがすぐわかる．また式 (2.96) を用いると，

$$a|n\rangle = \sqrt{n}|n-1\rangle \tag{2.109}$$

が導かれる．さらに，演算子 $\hat{n}$ を $\hat{n} = a^\dagger a$ と定義すると，

$$\hat{n}|n\rangle = n|n\rangle \tag{2.110}$$

となる．

コラム◉超対称性量子力学

ある与えられたポテンシャル $V(x)$ の基底状態の波動関数を $\varphi_0(x)$ としよう．エネルギーの基準を適当にとり，この状態のエネルギーをゼロにすると，シュレーディンガー方程式

$$H\varphi_0(x)=\left(-\frac{\hbar^2}{2m}\frac{d^2}{dx^2}+V(x)\right)\varphi_0(x)=0 \tag{2.111}$$

が成り立つ．これより，$V(x)\varphi_0(x)=\dfrac{\hbar^2}{2m}\varphi_0''(x)$ となるので (ダッシュは x による微分を表す)，

$$H=\frac{\hbar^2}{2m}\left(-\frac{d^2}{dx^2}+\frac{\varphi_0''(x)}{\varphi_0(x)}\right) \tag{2.112}$$

となる．ここで，

$$A^\dagger\equiv\frac{\hbar}{\sqrt{2m}}\left(-\frac{d}{dx}-\frac{\varphi_0'(x)}{\varphi_0(x)}\right),\qquad A=\frac{\hbar}{\sqrt{2m}}\left(\frac{d}{dx}-\frac{\varphi_0'(x)}{\varphi_0(x)}\right) \tag{2.113}$$

という演算子 A, $A^\dagger$ を定義すると，

$$H=A^\dagger A,\qquad A\varphi_0(x)=0 \tag{2.114}$$

となることを示すことができる．これは調和振動子ポテンシャルに対する代数学的解法を一般の場合に拡張したものとみなすことができる．

ここで，

$$\tilde{H}=AA^\dagger \tag{2.115}$$

というハミルトニアンを導入しよう．もし，

$$H\varphi_n(x)=A^\dagger A\varphi_n(x)=E_n\varphi_n(x) \tag{2.116}$$

が満たされるとすると，

$$\tilde{H}(A\varphi_n(x))=AA^\dagger A\varphi_n(x)=E_nA\varphi_n(x) \tag{2.117}$$

となる．したがって，$A\varphi_n(x)$ はハミルトニアン $\tilde{H}$ の固有関数であり，その固有

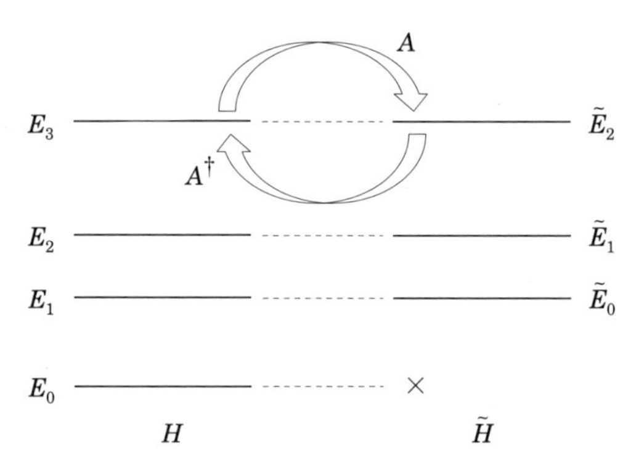

図 2.10　ハミルトニアン $H = A^\dagger A$ とその超対称性パートナー $\tilde{H} = AA^\dagger$ のスペクトル．ハミルトニアン H の基底状態を除いて両者は同じエネルギー固有値を持つ．

値は E_n である．ただし，$A\varphi_0(x) = 0$ であるので，この状態は $\tilde{H}$ の $n-1$ 番目の固有状態に対応する．すなわち，(規格化も含めて)

$$\tilde{\varphi}_{n-1}(x) = \frac{1}{\sqrt{E_n}} A\varphi_n(x) \tag{2.118}$$

である．同様に，$\tilde{H}\tilde{\varphi}_n(x) = \tilde{E}_n \tilde{\varphi}_n(x)$ が満たされているとすると，

$$H(A^\dagger \tilde{\varphi}_n(x)) = \tilde{E}_n A^\dagger \tilde{\varphi}_n(x) \tag{2.119}$$

が成り立つ．すなわち，ハミルトニアン H と $\tilde{H}$ は同じスペクトルを持ち，それぞれの波動関数は $\tilde{\varphi}_n(x) \propto A\varphi_{n+1}(x)$, $\varphi_{n+1}(x) \propto A^\dagger \tilde{\varphi}_n(x)$ のように結びつけられている．ただし，$A\varphi_0 = 0$ より，φ_0 に対応する状態は $\tilde{H}$ の固有状態には存在しない．図 2.10 にこの様子を模式的に示す．これを**超対称性量子力学**といい，可解模型の構築や，与えられたハミルトニアンのエネルギー縮退の理解などに対して有用になる場合がある．例えば，幅 a の無限井戸型ポテンシャルから超対称性量子力学を用いることによって

$$\tilde{V}(x) = \frac{\hbar^2 \pi^2}{2ma^2} \left(\frac{2}{\sin^2(\pi x/a)} - 1 \right) \tag{2.120}$$

という非自明なポテンシャルを持つハミルトニアンのエネルギー固有値と固有波動関数を厳密に構成することができる．

より詳細な内容は，例えば，坂本眞人著『量子力学から超対称性へ』(サイエンス社，2012 年) や倉本義夫・江澤潤一著『量子力学』(朝倉書店，2008 年) に与えられている．

演習問題

問題 2.1

有限の井戸型ポテンシャル (2.31) でポテンシャルの幅 a が大きくなると，エネルギー固有値がどのように変化するのか (具体的な計算することなく) 述べよ．また，その定性的な理由を述べよ．

問題 2.2

$$V(x)=V_0\theta(x)=\begin{cases} 0 & x<0 \\ V_0 & x\geq 0 \end{cases} \tag{2.121}$$

で与えられる**階段型ポテンシャル** ($V_0>0$ とする．図 2.11 を参照のこと) に対し，$0<E<V_0$ の場合にシュレーディンガー方程式を解き波動関数を求めよ．ここで，$\theta(x)$ は階段関数とよばれ，

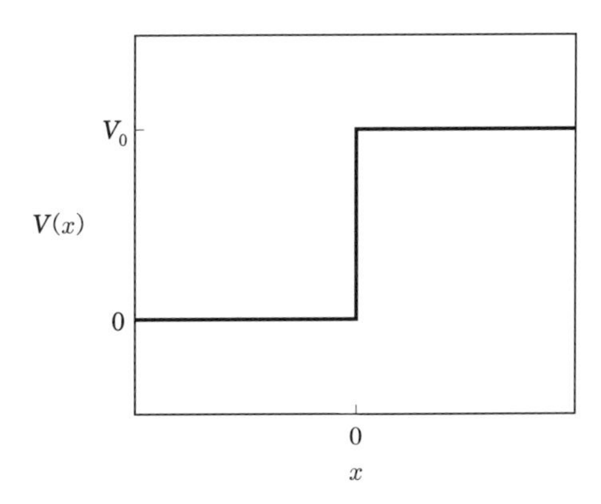

図 2.11　式 (2.121) で与えられる階段型ポテンシャル．

$$\theta(x) = \begin{cases} 0 & x < 0 \\ 1 & x \geq 0 \end{cases} \tag{2.122}$$

を満たす．

問題 2.3

前問と同じ階段型ポテンシャルで $E > V_0$ の場合の解を求めよ．ただし，ポテンシャルの左側から入射波が入射する場合を考え，フラックスの保存則が満たされていることを確認せよ．

問題 2.4

デルタ関数型ポテンシャル $V(x) = g\delta(x)$ $(g > 0)$ に対して $E > 0$ の場合にシュレーディンガー方程式を解き，透過係数 T および反射係数 R を求めよ．

問題 2.5

演算子 a の固有状態は**コヒーレント状態**とよばれる．ベイカー-キャンベル-ハウスドルフの公式 (1.116) および調和振動子の固有状態の表式 (2.107) を用いて状態

$$|\alpha\rangle = e^{\alpha a^\dagger - \alpha^* a}|0\rangle \tag{2.123}$$

が $a|\alpha\rangle = \alpha|\alpha\rangle$ を満たすことを示せ．

第3章

3次元系の量子力学

3.1 準備：2次元系の量子力学

3.1.1 変数分離型ポテンシャルの解

前章では1次元系の量子力学を論じたが，この章ではより現実的な3次元系を取り扱う．その準備として，この節ではまず2次元系の量子力学をみていく．

2次元系のハミルトニアンは

$$H=\frac{1}{2m}(p_x^2+p_y^2)+V(x,y)=-\frac{\hbar^2}{2m}\left(\frac{\partial^2}{\partial x^2}+\frac{\partial^2}{\partial y^2}\right)+V(x,y) \tag{3.1}$$

で与えられる．ここで，粒子は (x,y) 平面内を運動するとした．また，表記を簡単にするため，演算子のハット記号は省略した．第1章で述べたように，運動量演算子は $(p_x,p_y)=\left(\frac{\hbar}{i}\frac{\partial}{\partial x},\frac{\hbar}{i}\frac{\partial}{\partial y}\right)$ で与えられる．また，束縛状態に対しては波動関数 $\phi(x,y)$ は

$$\int_{-\infty}^{\infty}dx\int_{-\infty}^{\infty}dy|\phi(x,y)|^2=1 \tag{3.2}$$

のように規格化される (式 (1.12) を参照のこと)．

もしポテンシャル $V(x,y)$ が x の関数 $V_x(x)$ と y の関数 $V_y(y)$ の和として

$$V(x,y)=V_x(x)+V_y(y) \tag{3.3}$$

で与えられるとする．このとき，ポテンシャルは変数 x と y で分離した形になっているため，このようなポテンシャルを**変数分離型**とよぶ．この場合，ハミルトニアンも

$$H=\left[-\frac{\hbar^2}{2m}\frac{\partial^2}{\partial x^2}+V_x(x)\right]+\left[-\frac{\hbar^2}{2m}\frac{\partial^2}{\partial y^2}+V_y(y)\right]\equiv h_x+h_y \tag{3.4}$$

のように x と y で変数分離した形になる．ここで，

$$h_x\equiv-\frac{\hbar^2}{2m}\frac{\partial^2}{\partial x^2}+V_x(x), \qquad h_y\equiv-\frac{\hbar^2}{2m}\frac{\partial^2}{\partial y^2}+V_y(y) \tag{3.5}$$

とおいた．

このハミルトニアンの固有関数は，

$$h_x\phi_x(x)=E_x\phi_x(x), \qquad h_y\phi_y(y)=E_y\phi_y(y) \tag{3.6}$$

を満たす h_x および h_y の固有関数 $\phi_x(x)$, $\phi_y(y)$ の積として

$$\phi(x,y)=\phi_x(x)\phi_y(y) \tag{3.7}$$

で与えられる．この関数がハミルトニアン (3.4) の固有関数となっており，その固有値が

$$E=E_x+E_y \tag{3.8}$$

となっていることは，式 (3.7) の $\phi(x,y)$ をシュレーディンガー方程式 $H\phi=E\phi$ に代入して，h_x が ϕ_y に作用しないこと (同様に h_y が ϕ_x に作用しないこと) を用いると確かめることができる．

例えば，2 次元の等方調和振動子

$$V(x,y)=\frac{1}{2}m\omega^2(x^2+y^2) \tag{3.9}$$

は変数分離型をしており，その固有関数は 1 次元調和振動子の固有関数 (2.92) を用いて

$$\phi_{n_xn_y}(x,y)=\phi_{n_x}(x)\phi_{n_y}(y) \tag{3.10}$$

で与えられる．このときのエネルギー固有値は

$$E_{n_xn_y}=(n_x+n_y+1)\hbar\omega \tag{3.11}$$

である．

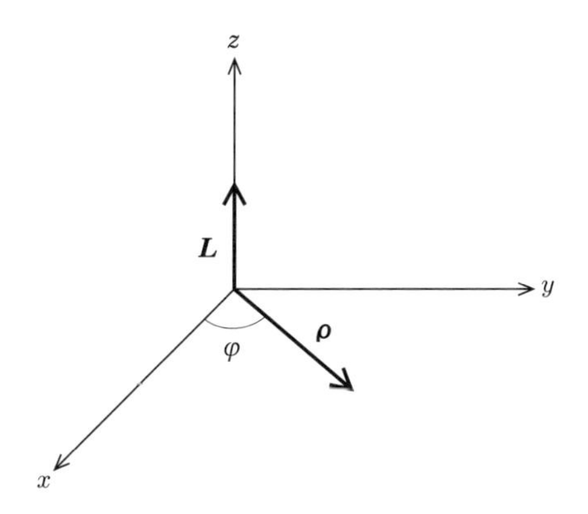

図 3.1　平面極座標 $(x,y)=(\rho\cos\varphi,\rho\sin\varphi)$．粒子の運動が (x,y) 平面内に限定されるとき，角運動量ベクトル $\boldsymbol{L}=\boldsymbol{r}\times\boldsymbol{p}$ は z 軸方向を向く．

3.1.2　中心力ポテンシャルの解

次に，より一般的な場合として，ポテンシャル $V(x,y)$ が座標ベクトル $\boldsymbol{\rho}=(x,y)$ の大きさ $\rho=|\boldsymbol{\rho}|$ にのみ依存している場合 $(V(x,y)=V(\rho))$ を考える．このようなポテンシャルを**中心力ポテンシャル**という．このような場合，平面極座標 $(x,y)=(\rho\cos\varphi,\rho\sin\varphi)$ を用いると問題を簡単にすることができる (図 3.1 を参照のこと)．ここで，$\rho=\sqrt{x^2+y^2}$ であり，角度 φ は $0\leq\varphi<2\pi$ の範囲を動く．また，体積要素は $dxdy=\rho d\rho d\varphi$ となる．このとき，

$$\frac{\partial}{\partial x}=\frac{\partial\rho}{\partial x}\frac{\partial}{\partial\rho}+\frac{\partial\varphi}{\partial x}\frac{\partial}{\partial\varphi},\qquad \frac{\partial}{\partial y}=\frac{\partial\rho}{\partial y}\frac{\partial}{\partial\rho}+\frac{\partial\varphi}{\partial y}\frac{\partial}{\partial\varphi} \tag{3.12}$$

であるが，$\rho=\sqrt{x^2+y^2}$ より

$$\frac{\partial\rho}{\partial x}=\frac{x}{\rho}=\cos\varphi,\quad \frac{\partial\rho}{\partial y}=\frac{y}{\rho}=\sin\varphi \tag{3.13}$$

となる．また，$\dfrac{\partial y}{\partial x}=\dfrac{\partial x}{\partial y}=0$ より，式 (3.12) と式 (3.13) を用いて

$$\frac{\partial\varphi}{\partial x}=-\frac{\dfrac{\partial\rho}{\partial x}\dfrac{\partial y}{\partial\rho}}{\dfrac{\partial y}{\partial\varphi}}=-\frac{1}{\rho}\sin\varphi,\qquad \frac{\partial\varphi}{\partial y}=-\frac{\dfrac{\partial\rho}{\partial y}\dfrac{\partial x}{\partial\rho}}{\dfrac{\partial x}{\partial\varphi}}=\frac{1}{\rho}\cos\varphi \tag{3.14}$$

を得る．これらを合わせると

$$\frac{\partial}{\partial x}=\cos\varphi\frac{\partial}{\partial\rho}-\frac{\sin\varphi}{\rho}\frac{\partial}{\partial\varphi},\qquad \frac{\partial}{\partial y}=\sin\varphi\frac{\partial}{\partial\rho}+\frac{\cos\varphi}{\rho}\frac{\partial}{\partial\varphi} \tag{3.15}$$

となるが，これより

$$\frac{\partial^2}{\partial x^2}+\frac{\partial^2}{\partial y^2}=\frac{\partial^2}{\partial\rho^2}+\frac{1}{\rho}\frac{\partial}{\partial\rho}+\frac{1}{\rho^2}\frac{\partial^2}{\partial\varphi^2} \tag{3.16}$$

を得る．

ところで，角運動量ベクトル $\boldsymbol{L}=\boldsymbol{r}\times\boldsymbol{p}$ の z 成分 $L_z=xp_y-yp_x$ は平面極座標を用いて表すと

$$L_z=\frac{\hbar}{i}\rho\cos\varphi\left(\cos\varphi\frac{\partial}{\partial\rho}-\frac{\sin\varphi}{\rho}\frac{\partial}{\partial\varphi}\right)-\frac{\hbar}{i}\rho\sin\varphi\left(\sin\varphi\frac{\partial}{\partial\rho}+\frac{\cos\varphi}{\rho}\frac{\partial}{\partial\varphi}\right)=\frac{\hbar}{i}\frac{\partial}{\partial\varphi} \tag{3.17}$$

であるから，式 (3.16) は

$$\frac{\partial^2}{\partial x^2}+\frac{\partial^2}{\partial y^2}=\frac{\partial^2}{\partial\rho^2}+\frac{1}{\rho}\frac{\partial}{\partial\rho}-\frac{L_z^2}{\hbar^2\rho^2}=\frac{\partial^2}{\partial\rho^2}+\frac{1}{\rho}\frac{\partial}{\partial\rho}-\frac{l_z^2}{\rho^2} \tag{3.18}$$

と書くこともできる．ここで $\boldsymbol{L}=\boldsymbol{l}\hbar$ とおいた．これより，ハミルトニアン H は平面極座標を用いて

$$H=-\frac{\hbar^2}{2m}\left(\frac{\partial^2}{\partial\rho^2}+\frac{1}{\rho}\frac{\partial}{\partial\rho}\right)+\frac{l_z^2\hbar^2}{2m\rho^2}+V(\rho) \tag{3.19}$$

で与えられる．

このハミルトニアンの固有関数を求めるために，まず角運動量の z 成分 L_z の固有関数 $\Phi(\varphi)$ を求めよう．L_z の固有値を α とおくと，

$$L_z\Phi(\varphi)=\frac{\hbar}{i}\frac{d}{d\varphi}\Phi(\varphi)=\alpha\Phi(\varphi) \tag{3.20}$$

が成り立つが，この解は，

$$\Phi(\varphi)=\frac{1}{\sqrt{2\pi}}e^{i\alpha\varphi/\hbar} \tag{3.21}$$

で与えられる．ここで，規格化因子は

$$\int_0^{2\pi} d\varphi |\Phi(\varphi)|^2 = 1 \tag{3.22}$$

となるようにとった．角度 φ の周期性より，波動関数 $\Phi(\varphi)$ は $\Phi(\varphi+2\pi)=\Phi(\varphi)$ が満たされる必要がある．これより，$\alpha=m\hbar$ $(m=0,\pm1,\pm2,\cdots)$ と定まる．すなわち，L_z の固有波動関数は

$$\Phi_m(\varphi) = \frac{1}{\sqrt{2\pi}} e^{im\varphi} \qquad (m=0,\pm1,\pm2,\cdots) \tag{3.23}$$

であり，そのときの固有値は $m\hbar$ となる．

ハミルトニアン H の固有波動関数は L_z の固有波動関数を用いて

$$\phi_{m_z}(x,y) = R_{m_z}(\rho)\Phi_{m_z}(\varphi) \tag{3.24}$$

と変数分離の形で書くことができる．すなわち，波動関数は動径成分 $R_{m_z}(\rho)$ と角度成分 $\Phi_{m_z}(\varphi)$ の積として表される．このとき，動径関数 $R_{m_z}(\rho)$ はシュレーディンガー方程式

$$\left[-\frac{\hbar^2}{2m}\left(\frac{\partial^2}{\partial\rho^2}+\frac{1}{\rho}\frac{\partial}{\partial\rho}\right)+\frac{m_z^2\hbar^2}{2m\rho^2}+V(\rho)\right]R_{m_z}(\rho) = ER_{m_z}(\rho) \tag{3.25}$$

を満たす．また，平面極座標を用いたとき体積要素は $dxdy=\rho d\rho d\varphi$ となるから，動径波動関数 $R_{m_z}(\rho)$ は

$$\int_0^{\infty} \rho d\rho |R_{m_z}(\rho)|^2 = 1 \tag{3.26}$$

のように規格化される．

3.2　3 次元系の量子力学

3.2.1　変数分離型ポテンシャルの解

ここまでで 2 次元系の量子力学が理解できたので，次に 3 次元系の量子力学を見ていこう．このとき，ハミルトニアンは

$$H = \frac{1}{2m}(p_x^2+p_y^2+p_z^2)+V(x,y,z) = -\frac{\hbar^2}{2m}\left(\frac{\partial^2}{\partial x^2}+\frac{\partial^2}{\partial y^2}+\frac{\partial^2}{\partial z^2}\right)+V(x,y,z) \tag{3.27}$$

表 3.1 3次元調和振動子の固有エネルギー (式 (3.31)). n_x, n_y, n_z はそれぞれ x, y, z 方向に対する量子数である. また, $N\equiv n_x+n_y+n_z$ を定義すると, 固有エネルギーは $E_{n_xn_yn_z}=(N+3/2)\hbar\omega$ で与えられる.

n_x	n_y	n_z	N	$E_{n_xn_yn_z}/\hbar\omega$
0	0	0	0	3/2
1	0	0	1	5/2
0	1	0	1	5/2
0	0	1	1	5/2
2	0	0	2	7/2
0	2	0	2	7/2
0	0	2	2	7/2
1	1	0	2	7/2
1	0	1	2	7/2
0	1	1	2	7/2

で与えられる. また, 束縛状態に対しては波動関数 $\phi(x,y,z)$ は

$$\int_{-\infty}^{\infty}dx\int_{-\infty}^{\infty}dy\int_{-\infty}^{\infty}dz|\phi(x,y,z)|^2=1 \tag{3.28}$$

のように規格化される.

ハミルトニアン H が変数 x,y,z の分離形として $H=h_x+h_y+h_z$ と表されるとき, 前節と同様にハミルトニアンの固有関数はそれぞれの変数に対するハミルトニアン h_i $(i=x,y,z)$ の固有関数の積として与えられる. 特に, 3次元等方調和振動子

$$V(x,y,z)=\frac{1}{2}m\omega^2(x^2+y^2+z^2) \tag{3.29}$$

に対する固有波動関数は

$$\phi_{n_xn_yn_z}(x,y,z)=\phi_{n_x}(x)\phi_{n_y}(y)\phi_{n_z}(z) \tag{3.30}$$

となり, そのときのエネルギー固有値は

$$E_{n_xn_yn_z}=\left(n_x+n_y+n_z+\frac{3}{2}\right)\hbar\omega \tag{3.31}$$

で与えられる. 表 3.1 に3次元等方調和振動子の基底状態, 第一励起状態, 第二

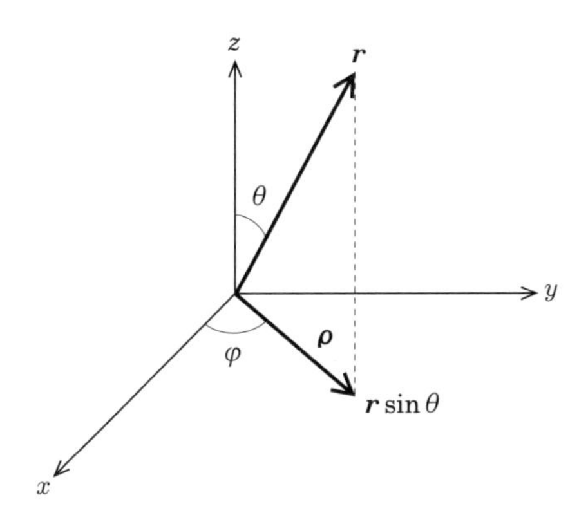

図 3.2 3 次元極座標 $(x,y,z)=(r\sin\theta\cos\varphi,\ r\sin\theta\sin\varphi,\ r\cos\theta)$.

励起状態の量子数をまとめた．基底状態は $n_x=n_y=n_z=0$ となる状態であり，エネルギーは $E=\frac{3}{2}\hbar\omega$ で与えられる．第一励起状態は $N=n_x+n_y+n_z=1$ になる状態で，3 つの状態がエネルギー $E=\frac{5}{2}\hbar\omega$ に縮退している．同様に，第二励起状態は $N=n_x+n_y+n_z=2$ となる状態で，6 つの状態がエネルギー $E=\frac{7}{2}\hbar\omega$ に縮退している．(一般に，$N=n$ の場合には，$(n+2)!/n!2!=(n+2)(n+1)/2$ 個の状態がエネルギー $E=(n+3/2)\hbar\omega$ に縮退している．)

3.2.2 中心力ポテンシャルの解

次に，3 次元ポテンシャル V が座標ベクトル $\boldsymbol{r}=(x,y,z)$ の大きさ r にしか依らない場合 $(V(x,y,z)=V(r))$ を考えよう．式 (3.29) の 3 次元等方調和振動子はこの例にあてはまる．このとき，2 次元の場合と同様に，3 次元極座標 $(x,y,z)=(r\sin\theta\cos\varphi,\ r\sin\theta\sin\varphi,\ r\cos\theta)$ を用いると便利である．ここで，$r=\sqrt{x^2+y^2+z^2}$ であり，θ，φ はそれぞれ $0\leq\theta<\pi$ および $0\leq\varphi<2\pi$ の範囲を動く (図 3.2 を参照)．また，体積要素は $dx\,dy\,dz=r^2\,dr\sin\theta d\theta\,d\varphi$ で与えられる．

2 次元の場合と同様に，極座標を用いると，

$$\frac{\partial}{\partial x}=\sin\theta\cos\varphi\frac{\partial}{\partial r}+\frac{1}{r}\cos\theta\cos\varphi\frac{\partial}{\partial\theta}-\frac{\sin\varphi}{r\sin\theta}\frac{\partial}{\partial\varphi}, \tag{3.32}$$

$$\frac{\partial}{\partial y}=\sin\theta\sin\varphi\frac{\partial}{\partial r}+\frac{1}{r}\cos\theta\sin\varphi\frac{\partial}{\partial\theta}+\frac{\cos\varphi}{r\sin\theta}\frac{\partial}{\partial\varphi}, \tag{3.33}$$

$$\frac{\partial}{\partial z}=\cos\theta\frac{\partial}{\partial r}-\frac{\sin\theta}{r}\frac{\partial}{\partial\theta} \tag{3.34}$$

となり，これより，

$$\boldsymbol{\nabla}=\frac{\partial}{\partial r}\boldsymbol{e}_r+\frac{1}{r}\frac{\partial}{\partial\theta}\boldsymbol{e}_\theta+\frac{1}{r\sin\theta}\frac{\partial}{\partial\varphi}\boldsymbol{e}_\varphi, \tag{3.35}$$

$$\boldsymbol{\nabla}^2=\frac{\partial^2}{\partial x^2}+\frac{\partial^2}{\partial y^2}+\frac{\partial}{\partial z^2}=\frac{1}{r^2}\frac{\partial}{\partial r}\left(r^2\frac{\partial}{\partial r}\right)+\frac{1}{r^2\sin\theta}\frac{\partial}{\partial\theta}\left(\sin\theta\frac{\partial}{\partial\theta}\right)+\frac{1}{r^2\sin^2\theta}\frac{\partial^2}{\partial\varphi^2} \tag{3.36}$$

を得る．ここで，$\boldsymbol{e}_r$，$\boldsymbol{e}_\theta$，$\boldsymbol{e}_\varphi$ はそれぞれ，r，θ，φ 方向の単位ベクトルであり，x,y,z 方向の単位ベクトル $\boldsymbol{e}_x,\boldsymbol{e}_y,\boldsymbol{e}_z$ を用いて

$$\boldsymbol{e}_r=\frac{\boldsymbol{r}}{r}=\sin\theta\cos\varphi\boldsymbol{e}_x+\sin\theta\sin\varphi\boldsymbol{e}_y+\cos\theta\boldsymbol{e}_z, \tag{3.37}$$

$$\begin{aligned}\boldsymbol{e}_\theta&=\frac{1}{r}\left(\frac{\partial x}{\partial\theta}\boldsymbol{e}_x+\frac{\partial y}{\partial\theta}\boldsymbol{e}_y+\frac{\partial z}{\partial\theta}\boldsymbol{e}_z\right)\\&=\cos\theta\cos\varphi\boldsymbol{e}_x+\cos\theta\sin\varphi\boldsymbol{e}_y-\sin\theta\boldsymbol{e}_z,\end{aligned} \tag{3.38}$$

$$\begin{aligned}\boldsymbol{e}_\varphi&=\frac{1}{r\sin\theta}\left(\frac{\partial x}{\partial\varphi}\boldsymbol{e}_x+\frac{\partial y}{\partial\varphi}\boldsymbol{e}_y+\frac{\partial z}{\partial\varphi}\boldsymbol{e}_z\right)\\&=-\sin\varphi\boldsymbol{e}_x+\cos\varphi\boldsymbol{e}_y\end{aligned} \tag{3.39}$$

で与えられる．極座標を用いると，角運動量ベクトル $\boldsymbol{L}=\boldsymbol{r}\times\boldsymbol{p}$ の各成分は

$$L_x=\frac{\hbar}{i}\left(-\sin\varphi\frac{\partial}{\partial\theta}-\frac{\cos\theta}{\sin\theta}\cos\varphi\frac{\partial}{\partial\varphi}\right), \tag{3.40}$$

$$L_y=\frac{\hbar}{i}\left(\cos\varphi\frac{\partial}{\partial\theta}-\frac{\cos\theta}{\sin\theta}\sin\varphi\frac{\partial}{\partial\varphi}\right), \tag{3.41}$$

$$L_z=\frac{\hbar}{i}\frac{\partial}{\partial\varphi} \tag{3.42}$$

となるので（L_z は2次元の場合と同じである），角運動量ベクトルの2乗 $\boldsymbol{L}^2=\boldsymbol{l}^2\hbar^2$ は極座標を用いて

$$\boldsymbol{l}^2 = -\frac{1}{\sin\theta}\frac{\partial}{\partial\theta}\left(\sin\theta\frac{\partial}{\partial\theta}\right) - \frac{1}{\sin^2\theta}\frac{\partial^2}{\partial\varphi^2} \tag{3.43}$$

と書ける．したがって，$\boldsymbol{\nabla}^2$ は

$$\boldsymbol{\nabla}^2 = \frac{1}{r^2}\frac{\partial}{\partial r}\left(r^2\frac{\partial}{\partial r}\right) - \frac{\boldsymbol{l}^2}{r^2} \tag{3.44}$$

となり，これよりハミルトニアンは

$$H = -\frac{\hbar^2}{2m}\left(\frac{1}{r^2}\frac{\partial}{\partial r}\left(r^2\frac{\partial}{\partial r}\right)\right) + \frac{\boldsymbol{l}^2\hbar^2}{2mr^2} + V(r) \tag{3.45}$$

となることがわかる．

$\boldsymbol{l}^2$ と l_z の同時固有状態は球面調和関数 $Y_{lm}(\theta,\varphi)$ として知られている．この関数は l をゼロまたは自然数, m を $-l \le m \le l$ を満たす整数として

$$Y_{lm}(\theta,\varphi) = (-1)^m\sqrt{\frac{2l+1}{4\pi}\frac{(l-m)!}{(l+m)!}}P_l^m(\cos\theta)e^{im\phi} \tag{3.46}$$

で与えられ，

$$\begin{aligned}\boldsymbol{l}^2 Y_{lm}(\theta,\varphi) &= \left(-\frac{1}{\sin\theta}\frac{\partial}{\partial\theta}\left(\sin\theta\frac{\partial}{\partial\theta}\right) - \frac{1}{\sin^2\theta}\frac{\partial^2}{\partial\varphi^2}\right)Y_{lm}(\theta,\varphi) \\ &= l(l+1)Y_{lm}(\theta,\varphi),\end{aligned} \tag{3.47}$$

$$l_z Y_{lm}(\theta,\varphi) = \frac{1}{i}\frac{\partial}{\partial\varphi}Y_{lm}(\theta,\varphi) = mY_{lm}(\theta,\varphi) \tag{3.48}$$

を満たす．球面調和関数は角度 θ と ϕ に関して変数分離の形で与えられることに注意せよ．式 (3.46) で，$P_l^m(x)$ はルジャンドル陪多項式であり，$m = -l, -l+1, \cdots, l$ のように量子化されている．$l = 0, 1, 2$ に対して球面調和関数をあらわに書くと

$$Y_{00}(\theta,\varphi) = \frac{1}{\sqrt{4\pi}}, \tag{3.49}$$

$$Y_{10}(\theta,\varphi) = \sqrt{\frac{3}{4\pi}}\cos\theta, \quad Y_{1\pm1}(\theta,\varphi) = \mp\sqrt{\frac{3}{8\pi}}\sin\theta e^{\pm i\varphi}, \tag{3.50}$$

$$Y_{20}(\theta,\varphi) = \sqrt{\frac{5}{16\pi}}(3\cos^2\theta - 1), \quad Y_{2\pm1}(\theta,\varphi) = \mp\sqrt{\frac{15}{8\pi}}\sin\theta\cos\theta e^{\pm i\varphi}, \tag{3.51}$$

$$Y_{2\pm2}(\theta,\varphi)=\sqrt{\frac{15}{32\pi}}\sin^2\theta e^{\pm 2i\varphi} \tag{3.52}$$

となる．$m=0$ に対しては一般に $Y_{lm}(\theta,\varphi)$ は φ に依存しない．また，

$$Y^*_{lm}(\theta,\varphi)=(-1)^m Y_{l-m}(\theta,\varphi), \tag{3.53}$$

$$Y_{lm}(\pi-\theta,\pi+\varphi)=(-1)^l Y_{lm}(\theta,\varphi) \tag{3.54}$$

が成り立つ．式 (3.54) はパリティ変換 $\hat{\boldsymbol{r}}\to-\hat{\boldsymbol{r}}$ に対する変換性を表している．ここで $\hat{\boldsymbol{r}}\equiv(\theta,\varphi)$ という表記を導入した．また，球面調和関数には正規直交性

$$\int_0^\pi \sin\theta d\theta \int_0^{2\pi} d\varphi Y^*_{lm}(\theta,\varphi)Y_{l'm'}(\theta,\varphi)\equiv\int d\hat{\boldsymbol{r}}\, Y^*_{lm}(\hat{\boldsymbol{r}})Y_{l'm'}(\hat{\boldsymbol{r}})=\delta_{l,l'}\delta_{m,m'} \tag{3.55}$$

が成り立つ．さらに，球面調和関数の加法定理

$$\frac{4\pi}{2l+1}\sum_{m=-l}^{l} Y_{lm}(\hat{\boldsymbol{r}}_1)Y^*_{lm}(\hat{\boldsymbol{r}}_2)=P_l(\cos\gamma) \tag{3.56}$$

が成り立つ．ここで，$P_l(x)$ はルジャンドル多項式であり，γ は $\hat{\boldsymbol{r}}_1$ と $\hat{\boldsymbol{r}}_2$ のなす角である．

前節の 2 次元系のように，球面調和関数を用いて波動関数を

$$\phi_{lm_z}(x,y,z)=\phi_{lm_z}(\boldsymbol{r})=R_l(r)Y_{lm_z}(\hat{\boldsymbol{r}}) \tag{3.57}$$

と書くと，動径波動関数 $R_l(r)$ は

$$\begin{aligned} E_l R_l(r) &= \left[-\frac{\hbar^2}{2m}\left(\frac{1}{r^2}\frac{d}{dr}\left(r^2\frac{d}{dr}\right)\right)+\frac{l(l+1)\hbar^2}{2mr^2}+V(r)\right]R_l(r) \\ &= \left[-\frac{\hbar^2}{2m}\left(\frac{d^2}{dr^2}+\frac{2}{r}\frac{d}{dr}\right)+\frac{l(l+1)\hbar^2}{2mr^2}+V(r)\right]R_l(r) \end{aligned} \tag{3.58}$$

を満たす．この方程式は l_z の固有値 m_z に依っておらず，したがってエネルギーは m_z に依存しない．m_z として $2l+1$ 個の値が可能であるが，それらはすべて同じエネルギー E_l を持つことになる (エネルギーが $2l+1$ 重に縮退する)．

さらに，$R_l(r)=\dfrac{u_l(r)}{r}$ とし，波動関数を

$$\phi_{lm_z}(\boldsymbol{r})=\frac{u_l(r)}{r}Y_{lm_z}(\hat{\boldsymbol{r}}) \tag{3.59}$$

と書くと，$u_l(r)$ は

$$\left[-\frac{\hbar^2}{2m}\frac{d^2}{dr^2}+\frac{l(l+1)\hbar^2}{2mr^2}+V(r)\right]u_l(r)=E_l u_l(r) \tag{3.60}$$

という 1 次元の場合と同じようなシュレーディンガー方程式を満たす．$R_l(r)$ や $u_l(r)$ は

$$1=\int_0^\infty r^2 dr|R_l(r)|^2=\int_0^\infty dr|u_l(r)|^2 \tag{3.61}$$

のように規格化される．

3.3 角運動量

3.3.1 角運動量演算子の交換関係

ここで，動径波動関数 $R_l(r)$ の性質を議論する前に，角運動量 $\boldsymbol{L}=\boldsymbol{r}\times\boldsymbol{p}\equiv\boldsymbol{l}\hbar$ の性質をまとめておこう．演習問題 1.4 (7), 1.4 (8) の答えを用いると $\dfrac{\partial V(r)}{\partial x}=\dfrac{x}{r}\dfrac{dV(r)}{dr}$ などになることに注意して，

$$[V(r),L_z]=[V(r),xp_y-yp_x]=x[V(r),p_y]-y[V(r),p_x]=0 \tag{3.62}$$

となることを示すことができる．同様に，$[V(r),L_x]=[V(r),L_y]=0$ が成り立つ．さらに，$[\boldsymbol{p}^2,L_z]=[\boldsymbol{p}^2,L_x]=[\boldsymbol{p}^2,L_y]=0$ となり (演習問題 3.3 を参照のこと)，結局，

$$[H,L_z]=[H,L_x]=[H,L_y]=0 \tag{3.63}$$

を得る．これを用いると，$[H,L_x^2]=L_x[H,L_x]+[H,L_x]L_x=0$ などとなるから，

$$[H,\boldsymbol{L}^2]=[H,L_x^2+L_y^2+L_z^2]=0 \tag{3.64}$$

となることがわかる．

ここで，以下に示すように，演算子 L_x と L_y は交換しないことに注意しよう：

$$[L_x,L_y]=[yp_z-zp_y]=y[p_z,z]p_x+x[z,p_z]p_y=i\hbar(xp_y-yp_x)=i\hbar L_z \tag{3.65}$$

同様に $[L_y,L_z]=i\hbar L_x$, $[L_z,L_x]=i\hbar L_y$ を示すことができる．これらをまとめて

$$[L_i,L_j]=i\hbar\sum_{k=1,2,3}\epsilon_{ijk}L_k=i\hbar\epsilon_{ijk}L_k \tag{3.66}$$

と表すこともできる．最後の式では，繰り返される記号は和をとるというアインシュタインの縮約記法に従った．ここで，i,j,k は 1,2,3 のいずれかの値をとり ($x=x_1$, $y=x_2$, $z=x_3$ とする)，ϵ_{ijk} はレヴィ・チビタの記号 ($\epsilon_{123}=\epsilon_{231}=\epsilon_{312}=1$, $\epsilon_{132}=\epsilon_{213}=\epsilon_{321}=-1$, $\epsilon_{ijk}=0$ (それ以外)) である．

$[L_x,\boldsymbol{L}^2]=[L_y,\boldsymbol{L}^2]=[L_z,\boldsymbol{L}^2]=0$ であるので，結局，H, $\boldsymbol{L}^2$, および (L_x,L_y,L_z) のうちのいずれか，の 3 つの演算子に対して同時固有状態を構成することができる．ここで (L_x,L_y,L_z) のうちから L_z を選ぶことが多い．$\boldsymbol{L}^2$ と L_z の同時固有状態が式 (3.46) の球面調和関数であり，ブラケット表示を用いると，この関数は

$$\boldsymbol{L}^2|Y_{lm}\rangle=l(l+1)\hbar^2|Y_{lm}\rangle, \qquad L_z|Y_{lm}\rangle=m\hbar|Y_{lm}\rangle \tag{3.67}$$

を満たす．

量子力学では，角運動量の 2 乗は l^2 ではなく $l(l+1)$ になっていることに注意しよう．l_z の大きさ m は $-l\leq m\leq l$ の範囲をうごき，m を決めたときの量子力学的角運動量ベクトルを古典的に描くと図 3.3 のようになる．角運動量ベクトルは z 軸のまわりに歳差運動をし，l_x や l_y を決めることができない．これは $[l_x,l_z]\neq 0$ および $[l_y,l_z]\neq 0$ となっていることの帰結である．

3.3.2 角運動量の昇降演算子

ここで，

$$L_\pm\equiv L_x\pm iL_y \tag{3.68}$$

で定義される演算子を導入しよう．これを**昇降演算子**とよぶ．この形は，$rY_{1\pm1}(\theta,\varphi)$ が $x\pm iy$ に比例していることと関係している (式 (3.50) を見よ)．L_x および L_y はエルミート演算子であるので，$L_\pm$ のエルミート共役は

$$(L_\pm)^\dagger=L_x\mp iL_y=L_\mp \tag{3.69}$$

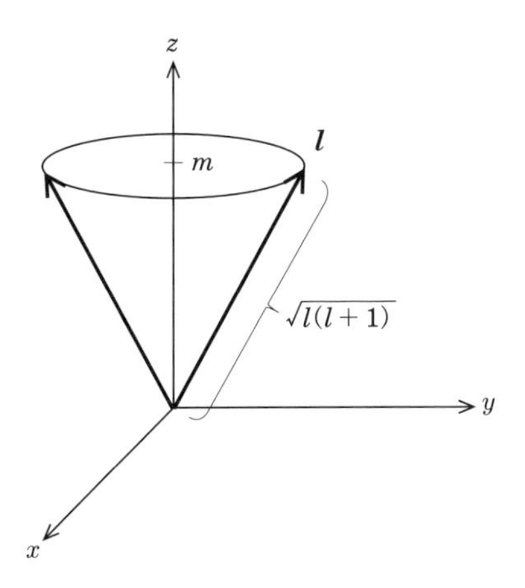

図 3.3 量子力学的角運動量ベクトル $\boldsymbol{l}$ の古典的な描像．角運動量の 2 乗 $\boldsymbol{l}^2$ の大きさは $l(l+1)$ であり，角運動量ベクトルの z 成分を決めるとその x 成分と y 成分は決まらず，角運動量ベクトルは z 軸のまわりを歳差運動する．

となる．また，$[L_x, L_y] = i\hbar L_z$ を用いると

$$L_+ L_- = L_x^2 + L_y^2 + \hbar L_z = \boldsymbol{L}^2 - L_z^2 + \hbar L_z \tag{3.70}$$

となることを示すことができる．同様に

$$L_- L_+ = \boldsymbol{L}^2 - L_z^2 - \hbar L_z \tag{3.71}$$

が成り立つ．また，

$$[L_z, L_\pm] = \pm\hbar L_\pm, \tag{3.72}$$

$$[\boldsymbol{L}^2, L_\pm] = 0 \tag{3.73}$$

を示すこともできる (演習問題 3.4 を参照のこと)．

いま，式 (3.67) を満たす状態 $|Y_{lm}\rangle$ に対して昇降演算子を作用させた $L_\pm|Y_{lm}\rangle$ という状態を考えよう．このとき，式 (3.73) を用いると，

$$\boldsymbol{L}^2 L_\pm |Y_{lm}\rangle = L_\pm \boldsymbol{L}^2 |Y_{lm}\rangle = l(l+1)\hbar^2 L_\pm |Y_{lm}\rangle \tag{3.74}$$

となるので，この状態は $\boldsymbol{L}^2$ の固有状態でその固有値は $l(l+1)\hbar^2$ となっていることがわかる．また，式 (3.72) を用いると，

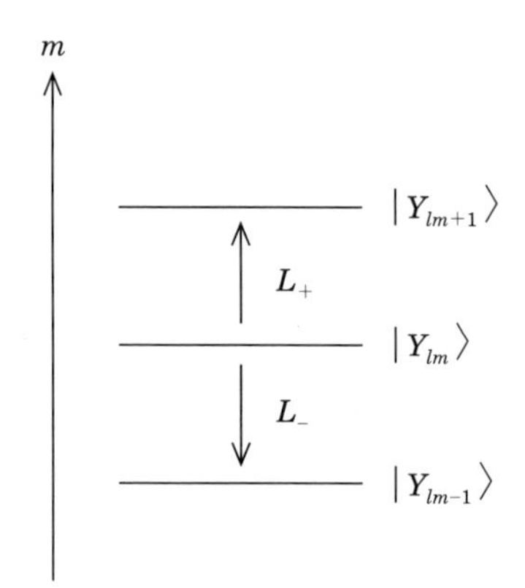

図 3.4 角運動量の昇降演算子 $L_\pm$．状態 $|Y_{lm}\rangle$ にこの演算子が作用すると角運動量の大きさ l を変えずに z 成分の大きさ m が ±1 だけ変わる．

$$L_zL_\pm|Y_{lm}\rangle=(L_\pm L_z\pm\hbar L_\pm)|Y_{lm}\rangle=(m\pm1)\hbar L_\pm|Y_{lm}\rangle \tag{3.75}$$

であるから，この状態は L_z の固有状態でもあり，その固有値が $(m\pm1)\hbar$ であることがわかる．したがって，この状態は $|Y_{lm\pm1}\rangle$ に比例し，その比例係数を $\alpha_\pm$ と書くと

$$L_\pm|Y_{lm}\rangle=\alpha_\pm|Y_{lm\pm1}\rangle \tag{3.76}$$

が成り立つ．すなわち，演算子 $L_\pm$ は角運動量の大きさ l は変えずにその z 成分の大きさ m を ±1 変えるはたらきがある (図 3.4 を参照)．これが，この演算子を昇降演算子とよぶ理由である．

式 (3.76) の比例係数 $\alpha_\pm$ は次のように決めることができる．この式の辺々に対して自分自身との内積をとると

$$\langle Y_{lm}|(L_\pm)^\dagger L_\pm|Y_{lm}\rangle=|\alpha_\pm|^2\langle Y_{lm\pm1}|Y_{lm\pm1}\rangle=|\alpha_\pm|^2 \tag{3.77}$$

となるが，式 (3.69)，(3.70)，(3.71) より

$$(L_\pm)^\dagger L_\pm=L_\mp L_\pm=\boldsymbol{L}^2-L_z^2\mp\hbar L_z \tag{3.78}$$

であるので，

$$\langle Y_{lm}|(L_\pm)^\dagger L_\pm|Y_{lm}\rangle=l(l+1)\hbar^2-m^2\hbar^2\mp m\hbar^2=\hbar^2[l(l+1)-m(m\pm1)] \tag{3.79}$$

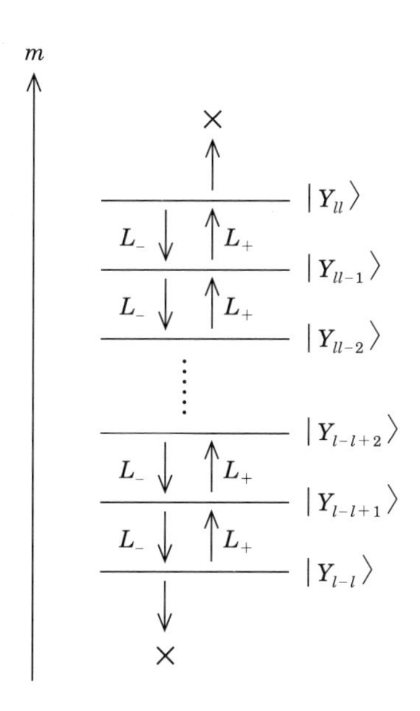

図 3.5 図 3.4 をすべての m に対して並べたもの．$L_+|Y_{ll}\rangle = L_-|Y_{l-l}\rangle = 0$ となっている．

となる．これより，

$$\alpha_\pm = \hbar\sqrt{l(l+1) - m(m\pm 1)} \tag{3.80}$$

と定まる．すなわち，

$$L_\pm |Y_{lm}\rangle = \hbar\sqrt{l(l+1) - m(m\pm 1)}\,|Y_{lm\pm 1}\rangle \tag{3.81}$$

となる．

この式より，

$$L_+|Y_{ll}\rangle = L_-|Y_{l-l}\rangle = 0 \tag{3.82}$$

となることがすぐわかる．これを模式的に図 3.5 に示す．ここから，m の最小値は $-l$，最大値は l であり，その間を m の値が 1 ずつ変わることになる．これが満たされるのは l が整数か半整数の場合かのいずれかの場合のみである．半整数の角運動量は次章で詳しく取り扱う．

3.4 動径波動関数

3.4.1 原点付近での振る舞い

次に，動径波動関数 $R_l(r)$ の性質を議論しよう．3.2.2 節でみたように，動径波動関数を $R_l(r)=\dfrac{u_l(r)}{r}$ とおいたときに $u_l(r)$ の従う方程式は

$$\left[-\frac{\hbar^2}{2m}\frac{d^2}{dr^2}+\frac{l(l+1)\hbar^2}{2mr^2}+V(r)\right]u_l(r)=E_l u_l(r) \tag{3.83}$$

となる．これは，ポテンシャルが

$$V_l(r)=V(r)+\frac{l(l+1)\hbar^2}{2mr^2} \tag{3.84}$$

となったときの1次元シュレーディンガー方程式と同じ形をしている (この式の第2項目を**遠心力ポテンシャル**とよぶ)．ただし，$r=|\boldsymbol{r}|>0$ であるので，1次元問題で $V_l(r)=\infty$ $(r<0)$ としたものに対応している．すぐ後にみるように，$u_l\ (r=0)=0$ が満たされるので，シュレーディンガー方程式の解はこの描像と合致している．束縛状態に対して，動径波動関数は式 (3.61) のように規格化される．

ここで，波動関数 $u_l(r)$ の原点付近での振る舞いを議論しよう．ただし，ポテンシャル $V(r)$ は $\lim_{r\to 0} r^2 V(r)=0$ を満たすとする．このとき，$r\sim 0$ ではポテンシャル $V(r)$ やエネルギー E に比べて遠心力ポテンシャル $\dfrac{l(l+1)\hbar^2}{2mr^2}$ の方が圧倒的に大きくなるので，式 (3.83) は

$$\left[-\frac{\hbar^2}{2m}\frac{d^2}{dr^2}+\frac{l(l+1)\hbar^2}{2mr^2}\right]u_l(r)\sim 0 \qquad (r\sim 0) \tag{3.85}$$

となる．$r=0$ 近傍の振る舞いのみを議論しているので，波動関数 $u_l(r)$ が r^k に比例していると仮定し，$u_l(r)=Ar^k$ (A は定数) をこの式に代入すると，

$$(-k(k-1)+l(l+1))r^{k-2}\sim 0 \tag{3.86}$$

となる．これより $l(l+1)=k(k-1)$ となるが，これは $k=l+1$ または $k=-l$ の

ときに満たされる．ところが，$k=-l$ のときには $u_l(r)\propto r^{-l}$，したがって動径波動関数 $R_l(r)$ は r^{-l-1} となり原点 $r=0$ で発散する．これは非物理的な解に対応し，棄却される．したがって，$k=l+1$ に一意に決まり，

$$u_l(r)\sim r^{l+1}, \quad R_l(r)\sim r^l \qquad (r\sim 0) \tag{3.87}$$

となる．原点 $r=0$ において $u_l(0)=0$ が常に成り立つ．$R_l(0)$ は $l=0$ のみ有限の値を持ち，$l\neq 0$ では 0 になる．

3.4.2　自由粒子の解

ポテンシャル $V(r)$ がゼロであるとき，動径波動関数 $R_l(r)$ は

$$\left(\frac{d^2}{dr^2}+\frac{2}{r}\frac{d}{dr}-\frac{l(l+1)}{r^2}+k^2\right)R_l(r)=0 \tag{3.88}$$

を満たす (式 (3.58) を見よ)．ここで，$k=\sqrt{2mE/\hbar^2}$ である．$\rho=kr$ とおいてこの方程式を書き直すと

$$\left(\frac{d^2}{d\rho^2}+\frac{2}{\rho}\frac{d}{d\rho}-\frac{l(l+1)}{\rho^2}+1\right)R_l(\rho)=0 \tag{3.89}$$

となるが，この方程式の解は，

$$j_l(\rho)=(-\rho)^l\left(\frac{1}{\rho}\frac{d}{d\rho}\right)^l\left(\frac{\sin\rho}{\rho}\right), \quad n_l(\rho)=-(-\rho)^l\left(\frac{1}{\rho}\frac{d}{d\rho}\right)^l\left(\frac{\cos\rho}{\rho}\right) \tag{3.90}$$

で定義される球ベッセル関数 $j_l(\rho)$ および球ノイマン関数 $n_l(\rho)$ として知られている．$\rho\sim 0$ において球ベッセル関数は正則 $(j_l(\rho)\sim\rho^l/(2l+1)!!)$ であるのに対し，球ノイマン関数は発散する．$\rho\to\infty$ では

$$j_l(\rho)\to\frac{1}{\rho}\sin\left(\rho-\frac{l\pi}{2}\right), \quad n_l(\rho)\to-\frac{1}{\rho}\cos\left(\rho-\frac{l\pi}{2}\right) \tag{3.91}$$

のように振る舞う．$l=0$ および $l=1$ での形をあらわに書くと

$$j_0(\rho)=\frac{\sin\rho}{\rho}, \quad n_0(\rho)=-\frac{\cos\rho}{\rho} \tag{3.92}$$

$$j_1(\rho)=\frac{\sin\rho}{\rho^2}-\frac{\cos\rho}{\rho}, \quad n_1(\rho)=-\frac{\cos\rho}{\rho^2}-\frac{\sin\rho}{\rho} \tag{3.93}$$

となる．

3.4.3　3次元球対称井戸型ポテンシャル

3次元球対称井戸型ポテンシャルは

$$V(r)=\begin{cases} -V_0 & 0\le r\le a \\ 0 & r>a \end{cases} \tag{3.94}$$

で与えられる ($V_0>0$ とする)．簡単のため $l=0$ の解を考えると，束縛状態 ($E<0$) に対しては

$$u_0(r)=\begin{cases} Arj_0(k'r)=A'\sin(k'r) & 0\le r\le a \\ Be^{-\kappa r} & r>a \end{cases} \tag{3.95}$$

となる (式 (3.92) を見よ)．2.3 節で議論した 1 次元井戸型ポテンシャルと同様，$k'=\sqrt{2m(E+V_0)/\hbar^2}$, $\kappa=\sqrt{2m|E|/\hbar^2}$ である．また，$A'=A/k'$ とおいた．エネルギー固有値 E, および定数 A', B は，規格化条件および $r=a$ で関数 $u_0(r)$ およびその微係数 $u_0'(r)=\dfrac{du_0(r)}{dr}$ が連続になるという条件から求めることができる．すなわち，

$$A'\sin(k'a)=Be^{-\kappa a}, \qquad A'k'\cos(k'a)=-B\kappa e^{-\kappa a} \tag{3.96}$$

および

$$1=\int_0^\infty dr|u_0(r)|^2=|A'|^2\int_0^a dr\sin^2(k'r)+|B|^2\int_a^\infty dre^{-2\kappa r} \tag{3.97}$$

を連立して E, A', B を求める．

図 3.6 に $l=0$ に対する固有関数を示す．上の図と下の図はそれぞれ $u_0(r)$ と $R_0(r)=u_0(r)/r$ をプロットしている．$l=0$ に対しては $R_0(r)$ は原点で有限の値になっていることに注意せよ ($l\neq 0$ では $R_l(0)=0$ となる)．$u_0(r)$ に対する方程式は 1 次元のシュレーディンガー方程式と同じ形であるが，図 3.6 を見ると固有関数は 1 次元井戸型ポテンシャルの第一励起状態の波動関数で $x\ge 0$ の部分をとったものに対応していることがわかる (図 2.2 を見よ)．1 次元問題では井戸型ポテンシャルは束縛状態を必ず持つが，第一励起状態があるかどうかはポテンシャルの深さや幅に依った (図 2.3 を見よ)．このことは，3 次元問題ではポテンシャルがある程度深くないと基底状態が束縛しないということを示唆している．例え

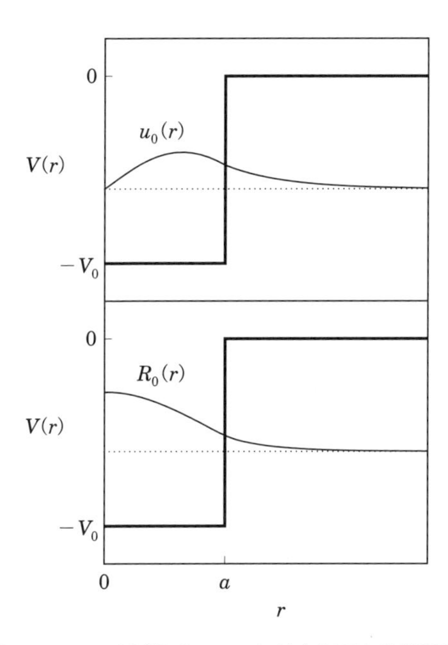

図 3.6　3 次元井戸型ポテンシャル (太線) と $l=0$ に対する固有波動関数．上図は $u_0(r)$，下図は $R_0(r)=u_0(r)/r$ をプロットしてある．$l=0$ に対しては $R_0(r)$ は原点で有限になるが，$l\neq 0$ では $R_l(0)=0$ となる．

ば，現実の 3 次元空間において陽子 (p) と中性子 (n) から成る 2 体系は重陽子という束縛状態を持つが，中性子 2 つから成る 2 体系は束縛状態を持たない．これは，中性子と陽子の間には束縛状態を作るほどの強い引力がはたらくが，中性子間にそれより弱い引力しかはたらいていないためと解釈することができる．

3.5　3 次元調和振動子

3.2.1 節で 3 次元等方調和振動子 (3.29) の問題を直交座標を用いて解いたが，この節では同じ問題を極座標を用いて解いてみよう．表 3.1 より，このポテンシャルの基底状態は $(n_x,n_y,n_z)=(0,0,0)$ に対応する．式 (2.92) を用いると，この波動関数は

$$\phi_{000}(\boldsymbol{r}) \propto e^{-\frac{m\omega}{2\hbar}x^2} e^{-\frac{m\omega}{2\hbar}y^2} e^{-\frac{m\omega}{2\hbar}z^2} = e^{-\frac{m\omega}{2\hbar}r^2} \tag{3.98}$$

となり，角度 (θ,φ) に依存しない．式 (3.49) よりこれは $l=0$ の状態に対応する．$l=0$ に対して角運動量の z 成分は $l_z=0$ しかなく，表 3.1 で基底状態が 1 つしかないという事実に合致している．

第一励起状態は $(n_x,n_y,n_z)=(1,0,0)$, $(0,1,0)$, $(0,0,1)$ の 3 つの状態が縮退している．これらの状態の波動関数は

$$\phi_{100}(\boldsymbol{r})\propto xe^{-\frac{m\omega}{2\hbar}r^2},\quad \phi_{010}(\boldsymbol{r})\propto ye^{-\frac{m\omega}{2\hbar}r^2},\quad \phi_{001}(\boldsymbol{r})\propto ze^{-\frac{m\omega}{2\hbar}r^2} \tag{3.99}$$

であるが，1.1 節で述べたように量子力学では重ね合わせの原理が成り立ち，これら 3 つの波動関数の線形結合をとったものも同じ固有値を持つ．そこで，

$$\phi_0(\boldsymbol{r})\equiv\phi_{001}(\boldsymbol{r}),\quad \phi_{\pm1}(\boldsymbol{r})\equiv\phi_{100}(\boldsymbol{r})\pm i\phi_{010}(\boldsymbol{r}) \tag{3.100}$$

という線形結合を取ると

$$\phi_0(\boldsymbol{r})\propto re^{-\frac{m\omega}{2\hbar}r^2}\cos\theta\propto re^{-\frac{m\omega}{2\hbar}r^2}Y_{10}(\theta), \tag{3.101}$$

$$\phi_{\pm1}(\boldsymbol{r})\propto re^{-\frac{m\omega}{2\hbar}r^2}\sin\theta e^{\pm i\varphi}\propto re^{-\frac{m\omega}{2\hbar}r^2}Y_{1\pm1}(\theta,\varphi) \tag{3.102}$$

となり，$l=1$ の 3 つの解 $(l_z=-1,0,1)$ となっていることがわかる．第二励起状態の 6 つの状態も同様に，それらの適当な線形結合をとると $l=2$ の 5 つの解 $(l_z=-2,-1,0,1,2)$ と $l=0$ の 1 つの解に分解することができることを確かめることができる．

より一般の場合には以下のようにして解くことができる．1 次元調和振動子の場合と同様に $\rho\equiv\sqrt{\dfrac{m\omega}{\hbar}}r$, $\varepsilon\equiv\dfrac{2E}{\hbar\omega}$ とおいて $u_l(r)$ に対するシュレーディンガー方程式

$$\left(-\frac{\hbar^2}{2m}\frac{d^2}{dr^2}+\frac{1}{2}m\omega^2r^2+\frac{l(l+1)\hbar^2}{2mr^2}-E\right)u_l(r)=0 \tag{3.103}$$

を書き直すと

$$\frac{d^2}{d\rho^2}u_l(\rho)-\frac{l(l+1)}{\rho^2}u_l(\rho)+(\varepsilon-\rho^2)u_l(\rho)=0 \tag{3.104}$$

となる．前節でみたように，$\rho\sim0$ では $u_l(\rho)\sim\rho^{l+1}$ のように振る舞い，また，$\rho\to\infty$ では式 (3.104) は

$$\frac{d^2}{d\rho^2}u_l(\rho)-\rho^2 u_l(\rho)\sim 0 \qquad (\rho\to\infty) \tag{3.105}$$

となるので，$u_l(\rho)\sim e^{-\rho^2/2}$ のように振る舞う．そこで

$$u_l(\rho)=\rho^{l+1}e^{-\rho^2/2}S(\rho) \tag{3.106}$$

とおいて式 (3.104) に代入すると，$S(\rho)$ は

$$\frac{d^2S(\rho)}{d\rho^2}+\left(\frac{2l+2}{\rho}-2\rho\right)\frac{dS(\rho)}{d\rho}+(\varepsilon-2l-3)S(\rho)=0 \tag{3.107}$$

という方程式に従うことがわかる．さらに，$\xi=\rho^2$ とおいて方程式を書き直すと

$$\xi\frac{d^2S(\xi)}{d\xi^2}+\left(l+\frac{3}{2}-\xi\right)\frac{dS(\xi)}{d\xi}+\frac{1}{4}(\varepsilon-2l-3)S(\xi)=0 \tag{3.108}$$

となる．この方程式の解はソニン多項式 $S_n^{(\alpha)}(\xi)$ として知られている．ここで n は 0 または正の整数である．ソニン多項式は

$$\xi\frac{d^2S_n^{(\alpha)}(\xi)}{d\xi^2}+(\alpha+1-\xi)\frac{dS_n^{(\alpha)}(\xi)}{d\xi}+nS_n^{(\alpha)}(\xi)=0 \tag{3.109}$$

を満たし，$n=0,1,2$ に対してその形をあらわに書くと

$$S_0^{(\alpha)}(\xi)=1, \tag{3.110}$$

$$S_1^{(\alpha)}(\xi)=\alpha+1-\xi, \tag{3.111}$$

$$S_2^{(\alpha)}(\xi)=\frac{1}{2}((\alpha+1)(\alpha+2)-2(\alpha+2)\xi+\xi^2) \tag{3.112}$$

となる ($L_n^k(x)=(-1)^k n!S_{n-k}^{(k)}(x)$ はラゲール陪多項式とよばれる．しかしながら，ここで定義したソニン多項式をラゲール多項式とよぶこともあるので，他の本を参照するときには注意が必要である)．また，ソニン多項式は漸化式

$$(n+1)S_{n+1}^{(\alpha)}(\xi)-(2n+1+\alpha-\xi)S_n^{(\alpha)}(\xi)+(n+\alpha)S_{n-1}^{(\alpha)}(\xi)=0 \tag{3.113}$$

を満たす．式 (3.108) と式 (3.109) を比べると，$\alpha=l+1/2$, $n=(\varepsilon-2l-3)/4$ となることがわかる．n の条件は，$S(\xi)=\sum_{n=0}^{\infty}a_n\xi^n$ とおいたときに和が有限の n で

表 3.2 極座標表示による3次元調和振動子の固有エネルギー (式 (3.114)). $N \equiv 2n+l$ であり，縮退度は $2l+1$ で与えられる.

N	n	l	縮退度	$E/\hbar\omega$
0	0	0	1	3/2
1	0	1	3	5/2
2	0	2	5	7/2
2	1	0	1	7/2
3	0	3	7	9/2
3	1	1	3	9/2
4	0	4	9	11/2
4	1	2	5	11/2
4	2	0	1	11/2

切れて $S(\xi)$ が $\xi\to\infty$ で発散しないための条件と同値である (演習問題 3.5 を参照のこと). これより，3次元等方調和振動子のエネルギー固有値は

$$E=\frac{\varepsilon}{2}\hbar\omega=\left(2n+l+\frac{3}{2}\right)\hbar\omega \qquad (n=0,1,\cdots) \tag{3.114}$$

で与えられることがわかる. (n,l) の組のうち $N\equiv 2n+l$ が同じ状態は縮退し，そのエネルギーは $E_N=(N+3/2)\hbar\omega$ で与えられる. 縮退の様子を表 3.2 に示す. ある与えられた N に対し，l の偶奇性が保存していることに注意せよ. すなわち，同じ N で $(-1)^l$ が異なる l が縮退することはない. これは3次元調和振動子ポテンシャルがパリティ変換に対して不変であることの現れである.

$n=0,1,2$ に対して規格化された動径波動関数 $R_{nl}(r)$ を陽に書くと

$$R_{00}(r)=\sqrt{4\pi}\left(\frac{m\omega}{\pi\hbar}\right)^{3/4}e^{-m\omega r^2/2\hbar}, \tag{3.115}$$

$$R_{01}(r)=\sqrt{\frac{4\pi}{3}}\left(\frac{m\omega}{\pi\hbar}\right)^{3/4}\sqrt{\frac{2m\omega}{\hbar}}\,re^{-m\omega r^2/2\hbar}, \tag{3.116}$$

$$R_{10}(r)=\sqrt{\frac{8\pi}{3}}\left(\frac{m\omega}{\pi\hbar}\right)^{3/4}\left(\frac{3}{2}-\frac{m\omega}{\hbar}r^2\right)e^{-m\omega r^2/2\hbar}, \tag{3.117}$$

$$R_{02}(r)=\sqrt{\frac{16\pi}{15}}\left(\frac{m\omega}{\pi\hbar}\right)^{3/4}\frac{m\omega}{\hbar}r^2e^{-m\omega r^2/2\hbar} \tag{3.118}$$

となる. $l\neq l'$ に対し，一般に $\displaystyle\int_0^\infty r^2dr\,R_{nl}(r)R_{n'l'}(r)\neq 0$ となっていることに注

意せよ．$l \neq l'$ の状態の直交性は波動関数の角度成分の直交性から保証されており，動径波動関数そのものが直交する必要は必ずしもない．

3.6　クーロンポテンシャルの束縛状態 (水素様原子)

3.6.1　2 体系の量子力学：重心運動と相対運動の分離

次に，正の電荷 $+Ze$ を持つ原子核と負の電荷 $-e$ を持つ電子の束縛系を考えよう．$Z=1$ のときにはこの系は水素原子そのものであり，一般の Z に対して，このような系を水素様 (すいそよう) 原子という．

水素様原子は原子核と電子からなる 2 体系である．具体的にシュレーディンガー方程式を解く前に，2 体系の一般論をまずしておこう．

図 3.7 のように質量 m_1 と m_2 を持つ 2 つの粒子からなる系を考えよう．原点 O から測ったそれぞれの粒子の座標を $\boldsymbol{r}_1$，$\boldsymbol{r}_2$，およびそれに共役な運動量を $\boldsymbol{p}_1$，$\boldsymbol{p}_2$ とする．このとき，この系のハミルトニアンは

$$H=\frac{\boldsymbol{p}_1^2}{2m_1}+\frac{\boldsymbol{p}_2^2}{2m_2}+V(\boldsymbol{r}_1,\boldsymbol{r}_2) \tag{3.119}$$

で与えられる．ここでポテンシャル $V(\boldsymbol{r}_1,\boldsymbol{r}_2)$ は 2 粒子の座標のみに依存すると仮定した．2 粒子間の相互作用や 2 つの粒子が感じる外部ポテンシャルがここに

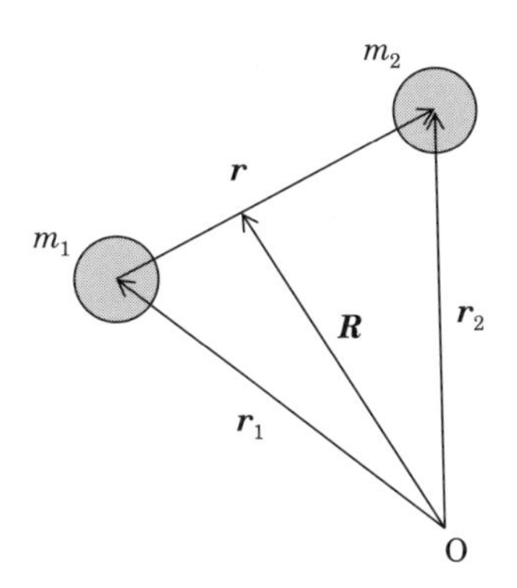

図 3.7　質量 m_1 と m_2 を持つ 2 つの粒子からなる 2 体系．原点 O から測ったそれぞれの粒子の座標を $\boldsymbol{r}_1$，$\boldsymbol{r}_2$ とする．相対座標，重心座標はそれぞれ $\boldsymbol{r}=\boldsymbol{r}_2-\boldsymbol{r}_1$ および $\boldsymbol{R}=\dfrac{m_1\boldsymbol{r}_1+m_2\boldsymbol{r}_2}{m_1+m_2}$ で与えられる．

含まれる．$\boldsymbol{r}_1$ と $\boldsymbol{r}_2$ は独立な変数であり，$[r_{1i}, p_{1j}] = i\hbar\delta_{i,j}$，$[r_{1i}, p_{2j}] = 0$ などが成り立つことに注意しよう．

ここで，2つの粒子の間の相対座標 $\boldsymbol{r}$ と重心座標 $\boldsymbol{R}$ を導入する．これらは

$$\boldsymbol{r} = \boldsymbol{r}_2 - \boldsymbol{r}_1, \tag{3.120}$$

$$\boldsymbol{R} = \frac{m_1\boldsymbol{r}_1 + m_2\boldsymbol{r}_2}{m_1 + m_2} \tag{3.121}$$

で定義される．これらに共役な運動量を求めてみよう．まず，重心座標 $\boldsymbol{R}$ に共役な運動量を $\boldsymbol{P}$ として，

$$\boldsymbol{P} = \alpha\boldsymbol{p}_1 + \beta\boldsymbol{p}_2 \tag{3.122}$$

とおくと，

$$[R_i, P_j] = i\hbar\left(\frac{m_1}{M}\alpha + \frac{m_2}{M}\beta\right)\delta_{i,j}, \quad [r_i, P_j] = i\hbar(\beta - \alpha)\delta_{i,j} \tag{3.123}$$

を得る．ここで，$M = m_1 + m_2$ は系の全質量である．$\boldsymbol{P}$ は $\boldsymbol{R}$ に共役な運動量であるから，$[R_i, P_j] = i\hbar\delta_{i,j}$，$[r_i, P_j] = 0$ となるように α，β を決めると $\alpha = \beta = 1$，すなわち

$$\boldsymbol{P} = \boldsymbol{p}_1 + \boldsymbol{p}_2 \tag{3.124}$$

となる．同様に相対座標 $\boldsymbol{r}$ に共役な運動量 $\boldsymbol{p}$ は

$$\boldsymbol{p} = -\frac{m_2}{M}\boldsymbol{p}_1 + \frac{m_1}{M}\boldsymbol{p}_2 \tag{3.125}$$

となる．

運動量 $\boldsymbol{P}$，$\boldsymbol{p}$ を用いて $\boldsymbol{p}_1$，$\boldsymbol{p}_2$ は

$$\boldsymbol{p}_1 = \frac{m_1}{M}\boldsymbol{P} - \boldsymbol{p}, \quad \boldsymbol{p}_2 = \frac{m_2}{M}\boldsymbol{P} + \boldsymbol{p} \tag{3.126}$$

と表されるので，これを用いてハミルトニアン H は

$$\begin{aligned} H &= \frac{1}{2m_1}\left(\frac{m_1}{M}\boldsymbol{P} - \boldsymbol{p}\right)^2 + \frac{1}{2m_2}\left(\frac{m_2}{M}\boldsymbol{P} + \boldsymbol{p}\right)^2 + V(\boldsymbol{r}_1, \boldsymbol{r}_2) \\ &= \frac{\boldsymbol{P}^2}{2M} + \frac{\boldsymbol{p}^2}{2\mu} + V(\boldsymbol{r}_1, \boldsymbol{r}_2) \end{aligned} \tag{3.127}$$

と書き直すことができる．ここで，μ は

$$\mu = \left(\frac{1}{m_1} + \frac{1}{m_2}\right)^{-1} = \frac{m_1 m_2}{m_1 + m_2} \tag{3.128}$$

で定義され，**換算質量**とよばれる．これにより，相対運動に対する質量は μ，重心運動に対する質量は M で与えられることがわかる．これは，それぞれに対する古典的な運動量

$$\boldsymbol{P} = M\dot{\boldsymbol{R}} = M\left(\frac{m_1}{M}\dot{\boldsymbol{r}}_1 + \frac{m_2}{M}\dot{\boldsymbol{r}}_2\right) = \boldsymbol{p}_1 + \boldsymbol{p}_2, \tag{3.129}$$

$$\boldsymbol{p} = \mu\dot{\boldsymbol{r}} = \frac{m_1 m_2}{M}(\dot{\boldsymbol{r}}_2 - \dot{\boldsymbol{r}}_1) = \frac{m_1}{M}\boldsymbol{p}_2 - \frac{m_2}{M}\boldsymbol{p}_1 \tag{3.130}$$

とも合致している．ここで $\dot{A}$ は A の時間微分を表す．

もしポテンシャル V が $\boldsymbol{r} = \boldsymbol{r}_2 - \boldsymbol{r}_1$ のみの関数であるとしたら，ハミルトニアンは

$$H = \frac{\boldsymbol{P}^2}{2M} + \frac{\boldsymbol{p}^2}{2\mu} + V(\boldsymbol{r}) \tag{3.131}$$

となり，重心運動と相対運動は完全に分離する．このとき，重心運動に対するハミルトニアンは

$$H_{\rm cm} = \frac{\boldsymbol{P}^2}{2M} = -\frac{\hbar^2}{2M}\boldsymbol{\nabla}_R^2 \tag{3.132}$$

で与えられ，自由粒子のハミルトニアンと同じ形となる．ここで，$\boldsymbol{\nabla}_R$ は重心座標 $\boldsymbol{R}$ に対する微分演算子である．この解は $\phi_{\rm cm}(\boldsymbol{R}) = e^{i\boldsymbol{P}\cdot\boldsymbol{R}/\hbar}$ であるから，全系の波動関数は

$$\Psi(\boldsymbol{r}, \boldsymbol{R}) = \phi(\boldsymbol{r})e^{i\boldsymbol{P}\cdot\boldsymbol{R}/\hbar} \tag{3.133}$$

と表すことができる．ここで，相対運動に対する波動関数 $\phi(\boldsymbol{r})$ は，系の全エネルギーを $E_{\rm tot}$ として

$$\left(\frac{\boldsymbol{p}^2}{2\mu} + V(\boldsymbol{r})\right)\phi(\boldsymbol{r}) = \left(E_{\rm tot} - \frac{P^2}{2M}\right)\phi(\boldsymbol{r}) \equiv E\phi(\boldsymbol{r}) \tag{3.134}$$

に従う．ここで，系の全エネルギー $E_{\rm tot}$ から重心運動のエネルギー $P^2/2M$ を引いたものをあらためて E とおいた．

コラム◉調和振動子ポテンシャル中の同じ質量をもつ2粒子からなる系

同じ質量 m を持つ2つの粒子が球対称調和振動子ポテンシャルの中に閉じ込められているとする．さらに，この2つの粒子の間には相互作用 $v(r)=v(|\boldsymbol{r}_2-\boldsymbol{r}_1|)$ がはたらいているとする．このとき，全質量は $M=2m$，換算質量は $\mu=m/2$ であり，ハミルトニアンは

$$H=\frac{\boldsymbol{P}^2}{2M}+\frac{\boldsymbol{p}^2}{2\mu}+v(r)+\frac{1}{2}m\omega^2(\boldsymbol{r}_1^2+\boldsymbol{r}_2^2) \tag{3.135}$$

となる．相対座標 $\boldsymbol{r}=\boldsymbol{r}_2-\boldsymbol{r}_1$ と重心座標 $\boldsymbol{R}=(\boldsymbol{r}_1+\boldsymbol{r}_2)/2$ を用いてこのハミルトニアンを書き直すと

$$H=\frac{\boldsymbol{P}^2}{2M}+\frac{1}{2}M\omega^2R^2+\frac{\boldsymbol{p}^2}{2\mu}+v(r)+\frac{1}{2}\mu\omega^2r^2 \tag{3.136}$$

となり，この場合にも2粒子の重心運動と相対運動が完全に分離する．この場合，重心座標は閉じ込めポテンシャルと同じ角振動数 ω をもつ調和振動子の中を運動することになる．

重心運動と相対運動が完全に分離することは，多体問題を考える際に調和振動子ポテンシャルが便利になる理由の1つである．これは2粒子系に限らず一般に調和振動子ポテンシャルに閉じ込められた N 個の粒子から成る系に対しても成り立つ．これは次のように見ることができる．同一質量 m を持つ N 個の粒子系に対して，ハミルトニアンの中の調和振動子ポテンシャルの項は

$$V(\{\boldsymbol{r}_i\})=\frac{1}{2}m\omega^2\sum_{i=1}^{N}\boldsymbol{r}_i^2 \tag{3.137}$$

で与えられる．ここで，重心座標 $\boldsymbol{R}=\frac{1}{N}\sum_{i=1}^{N}\boldsymbol{r}_i$ を使ってこの式を書き直すと

$$\begin{aligned}V(\{\boldsymbol{r}_i\})&=\frac{1}{2}m\omega^2\sum_{i=1}^{N}(\boldsymbol{r}_i-\boldsymbol{R}+\boldsymbol{R})^2\\&=\frac{1}{2}m\omega^2\sum_{i=1}^{N}(\boldsymbol{r}_i-\boldsymbol{R})^2+m\omega^2\boldsymbol{R}\cdot\sum_{i=1}^{N}(\boldsymbol{r}_i-\boldsymbol{R})+\frac{1}{2}m\omega^2\sum_{i=1}^{N}\boldsymbol{R}^2\end{aligned} \tag{3.138}$$

となるが, $\sum_{i=1}^{N} \boldsymbol{R}^2 = N\boldsymbol{R}^2$, $\sum_{i=1}^{N}(\boldsymbol{r}_i - \boldsymbol{R}) = N\boldsymbol{R} - \sum_{i=1}^{N} \boldsymbol{R} = 0$ であるから, この式は

$$V(\{\boldsymbol{r}_i\}) = \frac{1}{2}m\omega^2 \sum_{i=1}^{N}(\boldsymbol{r}_i - \boldsymbol{R})^2 + \frac{1}{2}M\omega^2 \boldsymbol{R}^2 \tag{3.139}$$

となり, 重心座標 $\boldsymbol{R}$ と内部座標 $\tilde{\boldsymbol{r}}_i \equiv \boldsymbol{r}_i - \boldsymbol{R}$ (系の重心から測ったそれぞれの粒子の座標) が完全に分離されていることになる.

コラム◉ヤコビ座標

この節では 2 粒子系に対して重心運動と相対運動の分離を行ったが, 系の粒子数が 3 以上のときにも同様の分離を行うことができる. そのときの座標系を**ヤコビ座標**という. 図 3.8 に示した 3 粒子系に対しては,

$$\boldsymbol{R} = \frac{1}{M}(m_1\boldsymbol{r}_1 + m_2\boldsymbol{r}_2 + m_3\boldsymbol{r}_3), \tag{3.140}$$

$$\boldsymbol{r} = \boldsymbol{r}_2 - \boldsymbol{r}_1, \tag{3.141}$$

$$\boldsymbol{\rho} = \frac{m_1\boldsymbol{r}_1 + m_2\boldsymbol{r}_2}{m_1 + m_2} - \boldsymbol{r}_3 \tag{3.142}$$

を導入すると (図 3.8 の左図), これらに共役な運動量は

$$\boldsymbol{P} = \boldsymbol{p}_1 + \boldsymbol{p}_2 + \boldsymbol{p}_3, \tag{3.143}$$

$$\boldsymbol{p} = \frac{m_1}{m_1 + m_2}\boldsymbol{p}_2 - \frac{m_2}{m_1 + m_2}\boldsymbol{p}_1, \tag{3.144}$$

$$\boldsymbol{p}_\rho = \frac{m_3}{M}(\boldsymbol{p}_1 + \boldsymbol{p}_2) - \frac{m_1 + m_2}{M}\boldsymbol{p}_3 \tag{3.145}$$

となる. ここで $M = m_1 + m_2 + m_3$ は系の全質量である. $\boldsymbol{R}$ は系全体の重心運動, $\boldsymbol{r}$ は粒子 1 と 2 の間の相対運動, $\boldsymbol{\rho}$ は「粒子 1 と 2 の重心」と粒子 3 の間の相対運動を表す. このように定義されたヤコビ座標を用いてハミルトニアンの運動エネルギー項を書き直すと

$$\frac{\boldsymbol{p}_1^2}{2m_1} + \frac{\boldsymbol{p}_2^2}{2m_2} + \frac{\boldsymbol{p}_3^2}{2m_3} = \frac{\boldsymbol{P}^2}{2M} + \frac{\boldsymbol{p}^2}{2\mu_{12}} + \frac{\boldsymbol{p}_\rho^2}{2\mu_{12-3}} \tag{3.146}$$

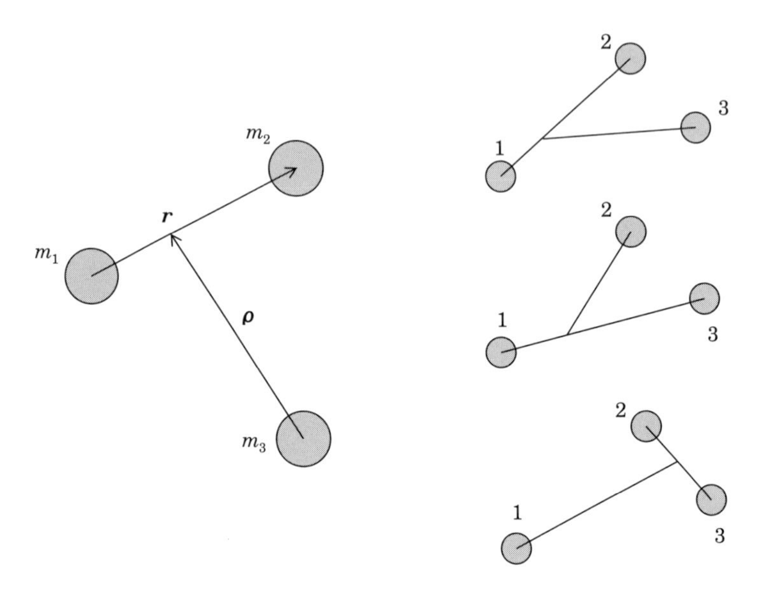

図 3.8　3粒子系に対するヤコビ座標．$\boldsymbol{r}=\boldsymbol{r}_2-\boldsymbol{r}_1$，$\boldsymbol{\rho}=\boldsymbol{R}_{12}-\boldsymbol{r}_3$ で定義される．ここで，$\boldsymbol{R}_{12}\equiv(m_1\boldsymbol{r}_1+m_2\boldsymbol{r}_2)/(m_1+m_2)$ である．

となり，それぞれのヤコビ座標に対応する運動エネルギーが分離された形になる．ここで，

$$\frac{1}{\mu_{12}}\equiv\frac{1}{m_1}+\frac{1}{m_2} \tag{3.147}$$

は粒子1と2の間の相対運動に対する換算質量，

$$\frac{1}{\mu_{12-3}}\equiv\frac{1}{m_1+m_2}+\frac{1}{m_3} \tag{3.148}$$

は「粒子1と2の重心」と粒子3の間の相対運動に対する換算質量である．

相対座標 $\boldsymbol{r}$ としてここでは粒子1と粒子2の間の座標にとったが，3つの粒子のうちどの2つを選ぶかという自由度が残る．3粒子系の場合は，図3.8の右側に描かれた3つの選択肢が考えられる．どの座標系をとっても原理的には同じ解が得られるが，問題に応じて便利な座標系を選べばよい．例えば，粒子2と粒子3の間の相関に興味があれば，図3.8の右側の1番下の座標系をとればよい．

4粒子系に対しても，ヤコビ座標を用いると同じように重心運動を完全に分離

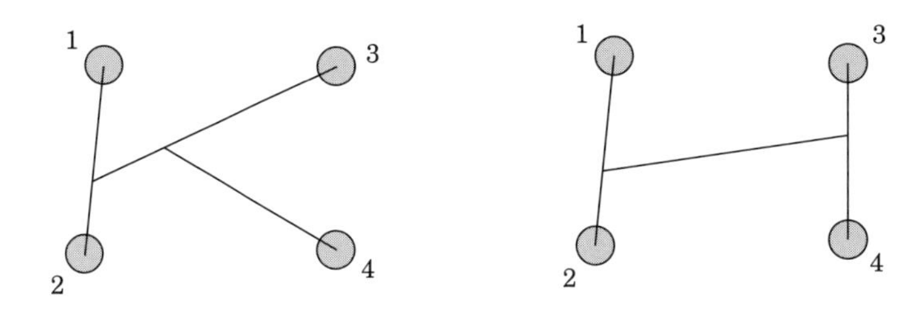

図 3.9 4 粒子系に対するヤコビ座標の例.

することができる. この場合, ヤコビ座標として例えば図 3.9 のような取り方が考えられる. 左図のタイプは K-タイプ, 右図のタイプは H-タイプとよばれる. この場合にも, それぞれの問題に応じて便利な座標系を選べばよい.

3.6.2 水素様原子のスペクトル

ここからいよいよ水素様原子の束縛状態 ($E<0$) に対してシュレーディンガー方程式を解いていこう. この系では, 原子核と電子の間にはクーロンポテンシャル

$$V(r) = -\frac{Ze^2}{r} \tag{3.149}$$

がはたらく. ここでは表記を簡単にするために cgs ガウス単位系を用いた. MKSA 単位系では, e^2 の代わりに $e^2/4\pi\epsilon_0$ にすればよい. ここで ϵ_0 は真空の誘電率である. 前節でみたように, このポテンシャルは原子核と電子の間の相対座標の大きさ r にしか依存しておらず, 全系の重心運動は完全に分離している.

相対運動に対するシュレーディンガー方程式は

$$\left(-\frac{\hbar^2}{2\mu}\boldsymbol{\nabla}^2 - \frac{Ze^2}{r}\right)\phi(\boldsymbol{r}) = E\phi(\boldsymbol{r}) \tag{3.150}$$

で与えられる. ここで, $\boldsymbol{\nabla}$ は座標 $\boldsymbol{r}$ に対する微分演算子である. 3.2.2 節のように角運動量を l, その z 成分を m として波動関数を

$$\phi(\boldsymbol{r}) = R_l(r)Y_{lm}(\hat{\boldsymbol{r}}) \tag{3.151}$$

とおくと, 動径波動関数 $R_l(r)$ は

$$\left[-\frac{\hbar^2}{2\mu}\left(\frac{d^2}{dr^2}+\frac{2}{r}\frac{d}{dr}\right)+\frac{l(l+1)\hbar^2}{2\mu r^2}-\frac{Ze^2}{r}-E\right]R_l(r)=0 \tag{3.152}$$

という方程式に従う．ここで，

$$\rho\equiv\sqrt{\frac{8\mu|E|}{\hbar^2}}r \tag{3.153}$$

という変数を導入してこの方程式を書き直すと

$$\left[\frac{d^2}{d\rho^2}+\frac{2}{\rho}\frac{d}{d\rho}-\frac{l(l+1)}{\rho^2}+\left(\frac{\lambda}{\rho}-\frac{1}{4}\right)\right]R_l(\rho)=0 \tag{3.154}$$

となる．ここで

$$\lambda\equiv\frac{Ze^2}{\hbar}\sqrt{\frac{\mu}{2|E|}}=Z\alpha\sqrt{\frac{\mu c^2}{2|E|}} \tag{3.155}$$

を導入した．最後の式変形で，$\alpha\equiv e^2/\hbar c\sim 1/137$ は微細構造定数である (MKSA 単位系だと $\alpha=(1/4\pi\epsilon_0)(e^2/\hbar c)\sim 1/137$ となる)．3.4 節でみたように，$\rho\sim 0$ で波動関数は

$$R_l(\rho)\sim\rho^l \qquad (\rho\sim 0) \tag{3.156}$$

のように振る舞う (ポテンシャル $V(r)=-Ze^2/r$ が $\rho=0$ で発散をしているが，$l\neq 0$ に対しては遠心力ポテンシャルの発散の方が強いので，3.4 節と同じ議論になる．$l=0$ に関しては，波動関数のべき展開の 2 項目まで考慮する必要があるが，結果としては $R_l\sim\rho^l$ と同じ振る舞いになる)．$\rho\to\infty$ では方程式 (3.154) は

$$\left(\frac{d^2}{d\rho^2}-\frac{1}{4}\right)R_l(\rho)\sim 0 \qquad (\rho\to\infty) \tag{3.157}$$

となるので，これを解くと $R_l(\rho)\sim e^{-\rho/2}$ のように振る舞うことがわかる．そこで，波動関数を

$$R_l(\rho)=e^{-\rho/2}\rho^l H(\rho) \tag{3.158}$$

とおき，$H(\rho)$ に対する方程式を求めると ($G(\rho)\equiv\rho^l H(\rho)$ に対する方程式を求めてから $H(\rho)$ に対する方程式を考えると比較的簡単に導出することができる)，

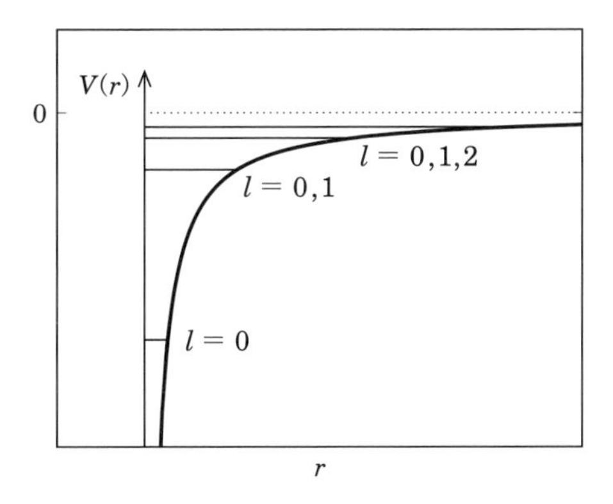

図 3.10 水素様原子のポテンシャルとスペクトル．

$$\frac{d^2H(\rho)}{d\rho^2}+\left(\frac{2l+2}{\rho}-1\right)\frac{dH(\rho)}{d\rho}+\frac{\lambda-l-1}{\rho}H(\rho)=0 \tag{3.159}$$

を得る．この方程式の解はソニン多項式の従う方程式 (3.109) と同じ形をしている．これより，$H(\rho)$ は

$$H(\rho)=S_{n-l-1}^{(2l+1)}(\rho) \tag{3.160}$$

と定まる．ただし，

$$\lambda=Z\alpha\sqrt{\frac{\mu c^2}{2|E|}}=n \tag{3.161}$$

という関係式が成り立つ．式 (3.161) より，エネルギーは

$$E=-|E|=-\frac{(Z\alpha)^2}{2n^2}\mu c^2 \tag{3.162}$$

と求まる．式 (3.160) より，ある与えられた n に対して $n-l-1\geq 0$ となるすべての非負の整数 l が許され，それらはすべて同じエネルギー固有値を持つ．例えば，$n=2$ の第一励起状態では，$l=0$ の状態と $l=1$ の状態が縮退する．偶数の l を持つ状態と奇数の l を持つ状態が同じエネルギーに縮退するのが，3.5 節で解いた調和振動子の解と大きく異なる点である．図 3.10 に水素様原子のスペクトルを図示する．このポテンシャルは無限個の束縛状態 $(n=1,2,3,\cdots)$ を持つが，こ

表 3.3　水素様原子の固有波動関数および固有エネルギー．n は主量子数，l は角運動量，a_0 はボーア半径，μ は換算質量を表す．

n	l	E_{nl}	$R_{nl}(r)$
1	0	$-\dfrac{(Z\alpha)^2}{2}\mu c^2$	$2\left(\dfrac{Z}{a_0}\right)^{3/2} e^{-Zr/a_0}$
2	0	$-\dfrac{(Z\alpha)^2}{8}\mu c^2$	$2\left(\dfrac{Z}{2a_0}\right)^{3/2}\left(1-\dfrac{Zr}{2a_0}\right)e^{-Zr/2a_0}$
2	1	$-\dfrac{(Z\alpha)^2}{8}\mu c^2$	$\dfrac{1}{\sqrt{3}}\left(\dfrac{Z}{2a_0}\right)^{3/2}\dfrac{Zr}{a_0}e^{-Zr/2a_0}$

れは $1/r$ に比例するポテンシャルの特徴である．

エネルギー固有値 (3.162) を用いると，ρ は

$$\rho=\sqrt{\frac{8\mu}{\hbar^2}\frac{(Z\alpha)^2}{2n^2}\mu c^2}\,r=\frac{2\mu cZ\alpha}{n\hbar}r=\frac{2Z}{na_0}r \tag{3.163}$$

となる．ここで

$$a_0\equiv\frac{\hbar}{\mu c\alpha} \tag{3.164}$$

で定義される**ボーア半径**を導入した．基底状態および第一励起状態のエネルギー E_{nl} および波動関数 $R_{nl}(r)$ を陽に書くと，表 3.3 のようになる．

水素原子 $(Z=1)$ の場合に，実際の電子の質量 $m_ec^2=0.5110$ MeV，陽子の質量 $m_pc^2=938.27$ MeV，および微細構造定数 $\alpha=1/137.036$ を代入すると，基底状態のエネルギーとして $E=-13.5983$ eV，ボーア半径として $a_0=0.529$ Å という値を得る．この場合，陽子の質量に比べて電子の質量が圧倒的に小さいため，$\mu\sim m_e$ としてもほとんど同じ値になる．また，第一励起状態のエネルギーは $E=-3.40$ eV となる．基底状態のエネルギーは水素原子のイオン化エネルギーの実験値 -13.59844 eV とほとんど同じ値になっている (わずかなずれはおもに相対論効果による)．

コラム◉原子と原子核の魔法数

3.2 節で述べたように，中心力ポテンシャルではハミルトニアンと角運動量の

2 乗 (l^2)，および角運動量の z 成分 (l_z) の同時固有状態を作ることができ，エネルギー固有値は l_z に依存しない．すなわち，それぞれの l に対し，l_z が異なる $2l+1$ 個の状態が縮退する．図 3.10 に示した水素様原子では，$n=1$ に対して 1 重縮退，$n=2$ に対して 4 重縮退 ($l=1$ に対して 3 重縮退+ $l=0$ に対して 1 重縮退)，$n=2$ に対して 9 重縮退している．現実には，次章で詳しく述べるように，電子にはスピンというもう 1 つの別の自由度があり，それぞれの縮退度は 2 倍される．すなわち，$n=1$ は 2 重縮退，$n=2$ は 8 重縮退，$n=3$ は 18 重縮退している．それぞれの n に対して軌道が埋まると，原子は閉殻構造をとり，安定になる．これが元素周期表の右端にある希ガスである．これは $Z=2$ (He)，$Z=10$ (Ne)，$Z=38$ (Ar)$\cdots$ と続くが，最初の 2 つ (He と Ne) は図 3.10 から簡単に理解できる．すなわち，$n=1$ の軌道がすべて埋まったものが He，$n=1$ と $n=2$ がすべて埋まったものが Ne である (2+8=10)．ただし，次の Ar を理解するには，内殻電子の影響を考える必要がある．Z が大きくなると，電子の数も多くなり，原子核の電荷が実効的に遮蔽され，Z よりも小さくなる．l が大きい軌道は比較的外側に存在確率が大きく，特にその影響を受ける．そうすると，$n=3$ の軌道のうち，$l=2$ の軌道が相対的にエネルギーが上がることになるが，残りの $l=0,1$ の軌道が埋まったのが Ar である (2+8+8=18)．

原子の中心にある原子核も，同じような殻構造があることが知られている．すなわち，原子核を構成する陽子の数または中性子の数が 2, 8, 20, 28, 50, 82, 126 になるときに原子核が安定になる．この数を魔法数という．この魔法数は，陽子や中性子が 3.5 節で議論した調和振動子の中を運動していると考えると説明することができる．陽子や中性子も電子と同様にスピン自由度を持っており，それぞれの軌道の縮退度は表 3.2 に示したものの 2 倍になる．表 3.2 で，$N=0$ の軌道が埋まれば縮退度 2，$N=1$ まで埋まれば縮退度は 8 (=2+6)，$N=2$ まで埋まれば縮退度は 20 (=2+6+12) となり，原子核の魔法数の最初の 3 つをきれいに説明する．28 以降の魔法数は，この模型では説明できないが，調和振動子ポテンシャルにスピン軌道力を考慮することによって説明することができる．そのことは第 5 章で触れる．また，原子核の魔法数に基づく原子核周期表も提案されていることも言及しておく (K. Hagino and Y. Maeno, *Foundations of Chemistry*

22 (2020) 267. オープンアクセスで論文をダウンロード可).

3.7 一様磁場中の水素様原子

ここで，前節の水素様原子が電磁場の中に置かれたとする．この電磁場のベクトルポテンシャルを $\boldsymbol{A}(\boldsymbol{r},t)$，スカラーポテンシャルを $\phi(\boldsymbol{r},t)$ とする．MKSA 単位系では，電場 $\boldsymbol{E}$ および磁場 $\boldsymbol{B}$ は

$$\boldsymbol{E} = -\frac{\partial \boldsymbol{A}}{\partial t} - \boldsymbol{\nabla}\phi, \qquad \boldsymbol{B} = \boldsymbol{\nabla}\times\boldsymbol{A} \tag{3.165}$$

で与えられる (cgs ガウス単位系では，$\boldsymbol{E}$ の式で $\boldsymbol{A}$ が $\boldsymbol{A}/c$ に置き換えられる．$\boldsymbol{B}$ の式は同じである)．

電磁場中の電子の運動はハミルトニアンを

$$H = \frac{1}{2\mu}(\boldsymbol{p} + e\boldsymbol{A}(\boldsymbol{r},t))^2 - e\phi(\boldsymbol{r},t) \tag{3.166}$$

と変更することによって記述することができる (cgs ガウス単位系では，この式の中の $\boldsymbol{A}$ を $\boldsymbol{A}/c$ に置き換える)．これは，このハミルトニアンからローレンツ力を含む古典的な運動方程式

$$\mu\frac{d^2\boldsymbol{r}}{dt^2} = -e[\boldsymbol{E}(\boldsymbol{r},t) + \boldsymbol{v}\times\boldsymbol{B}(\boldsymbol{r},t)] \tag{3.167}$$

が導かれることからも理解できる ($\boldsymbol{v} = \dfrac{d\boldsymbol{r}}{dt}$ は古典的な速度である．cgs ガウス単位系では $\boldsymbol{v}$ は $\boldsymbol{v}/c$ に置き換えられる)．以下，本節では MKSA 単位系で議論を進める．

ところで，電磁場には $\Lambda(\boldsymbol{r},t)$ を任意の関数として $\boldsymbol{A}\to\boldsymbol{A}-\boldsymbol{\nabla}\Lambda(\boldsymbol{r},t)$, $\phi\to\phi+\dfrac{\partial}{\partial t}\Lambda(\boldsymbol{r},t)$ という変換で不変になっているというゲージ不変性が存在する．そこで，

$$\boldsymbol{\nabla}\cdot\boldsymbol{A}(\boldsymbol{r},t) = 0 \tag{3.168}$$

となるようにゲージを取ろう．これをクーロン・ゲージという．

水素様原子では，$-e\phi(\boldsymbol{r}) = -\dfrac{1}{4\pi\epsilon_0}\dfrac{Ze^2}{r} \equiv V(r)$ となるから，式 (3.166) を展開

すると，

$$H \sim \frac{\boldsymbol{p}^2}{2\mu} + V(r) + \frac{e}{2\mu}(\boldsymbol{p}\cdot\boldsymbol{A}(\boldsymbol{r},t) + \boldsymbol{A}(\boldsymbol{r},t)\cdot\boldsymbol{p}) \tag{3.169}$$

となる．ここで $e^2\boldsymbol{A}^2$ に比例する項は e のべきの高次項として無視した．運動量演算子 $\boldsymbol{p}$ は座標表示で $\boldsymbol{p} = \frac{\hbar}{i}\boldsymbol{\nabla}$ であり，$\boldsymbol{p}\cdot\boldsymbol{A}$ を波動関数 ψ に作用させたものは

$$\boldsymbol{p}\cdot\boldsymbol{A}\psi = \frac{\hbar}{i}\boldsymbol{\nabla}\cdot\boldsymbol{A}\psi = \frac{\hbar}{i}(\boldsymbol{\nabla}\cdot\boldsymbol{A})\psi + \frac{\hbar}{i}\boldsymbol{A}\cdot(\boldsymbol{\nabla}\psi) \tag{3.170}$$

となるが，クーロン・ゲージの定義 $\boldsymbol{\nabla}\cdot\boldsymbol{A} = 0$ より右辺第 1 項はゼロになる．したがって，クーロン・ゲージでのハミルトニアンは

$$H \sim \frac{\boldsymbol{p}^2}{2\mu} + V(r) + \frac{e}{\mu}\boldsymbol{A}(\boldsymbol{r},t)\cdot\boldsymbol{p} \tag{3.171}$$

となる．

ここで，水素様原子が一様な定常磁場 $\boldsymbol{B}$ の中に置かれたとしよう．このとき，ベクトルポテンシャルは

$$\boldsymbol{A}(\boldsymbol{r}) = -\frac{1}{2}\boldsymbol{r}\times\boldsymbol{B} \tag{3.172}$$

ととることができる ($\boldsymbol{\nabla}\times\boldsymbol{A} = \boldsymbol{B}$ となっていることを確かめることができる)．このとき，

$$\frac{e}{\mu}\boldsymbol{A}\cdot\boldsymbol{p} = -\frac{e}{2\mu}(\boldsymbol{r}\times\boldsymbol{B})\cdot\boldsymbol{p} = \frac{e}{2\mu}(\boldsymbol{B}\times\boldsymbol{r})\cdot\boldsymbol{p} \tag{3.173}$$

であるが，ベクトル解析の公式 $(\boldsymbol{A}\times\boldsymbol{B})\cdot\boldsymbol{C} = \boldsymbol{A}\cdot(\boldsymbol{B}\times\boldsymbol{C})$ を用いると，

$$\frac{e}{\mu}\boldsymbol{A}\cdot\boldsymbol{p} = \frac{e}{2\mu}\boldsymbol{B}\cdot(\boldsymbol{r}\times\boldsymbol{p}) = \frac{e}{2\mu}\boldsymbol{B}\cdot\boldsymbol{L} \tag{3.174}$$

を得る．磁場 $\boldsymbol{B}$ の向きを z 軸に取ると，式 (3.171) のハミルトニアンは

$$H \sim \frac{\boldsymbol{p}^2}{2\mu} - \frac{1}{4\pi\epsilon_0}Ze^2r + \frac{e}{2\mu}BL_z \tag{3.175}$$

となる．これより，状態 $\phi_{nlm_z}(\boldsymbol{r})$ に対する固有エネルギーは

$$E_{nl} \to E_{nl} + \frac{e\hbar}{2\mu} B m_z \tag{3.176}$$

となり，磁場をかけると m_z による縮退が解けることになる．これを**ゼーマン効果**という．

演習問題

問題 3.1

式 (3.50) の $Y_{1\pm1}(\theta,\varphi)$ および式 (3.51) の $Y_{20}(\theta,\varphi)$ が実際に式 (3.47) を満たしていることを確かめよ．

問題 3.2

式 (3.51) の $Y_{20}(\theta,\varphi)$ が規格化されていることを確かめよ．

問題 3.3

$[\boldsymbol{p}^2, L_z] = 0$ を示せ．

問題 3.4

式 (3.72) および (3.73) を示せ．

問題 3.5

式 (3.108) で $S(\xi) = \sum_{n=0}^{\infty} a_n \xi^n$ とおいたときに，和が有限の n で打ち切られる条件を求めよ．

問題 3.6

3次元調和振動子の基底状態の波動関数

$$\phi(\boldsymbol{r}) = \left(\frac{m\omega}{\pi\hbar}\right)^{3/4} e^{-m\omega r^2/2\hbar} \tag{3.177}$$

を用いて r^2 の期待値 $\langle r^2 \rangle$ を求めよ．また，それを用いてポテンシャル $V(r) = \frac{1}{2} m\omega^2 r^2$ の期待値を計算せよ．

問題 3.7

ハミルトニアンが $H=\dfrac{\boldsymbol{p}^2}{2m}+V(r)$ で与えられることに注意し，前問で考えた状態における運動エネルギー $T=\dfrac{\boldsymbol{p}^2}{2m}$ の期待値 $\langle T\rangle$ を求めよ．

問題 3.8

3.7 節で一様磁場中の水素様原子を考えた際，$\boldsymbol{A}(\boldsymbol{r})=-\boldsymbol{r}\times\boldsymbol{B}/2$ ととったが，同じ一様磁場 $\boldsymbol{B}=B\boldsymbol{e}_z$ ($\boldsymbol{e}_z$ は z 方向の単位ベクトル) を与えるベクトルポテンシャルとして $\boldsymbol{A}=(0,Bx,0)$ という形も可能である．このようにベクトルポテンシャルをとったときの一様磁場中の電子の運動を考える．電子にはたらく外部ポテンシャルがない場合 (磁場がなければ自由粒子となる場合)，波動関数が

$$\phi(\boldsymbol{r})=e^{iky}\phi(x) \tag{3.178}$$

の形で与えられるとして，$\phi(x)$ の形とエネルギー固有値を求めよ．ただし，ここではハミルトニアンの $O(e^2)$ の項も無視せずに取り扱うこと．

第4章

スピン角運動量と量子情報理論

4.1 スピン角運動量

量子力学では，それぞれの粒子は軌道角運動量 $\boldsymbol{L}$ に加え固有の角運動量 $\boldsymbol{S}$ を持つことが知られている．これを**スピン角運動量**とよぶ．スピン角運動量の大きさはエネルギー，位置，温度，他の粒子と相互作用しているかどうか，など粒子の状態に一切依らず，それぞれの粒子で固有の値をもつ．粒子の全角運動量 $\boldsymbol{J}$ は軌道角運動量とスピン角運動量の和，

$$\boldsymbol{J} = \boldsymbol{L} + \boldsymbol{S} \tag{4.1}$$

と定義される．電子，ミュー粒子，ニュートリノ，クォークなどは $\hbar$ を単位として大きさ 1/2 のスピンを持ち，フォトンや弱い相互作用を媒介する W 粒子などは大きさ 1 のスピンを持つ．陽子や中性子などの複合粒子 (陽子や中性子はクォーク 3 つから構成される) なども固有のスピンを持ち，陽子，中性子ともにスピンの大きさは 1/2 である．スピン軌道角運動量はしばしば粒子の自転運動に対応する角運動量と言われることがあるが，もちろん電子などが実際に自転運動をしているわけではない．

電子などが半整数のスピン角運動量を持つことは，軌道角運動量が整数しかとらないことと対比される．電子のスピンは，もともと，シュテルン-ゲルラッハの実験やナトリウムの D 線 (電子が 3P 軌道から 3S 軌道に遷移するときに発せられる電磁波) の多重構造を説明するために導入された．シュテルン-ゲルラッハの実験では，中性の銀原子が勾配磁場中を通過すると軌道が 2 つにわかれることが観測された．また，ナトリウムの D 線には微細構造があり，エネルギーがわずか

に違う 2 つの電磁波が観測されている．これらのことは電子が大きさ $\hbar/2$ という半整数の角運動量を持つとすると説明できる．

スピン角運動量は軌道角運動量と同じ性質を持ち，次の交換関係を満たす．

$$[S_x, S_y] = i\hbar S_z, \quad [S_y, S_z] = i\hbar S_x, \quad [S_z, S_x] = i\hbar S_y, \tag{4.2}$$

$$[S_i, \boldsymbol{S}^2] = 0 \qquad (i = x, y, z). \tag{4.3}$$

また，S_z は S をスピン角運動量の大きさとして $S_z = -S, -S+1, \cdots, +S$ の $2S+1$ 通りの値をとる．

スピン角運動量では軌道の概念がないために，状態を粒子の座標の関数として表せない．したがって，その状態を表現するためには第 1 章で導入したブラケット表示を用いるのが便利である．このとき，軌道角運動量の場合と同様に系のスピン状態は $\boldsymbol{S}^2$ と S_z の同時固有状態 $|SS_z\rangle$ で記述される．この状態は，

$$\boldsymbol{S}^2 |SS_z\rangle = S(S+1)\hbar^2 |SS_z\rangle,$$

$$S_z |SS_z\rangle = S_z \hbar |SS_z\rangle$$

を満たす．

4.2 スピン 1/2 の量子論

この節において以下では実用上および応用上最も重要となる大きさ $\hbar/2$ を持つスピン角運動量を考える．このとき，S_z は $S_z = \pm\hbar/2$ の 2 通りの値をとる．しばしば，$S_z = +\hbar/2$ を取る状態を $|\uparrow\rangle$，$S_z = -\hbar/2$ を取る状態を $|\downarrow\rangle$ と書き，それぞれスピン・アップ状態およびスピン・ダウン状態とよぶ．すなわち，

$$|\uparrow\rangle = |S = \hbar/2,\ S_z = \hbar/2\rangle, \quad |\downarrow\rangle = |S = \hbar/2,\ S_z = -\hbar/2\rangle \tag{4.4}$$

である．この 2 つの状態は規格直交化しており，

$$\langle\uparrow|\uparrow\rangle = \langle\downarrow|\downarrow\rangle = 1, \quad \langle\uparrow|\downarrow\rangle = \langle\downarrow|\uparrow\rangle = 0 \tag{4.5}$$

を満たす．また，

$$\boldsymbol{S}^2 |\uparrow\rangle = \frac{1}{2}\left(\frac{1}{2}+1\right)\hbar^2 |\uparrow\rangle = \frac{3}{4}\hbar^2 |\uparrow\rangle, \tag{4.6}$$

$$S_z|\uparrow\rangle = +\frac{\hbar}{2}|\uparrow\rangle, \tag{4.7}$$

$$\boldsymbol{S}^2|\downarrow\rangle = \frac{3}{4}\hbar^2|\downarrow\rangle, \tag{4.8}$$

$$S_z|\downarrow\rangle = -\frac{\hbar}{2}|\downarrow\rangle \tag{4.9}$$

を満たす．

2つの状態 $|\uparrow\rangle$, $|\downarrow\rangle$ は完全系を張り，一般のスピン 1/2 状態 (スピンの大きさが $\hbar/2$ である状態) はこれらの状態の線形結合で表される：

$$|u\rangle = \alpha|\uparrow\rangle + \beta|\downarrow\rangle. \tag{4.10}$$

状態ベクトル $|u\rangle$ の規格化条件より，展開係数 α, β の間には $|\alpha|^2 + |\beta|^2 = 1$ という関係が満たされる．状態 $|u\rangle$ においてスピン・アップ状態を見出す確率が $|\langle\uparrow|u\rangle|^2 = |\alpha|^2$，スピン・ダウン状態を見出す確率が $|\langle\downarrow|u\rangle|^2 = |\beta|^2$ である．

状態 $|u\rangle$ はベクトルの形で書くこともできる．すなわち，

$$|\uparrow\rangle = \begin{pmatrix} \langle\uparrow|\uparrow\rangle \\ \langle\downarrow|\uparrow\rangle \end{pmatrix} = \begin{pmatrix} 1 \\ 0 \end{pmatrix}, \quad |\downarrow\rangle = \begin{pmatrix} \langle\uparrow|\downarrow\rangle \\ \langle\downarrow|\downarrow\rangle \end{pmatrix} = \begin{pmatrix} 0 \\ 1 \end{pmatrix} \tag{4.11}$$

として (これらを**スピノル**とよぶ)，

$$|u\rangle = \begin{pmatrix} \langle\uparrow|u\rangle \\ \langle\downarrow|u\rangle \end{pmatrix} = \begin{pmatrix} \alpha \\ \beta \end{pmatrix} = \alpha\begin{pmatrix} 1 \\ 0 \end{pmatrix} + \beta\begin{pmatrix} 0 \\ 1 \end{pmatrix} \tag{4.12}$$

となる．

同様に，スピン角運動量演算子も 2×2 の行列の形で表すことができる．例えば，スピン角運動量の z 成分は以下のようになる．

$$S_z = \begin{pmatrix} \langle\uparrow|S_z|\uparrow\rangle & \langle\uparrow|S_z|\downarrow\rangle \\ \langle\downarrow|S_z|\uparrow\rangle & \langle\downarrow|S_z|\downarrow\rangle \end{pmatrix} = \frac{\hbar}{2}\begin{pmatrix} 1 & 0 \\ 0 & -1 \end{pmatrix}. \tag{4.13}$$

この S_z の表式を用いて交換関係 (4.2) を満たすように S_x および S_y の形を決めると

$$S_x = \frac{\hbar}{2}\begin{pmatrix} 0 & 1 \\ 1 & 0 \end{pmatrix}, \quad S_y = \frac{\hbar}{2}\begin{pmatrix} 0 & -i \\ i & 0 \end{pmatrix} \tag{4.14}$$

となる．このとき，

$$S_x^2 = S_y^2 = S_z^2 = \frac{\hbar^2}{4}\begin{pmatrix} 1 & 0 \\ 0 & 1 \end{pmatrix} \tag{4.15}$$

であり，$\boldsymbol{S}^2 = 3\hbar^2/4$ となることがわかる (式 (4.6) および (4.8) を参照)．S_x の固有値は $\pm\hbar/2$ であり，対応する固有ベクトルは $\frac{1}{\sqrt{2}}(|0\rangle \pm |1\rangle)$，すなわち，

$$S_x\begin{pmatrix} \frac{1}{\sqrt{2}} \\ \pm\frac{1}{\sqrt{2}} \end{pmatrix} = \frac{\hbar}{2}\begin{pmatrix} 0 & 1 \\ 1 & 0 \end{pmatrix}\begin{pmatrix} \frac{1}{\sqrt{2}} \\ \pm\frac{1}{\sqrt{2}} \end{pmatrix} = \pm\frac{\hbar}{2}\begin{pmatrix} \frac{1}{\sqrt{2}} \\ \pm\frac{1}{\sqrt{2}} \end{pmatrix} \tag{4.16}$$

である．S_y の固有値も $\pm\hbar/2$ であり，対応する固有ベクトルは $\frac{1}{\sqrt{2}}(|0\rangle \pm i|1\rangle)$ である．

昇降演算子は $S_\pm = S_x \pm iS_y$ であり，式 (4.14) を用いると

$$S_+ = \hbar\begin{pmatrix} 0 & 1 \\ 0 & 0 \end{pmatrix}, \qquad S_- = \hbar\begin{pmatrix} 0 & 0 \\ 1 & 0 \end{pmatrix} \tag{4.17}$$

が得られる．これを状態 $|\uparrow\rangle, |\downarrow\rangle$ に作用すると，

$$S_+|\uparrow\rangle = 0, \qquad S_+|\downarrow\rangle = \hbar|\uparrow\rangle, \tag{4.18}$$

$$S_-|\uparrow\rangle = \hbar|\downarrow\rangle, \qquad S_-|\downarrow\rangle = 0 \tag{4.19}$$

となる．

しばしば，

$$\boldsymbol{S} = \frac{\hbar}{2}\boldsymbol{\sigma} \tag{4.20}$$

で定義される演算子 $\boldsymbol{\sigma}$ が用いられる．この演算子の行列表現は

$$\sigma_x = \begin{pmatrix} 0 & 1 \\ 1 & 0 \end{pmatrix}, \qquad \sigma_y = \begin{pmatrix} 0 & -i \\ i & 0 \end{pmatrix}, \qquad \sigma_z = \begin{pmatrix} 1 & 0 \\ 0 & -1 \end{pmatrix} \tag{4.21}$$

であり，これらは**パウリ行列**とよばれる．パウリ行列は交換関係

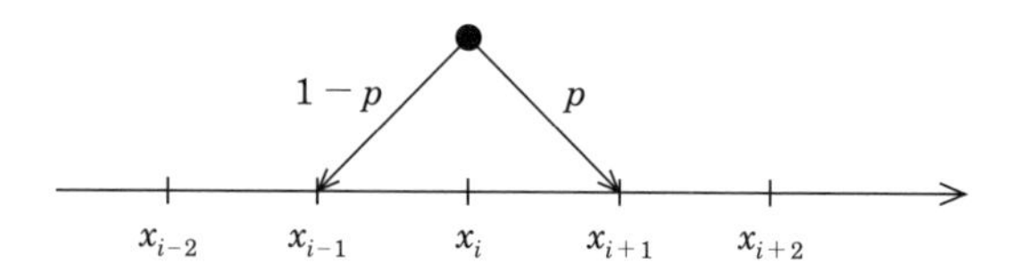

図 4.1 古典的なランダムウォークの概念図．ある時刻で x_i にいた点は，次のステップで確率 p で右の点 x_{i+1} に，確率 $1-p$ で左の点 x_{i-1} に移動する．$p=1/2$ のとき，位置 x に対する確率分布は左右対称となる．また，ステップ数が大きい極限では確率分布は正規分布になる．

$$[\sigma_x,\sigma_y]=2i\hbar\sigma_z, \quad [\sigma_y,\sigma_z]=2i\hbar\sigma_x, \quad [\sigma_z,\sigma_x]=2i\hbar\sigma_y \tag{4.22}$$

を満たし，また，$\boldsymbol{\sigma}^2=3$ である．

4.3 量子情報理論

量子力学は，情報理論との関連から最近大きな発展を遂げており，量子情報理論とよばれる新しい分野が急成長している．量子コンピュータや量子暗号理論がその典型的な例である．この節では，前節で説明したスピン 1/2 の量子論の具体的な応用例として，量子情報理論を簡単に紹介する．ただし，詳細にあまり立ち入らずに説明するため，深く知りたい読者は他のより専門的な教科書を参照してこの節を読み飛ばしても構わない．また，従来の量子力学に関心がある読者も，この節を飛ばして第 5 章に進んでも，第 5 章以降の内容が理解できるようになっている．

4.3.1 量子ウォーク

古典的なランダムウォーク (酔歩) は，確率過程の記述に重要な役割を果たしてきた．これは，ある時刻にある点にいた粒子が，次の時刻において場所を移動する際にまったくランダムに移動先を決めるというものである．スピン 1/2 を持つ粒子のスピン状態を考えると，古典的なランダムウォークの量子力学版を作ることができる．これは**量子ウォーク**とよばれる．このとき，系のスピン状態 (4.12) はユニタリー行列 U で $|u'\rangle=U|u\rangle$ のように時間発展することになる．

以下では簡単のために 1 次元運動を考え，座標を離散化する．古典的なランダムウォークとは，ある時刻で座標 x_i にいた点が，次の時刻では確率 p で右の点

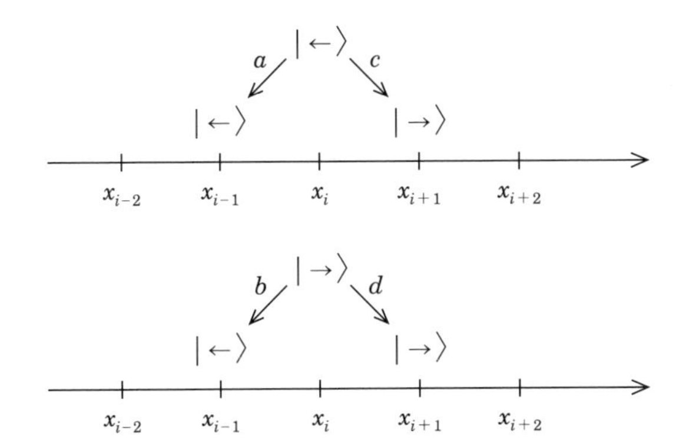

図 4.2 量子ウォークの概念図．x_i にいた点は，次のステップで左右の点 $x_{i\pm1}$ に移動するが，スピン状態によりその確率が異なる．左向き状態 $|\leftarrow\rangle$ に対しては確率振幅 a で左の点に移動し，確率振幅 c で右の点に移動するとともにスピン状態が右向き状態 $|\rightarrow\rangle$ に変化する．右向き状態に対しては，確率振幅 d で右の点に移動し，確率振幅 b で左の点に移動するとともに左向き状態に変化する．

x_{i+1} に，確率 $1-p$ で左の点 x_{i-1} に移動するプロセスを繰り返すものである (図 4.1 を参照のこと)．$x=0$ にあった点が n ステップ後に座標 x にいる確率は，

$$P(x;n)={}_nC_{n_+}p^{n_+}(1-p)^{n_-}=\frac{n!}{n_+!n_-!}p^{n_+}(1-p)^{n_-} \tag{4.23}$$

で与えられる．ここで n_+ は n ステップのうち右側に移動したステップ数，n_- は左側に移動したステップ数であり，$n=n_++n_-$ を満たす．座標 x は $x=n_+-n_-$ で与えられる．$p=1/2$ のとき，スターリングの公式 $\ln n!\sim n\ln n-n+\frac{1}{2}\ln(2\pi n)$ を用いると，$n\to\infty$ の極限で確率 $P(x;n)$ は正規分布

$$P(x;n)\to\frac{2}{\sqrt{2\pi n}}e^{-\frac{x^2}{2n}} \tag{4.24}$$

になることを示すことができる．

量子ウォークでは，座標 x の各点でスピン状態 $|u\rangle$ を考え，状態を $|x,u\rangle$ のように表す．ここでは，スピンの 2 成分をアップ，ダウンの代わりに左向きの状態，右向きの状態とする．左向き，右向きは運動の方向性 (ヘリシティ) を表す．一般に，スピン状態 $|u\rangle$ はこれらの 2 つの状態の重ね合わせで与えられる．図 4.2 のように，ある時刻で座標 x_i に点があったとすると，この点は次のステップで隣の

点 $x_{i\pm1}$ にスピン状態に依存した適当な確率で移動する．左向きの状態 $|\leftarrow\rangle$ に対しては，確率振幅 a で左の点 x_{i-1} に移動し，確率振幅 c で右の点に移動する．右の点に移った場合は運動の方向が変わったので，スピン状態を左向きから右向き状態に変化させる．一方，右向きの状態 $|\rightarrow\rangle$ に対しては，確率振幅 d で右の点 x_{i+1} に移動し，確率振幅 b で左の点 x_{i-1} に移動するとともにスピン状態を左向き状態に変える．

スピノルを用いて

$$|\leftarrow\rangle \equiv |0\rangle = \begin{pmatrix} 1 \\ 0 \end{pmatrix}, \quad |\rightarrow\rangle \equiv |1\rangle = \begin{pmatrix} 0 \\ 1 \end{pmatrix} \tag{4.25}$$

と書くと，これらの一連の変換はユニタリー行列

$$U = \begin{pmatrix} a & b \\ c & d \end{pmatrix} \tag{4.26}$$

を用いたスピン状態 $|u\rangle$ の変換と，

$$S|x,0\rangle = |x-1,0\rangle, \tag{4.27}$$

$$S|x,1\rangle = |x+1,1\rangle \tag{4.28}$$

で定義される座標を移動する演算子 S を連続して状態 $|x,u\rangle$ に作用させることによって得られる．すなわち，

$$|x,u\rangle \to SU|x,u\rangle \tag{4.29}$$

と変換する．ある初期状態 $|i\rangle$ から出発して k ステップたった後の状態は $(SU)^k|i\rangle$ で与えられる．

ユニタリー行列 U として，しばしば以下で与えられる**アダマール行列**が用いられる．

$$H = \frac{1}{\sqrt{2}} \begin{pmatrix} 1 & 1 \\ 1 & -1 \end{pmatrix}. \tag{4.30}$$

この行列を用いると，右向きの状態 $|0\rangle$，左向きの状態 $|1\rangle$ のいずれの場合も左の座標に移動する確率と右の座標に移動する確率が等しくなり，古典的なランダム

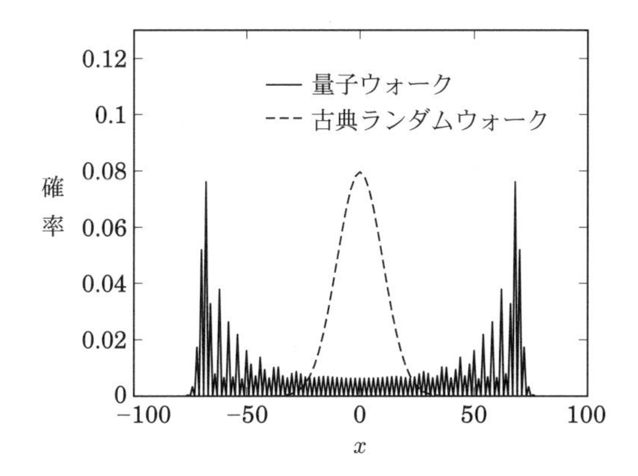

図 4.3 古典ランダムウォークと量子ウォークの比較．破線は $x=0$ から出発して古典ランダムウォークを 100 ステップした後の確率分布を示す．実線は同様に $x=0$ から出発して，アダマール行列 (4.30) により量子ウォークを 100 ステップした後の確率分布である．初期のスピン状態は $|u\rangle=(1/\sqrt{2},i/\sqrt{2})^T$ ととった．

ウォークで $p=1/2$ にとったものに対応する．

図 4.3 に量子ウォークと古典ランダムウォークの比較を示す．破線は点 $x=0$ から出発して古典ランダムウォークにより 100 ステップたった後の確率分布をプロットしたものである．一方で，実線は

$$|x,u\rangle=\frac{1}{\sqrt{2}}\begin{pmatrix}1\\ i\end{pmatrix}\delta_{x,0} \tag{4.31}$$

を初期条件としてアダマール行列 (4.30) を用いて量子ウォークを 100 ステップ行った後の確率分布

$$P_{\mathrm{QW}}(x)=|\langle x,u|x,u\rangle|^2 \tag{4.32}$$

である．ここで状態ベクトルの内積はスピン空間のみでとる．古典ウォークと量子ウォークで確率分布は大きく異なることが見て取れる．古典ウォークによる確率分布が $x=0$ を中心とする正規分布に近いものになっているのに対し，量子ウォークでは $x=0$ 近傍の確率が小さくなって $x=\pm 68$ の辺りにピークを持つ．また，量子ウォークでは量子的な干渉のために確率分布は複雑な振動パターンを示す．

量子探索

図 4.3 に示した量子ウォークの応用例の 1 つとして，効率的な量子探索アルゴリズムの構築を紹介しよう (井出勇介，今野紀雄『日本物理学会誌』74 巻，10 号，(2019 年) 682 ページ)．その際の基本となるものが**グローバーのアルゴリズム**である．いま，裏を向いた N 枚のカードから特定の 1 枚 (例えばジョーカーのカード) を探し出す問題を考える．古典的には，目的のカードを見つけるまで 1 枚づつカードを表にすることを繰り返す．このようにすると目的のカードを見つけるためには平均して $N/2$ 回の試行が必要になる．グローバーのアルゴリズムは，これを $\sqrt{N}$ 程度の試行回数で探索できるようにするものである．

このアルゴリズムでは，N 枚のカードそれぞれに対して量子状態 $|i\rangle$ $(i=1,2,\cdots,N)$ をアサインする．例えば，1 番目のカードに対して $|1\rangle$ を，2 番目のカードに対して $|2\rangle$ をアサインする (他のカードも同様に，n 番目のカードに対して $|n\rangle$ をアサインする)．これらの状態は正規直交化 $(\langle i|j\rangle=\delta_{i,j})$ されているものとする．いま，すべての量子状態が平等に線形結合されている状態

$$|D\rangle \equiv \frac{1}{\sqrt{N}}\sum_{i=1}^{N}|i\rangle \tag{4.33}$$

を考えよう．グローバーのアルゴリズムでは，この状態を初期状態にとり，ここにユニタリー演算子 U を何度か作用させていく．ここで，ユニタリー演算子として

$$U=R_D R_f,$$

$$R_D \equiv 2|D\rangle\langle D|-1,$$

$$R_f \equiv 1-2|n\rangle\langle n|$$

を考える．ここで，$|n\rangle$ は見つけ出したいカードに対応する状態である．

初期状態 $|D\rangle$ に U を k 回作用させた状態を

$$|\psi(k)\rangle=U^k|D\rangle \equiv \sum_{i=1}^{N}a_i|i\rangle \tag{4.34}$$

とおこう．ここに R_f を作用すると，

$$R_f|\psi(k)\rangle=\sum_{i=1}^{N}a_i|i\rangle-2a_n|n\rangle \tag{4.35}$$

となる．これを

$$R_f|\psi(k)\rangle = \sum_{i=1}^{N} \tilde{a}_i|i\rangle \tag{4.36}$$

とおくと，$\tilde{a}_i = a_i$ $(i \neq n)$ および $-a_n$ $(i = n)$ である．すなわち，演算子 R_f は見つけ出したいカードに対して展開係数の符号を反転させる．これをオラクルという．ここにさらに R_D を作用させると，

$$U|\psi(k)\rangle = R_D R_f|\psi(k)\rangle = \sum_{i=1}^{N}\left(\frac{2}{N}\left(\sum_{j=1}^{N}\tilde{a}_j\right) - \tilde{a}_i\right)|i\rangle \tag{4.37}$$

を得る．

初期状態 $|D\rangle$ から出発してこのような演算を複数回行うとき，$i \neq n$ に対して展開係数 a_i は i に依らない数になる．そこで，$i \neq n$ 以外の状態の線形結合をとり，

$$|n_\perp\rangle \equiv \frac{1}{\sqrt{N-1}}\sum_{i\neq n}|i\rangle \tag{4.38}$$

という状態を定義し，

$$|\psi(k)\rangle = a_n|n\rangle + a_\perp|n_\perp\rangle \tag{4.39}$$

とおく．このとき，$a_i = a_\perp/\sqrt{N-1}$ $(i \neq n)$ である．また，状態 $|D\rangle$ は

$$|D\rangle = \frac{1}{\sqrt{N}}|n\rangle + \sqrt{\frac{N-1}{N}}|n_\perp\rangle \tag{4.40}$$

と表せる．状態 $|\psi(k)\rangle$ にユニタリー演算子 U を作用すると

$$U|\psi(k)\rangle = \left[\frac{N-2}{N}a_n + \frac{2\sqrt{N-1}}{N}a_\perp\right]|n\rangle + \left[-\frac{2\sqrt{N-1}}{N}a_n + \frac{N-2}{N}a_\perp\right]|n_\perp\rangle \tag{4.41}$$

を得る．すなわち，

$$U\begin{pmatrix} a_n \\ a_\perp \end{pmatrix} = \frac{1}{N}\begin{pmatrix} N-2 & 2\sqrt{N-1} \\ -2\sqrt{N-1} & N-2 \end{pmatrix}\begin{pmatrix} a_n \\ a_\perp \end{pmatrix} \tag{4.42}$$

と表せる．$\cos\theta = (N-2)/N$, $\sin\theta = 2\sqrt{N-1}/N$ とおくと，

$$U\begin{pmatrix} a_n \\ a_\perp \end{pmatrix} = \begin{pmatrix} \cos\theta & \sin\theta \\ -\sin\theta & \cos\theta \end{pmatrix}\begin{pmatrix} a_n \\ a_\perp \end{pmatrix} \tag{4.43}$$

となるが，この行列は角度 $-\theta$ の回転行列であるので，U を k 回作用させたものは

$$U^k\begin{pmatrix} a_n \\ a_\perp \end{pmatrix} = \begin{pmatrix} \cos k\theta & \sin k\theta \\ -\sin k\theta & \cos k\theta \end{pmatrix}\begin{pmatrix} a_n \\ a_\perp \end{pmatrix} \tag{4.44}$$

となる．$1/\sqrt{N} = \sin(\theta/2)$，$\sqrt{(N-1)/N} = \cos(\theta/2)$ であることに注意すると，

$$|\psi(k)\rangle = U^k|D\rangle = U^k\begin{pmatrix} \dfrac{1}{\sqrt{N}} \\ \sqrt{\dfrac{N-1}{N}} \end{pmatrix} = \begin{pmatrix} \sin\left(\left(k+\dfrac{1}{2}\right)\theta\right) \\ \cos\left(\left(k+\dfrac{1}{2}\right)\theta\right) \end{pmatrix} \tag{4.45}$$

を得る．

系がこの状態にあるときに，目的のカード $|n\rangle$ を見つける確率は

$$P = |\langle n|\psi(k)\rangle|^2 = \sin^2\left(\left(k+\frac{1}{2}\right)\theta\right) \tag{4.46}$$

で与えられる．これは $(k+1/2)\theta \sim k\theta \sim \pi/2$ になるときに 1 に近くなる．いま，N が大きいとき，$1/\sqrt{N} = \sin(\theta/2) \sim \theta/2$ であることに注意すると，

$$k \sim \frac{\pi}{2\theta} = \frac{\sqrt{N}\pi}{4} \tag{4.47}$$

となったときに目的のカードをほぼ確実に見つけることができる．すなわち，この回数までユニタリー演算子 U を初期状態に作用させ，その後に状態を観測すると目的のカードがほぼ見つかるということになる．このときに必要な回数は $O(\sqrt{N})$ である．ここで，観測するのはユニタリー演算子を複数回作用させた後であって，プロセスの途中では観測を行わないということが重要である．

図 4.4 に $N=100$ のときに，ユニタリー行列 U を $k=1$ 回作用させたときおよび $k=9$ 回作用させたときの確率分布の様子を示す．見つけたいカードを $n=35$ とした．確率分布は $n=35$ で鋭いピークを持ち，9 ステップ目で $P=0.89$ という大きな値を持つ．N の数が大きいとより 1 に近づく．

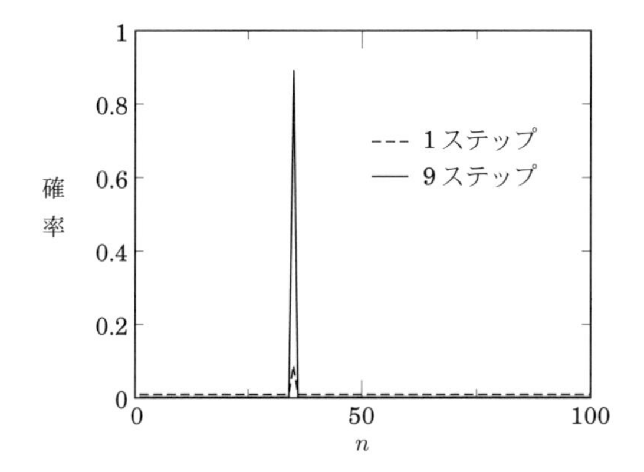

図 4.4　量子探索に対するグローバーのアルゴリズム．$N=100$ に対して $n=35$ を探す (すなわち 100 枚のカードの中から $n=35$ のカードを探す)．破線，実線はそれぞれ初期状態にユニタリー演算子 U を 1 回および 9 回作用させた後の状態に対する確率分布を表す．

N 枚のカードから特定のカードを見つけるという比較的単純な問題に対する探索のアルゴリズムがここで述べたグローバーのアルゴリズムである．量子ウォークを用いると，より一般の探索問題に対し高速探索が可能なアルゴリズムを構築でき，近年大きな注目を集めている．

4.3.2　量子コンピュータ

量子ビット

古典的コンピュータは 2 進数に基づき 0 と 1 の組み合わせで情報を処理する．数字も 2 進数で表され，例えば数字の 6 は 110 $(=1\times2^2+1\times2^1+0\times2^0)$ のように表される．2 進数の桁数をビットといい，例えば 6 は 2 進数で 3 桁なので 3 ビットの数といわれる．

古典コンピュータの 0 や 1 を量子系の 2 つの状態 $|0\rangle$，$|1\rangle$ に置き換えたものが量子ビットである．例えば，スピン 1/2 粒子のスピン・アップ状態，スピン・ダウン状態をそれぞれ $|0\rangle=|\uparrow\rangle$，$|1\rangle=|\downarrow\rangle$ とすることができる．このとき，数字の 6 は

$$|6\rangle=|1\rangle\otimes|1\rangle\otimes|0\rangle=|\downarrow\rangle\otimes|\downarrow\rangle\otimes|\uparrow\rangle \tag{4.48}$$

のように 3 つのスピン状態の直積として表現される．

表 4.1 $N=21$, $x=5$ の場合の $y(k)=x^k \bmod N$.

k	x^k	$x^k \bmod N$
0	1	1
1	5	5
2	25	4
3	125	20
4	625	16
5	3125	17
6	15625	1
7	78125	5
8	390625	4
9	1953125	20
10	9765625	16
11	48828125	17
12	244140625	1
13	1220703125	5

因数分解のアルゴリズム

量子コンピュータが威力を発揮するものの 1 つに大きな数の因数分解がある．これはショア (P.W. Shor) によって 1994 年に示されたが，その基になる古典的なアルゴリズムをまず見ていこう．

具体的な例として $N=21=3\times 7$ の因数分解をすることを考える．まず，N より小さく，かつ，N と互いに素である数 (N との最大公約数が 1 である数) x を探す．例えば，$x=5$ が考えられる ($x=2$ でも同様の結果が得られる)．次に，k の関数として

$$y(k)\equiv x^k \bmod N \tag{4.49}$$

を定義する．これは x^k を N で割ったときの余り (剰余) を与える関数である．$N=21$, $x=5$ の場合，表 4.1 のようになる．表からわかるように，関数 $y(k)$ はこの場合，周期 6 の周期関数となっており，$y(k+6)=y(k)$ が満たされる．$k=0$ のときに $y(0)=1$ となるのは自明であるが，周期が 6 ということは，$k=6$ のときに $y(k)$ が再び 1 になる．この k を r としよう．すなわち，今の場合，$r=6$

である．

x^r のとき剰余が 1 であるので，x^r-1 は N で割り切れる．

$$x^r-1=(x^{r/2}+1)(x^{r/2}-1) \tag{4.50}$$

であるので，r が偶数であれば $x^{r/2}\pm 1$ と N の最大公約数が N の因数となることが予想される．実際，$r=6$，$x=5$ に対して，$x^{r/2}+1=5^3+1=126$ と $N=21$ の最大公約数は 3，$x^{r/2}-1=5^3-1=124$ と $N=21$ の最大公約数は 7 であるので，3 と 7 が 21 の因数として求まったことになる．

ショアのアルゴリズム

このアルゴリズムを量子コンピュータを用いて実現するためには，以下のようにすればよい．これを**ショアのアルゴリズム**という．因数分解をしたい数 N と，それより小さく N と互いに素である数 x があったときに，初期状態

$$|\psi\rangle=|00\cdots 0\rangle\otimes|1\rangle \tag{4.51}$$

を用意する．ここで 0 の数を n とする．n は剰余の周期性を効率よく見つけるために必要なくらいの大きな数にとる．状態 $|\psi\rangle$ の最後の $|1\rangle$ は数字の 1 を表す状態である．

まず，状態 $|\psi\rangle$ の最初の n 個の状態 $|0\rangle$ にアダマール行列 (4.30) を作用させた状態を作る．この状態は次のベクトルで表される．

$$|\psi'\rangle=(H|0\rangle)\otimes(H|0\rangle)\otimes\cdots(H|0\rangle)\otimes|1\rangle. \tag{4.52}$$

ここで，

$$H|0\rangle=\frac{1}{\sqrt{2}}\begin{pmatrix}1 & 1\\ 1 & -1\end{pmatrix}\begin{pmatrix}1\\ 0\end{pmatrix}=\frac{1}{\sqrt{2}}\begin{pmatrix}1\\ 1\end{pmatrix}=\frac{1}{\sqrt{2}}(|0\rangle+|1\rangle) \tag{4.53}$$

に注意すると，状態 $|\psi'\rangle$ は

$$|\psi'\rangle=\frac{1}{\sqrt{2^n}}(|00\cdots 0\rangle+|00\cdots 1\rangle+\cdots+|11\cdots 1\rangle)\otimes|1\rangle \tag{4.54}$$

と表せる．状態 $|1\rangle$ の前の状態ベクトルの各項は n 量子ビットで表される数の状態 $|k\rangle$ であるので，結局，状態 $|\psi'\rangle$ は

$$|\psi'\rangle = \frac{1}{\sqrt{2^n}} \sum_{k=0}^{2^n-1} |k\rangle \otimes |1\rangle \tag{4.55}$$

と表せる．

次に，

$$U_x |k\rangle \otimes |y\rangle \equiv |k\rangle \otimes |(x^k \times y) \bmod N\rangle \tag{4.56}$$

のような変換を行う演算子 U_x を定義する．この演算子を状態 $|\psi'\rangle$ に作用させると，

$$U_x |\psi'\rangle = \frac{1}{\sqrt{2^n}} \sum_{k=0}^{2^n-1} |k\rangle \otimes |x^k \bmod N\rangle \tag{4.57}$$

を得る．ここで，直積状態の最後の状態を観測し，それが 1 になっている k を探しそれを r とおけば，あとは前小節で述べた手段に従って N の因数を求めることができる．

ここでは詳細には立ち入らないが，剰余の周期性を見出す際に，量子フーリエ変換が重要な役割を果たす．それを用いることにより，大きな数の因数分解を高速に行うことができるようになる．興味のある読者は量子情報理論の教科書 (例えば，佐川弘幸，吉田宣章著『量子情報理論』(丸善出版，2019 年) や森前智行著『量子計算理論』(森北出版，2017 年) を参照して欲しい．

4.3.3 量子暗号

量子 2 準位系の性質を用いると，古典暗号より堅固で安全な暗号のプロトコルを構築することができる．これを**量子暗号**という．この節では，そのような量子暗号のうち，1984 年にベネットとブラサールによって提案された BB84 プロトコルを説明しよう．

このプロトコルでは，量子 2 準位系として偏光した光子を用いるが，その際，2 通りの偏光のさせ方 (2 通りの 2 準位系の基底) を考える．1 番目の 2 準位系は 90° と 0° に偏光 (縦横偏光) した光子の組み合わせで，それらを $|\updownarrow\rangle$，$|\leftrightarrow\rangle$ と書き，それぞれ 0 と 1 の量子ビットとみなす．すなわち，

$$|0\rangle = |\updownarrow\rangle, \quad |1\rangle = |\leftrightarrow\rangle \qquad (\text{縦横偏光の基底の場合}) \tag{4.58}$$

表 4.2 2 ビットの数を送信する場合の，アリス (送信者) がボブ (受信者) に送信する情報．アリスは $2{\times}4{=}8$ ビットの数をランダムに生成し，それをランダムに選んだ基底でボブに送信する．

送信ビット値	0	0	1	1	1	0	1	0
基底の種類	$\otimes$	$\otimes$	$\otimes$	$\oplus$	$\oplus$	$\otimes$	$\otimes$	$\otimes$
対応する量子状態	$\lvert⤢\rangle$	$\lvert⤢\rangle$	$\lvert⤡\rangle$	$\lvert\leftrightarrow\rangle$	$\lvert\leftrightarrow\rangle$	$\lvert⤢\rangle$	$\lvert⤡\rangle$	$\lvert⤢\rangle$

とする．2 番目の 2 準位系は 45° と -45° に偏光 (斜め偏光) した光子の組み合わせで，それらを $|⤢\rangle$，$|⤡\rangle$ とし，それぞれ 0 と 1 の量子ビットとみなす．すなわち，

$$|0\rangle = |⤢\rangle, \quad |1\rangle = |⤡\rangle \qquad (\text{斜め偏光の基底の場合}) \tag{4.59}$$

である．斜め偏光した状態 $|⤢\rangle$，$|⤡\rangle$ は縦横偏光した状態 $|\updownarrow\rangle$，$|\leftrightarrow\rangle$ を用いて

$$|⤢\rangle = \frac{1}{\sqrt{2}}(|\updownarrow\rangle + |\leftrightarrow\rangle), \quad |⤡\rangle = \frac{1}{\sqrt{2}}(|\updownarrow\rangle - |\leftrightarrow\rangle) \tag{4.60}$$

と表せる．式 (4.16) を思い出すと，縦横偏光した状態は S_z の固有状態，斜め偏光した状態は S_x の固有状態に対応する．

いま，アリスがボブに n ビットの情報を送りたいとする．ここで，量子情報の分野でよく用いられるように，送信者の名前をアリス，受信者の名前をボブとした．例えば，数字の 3 を送りたいとすると，これは 2 ビットの数であり，縦横偏光の基底を用いると $|2\rangle = |11\rangle = |\leftrightarrow\leftrightarrow\rangle$ と表される．また，この情報は斜め偏光の基底を用いると $|2\rangle = |11\rangle = |⤡⤡\rangle$ と表される．BB84 プロトコルでは，アリスはまず $4n$ ビットのデータをランダムに生成する．今の場合，8 ビットの数となり，これを 00111010 としよう．次に，$4n$ ビットのそれぞれの数に対し，基底の種類 (縦横偏光 $\oplus$ または斜め偏光 $\otimes$) をランダムに決める．これは光子に対する偏光フィルターを適当に選ぶことによって実現可能である．今の場合，$\otimes\otimes\otimes\oplus\oplus\otimes\otimes\otimes$ としよう．この基底の組み合わせで，先ほどの 12 ビットの数を表現すると，$|⤢⤢⤡\leftrightarrow\leftrightarrow⤢⤡⤢\rangle$ となる．表 4.2 にこれらをまとめた．アリスはこの量子状態をボブに送信する．

ボブの方では，$4n$ 量子ビットそれぞれに対する基底の種類をランダムに決めて，アリスから送信されてくる量子情報を受信する．むろん，この基底の組み合わせは一般にはアリス側の基底の組み合わせとは異なる．今の問題の場合，これ

表 4.3 表 4.2 に示したアリスが送信した情報を，ランダムに選んだ基底でボブが受信した例．アリス側とボブ側で基底が同じ量子ビットに対しては同じ量子状態が観測されるが，基底が違う場合には 1/2 の確率で 0 と 1 のいずれかが観測される．

基底の種類	$\otimes$	$\oplus$	$\oplus$	$\oplus$	$\otimes$	$\otimes$	$\oplus$	$\otimes$
観測した量子状態	$\lvert\nearrow\rangle$	$\lvert\leftrightarrow\rangle$	$\lvert\updownarrow\rangle$	$\lvert\leftrightarrow\rangle$	$\lvert\searrow\rangle$	$\lvert\nearrow\rangle$	$\lvert\updownarrow\rangle$	$\lvert\nearrow\rangle$
観測ビット値	0	1	0	1	1	0	0	0

を $\otimes\oplus\oplus\oplus\otimes\otimes\oplus\otimes$ としよう．基底の種類がアリス側とボブ側で同じ量子ビットに関しては，送信されたビット値とボブ側で受信したビット値は同じになる．一方，基底の種類が両者で異なる量子ビットに関しては，式 (4.60) より 1/2 の確率でビット数 0 が，1/2 の確率でビット数 1 が観測される．これは，S_x の固有状態 (4.16) があったときに，S_z を観測するとスピンアップ状態 $|\uparrow\rangle$ とスピンダウン状態 $|\downarrow\rangle$ がどちらも 1/2 の確率で実現することに対応する．これを表 4.3 にまとめる．

次に，アリスは自分が用いた基底の組み合わせ $\otimes\otimes\otimes\oplus\oplus\otimes\otimes\otimes$ をボブに電子メール等で伝える．ボブも同様に自分が用いた基底の組み合わせ $\otimes\oplus\oplus\oplus\otimes\otimes\oplus\otimes$ をアリスに電子メールで伝える．これらの情報は第 3 者にとって意味をなさないものであるため，たとえ漏洩しても問題はない．2 人は基底が同じであった量子ビットを探し，そのビット値を読む．2 人はランダムに基底を選んだので，平均で $4n$ ビットのうちの半分の $2n$ ビットに対して一致が見られるはずである．今の例の場合は，1 番目，4 番目，6 番目，8 番目の量子ビットに対して一致がみられ，そのビット値は 0100 となる．

アリスとボブは得られた $2n$ ビットのデータの半分の n ビットを適当に選び電子メールで教えあい，もしそれが一致した場合には，残りの n ビットを量子鍵とする．もしこの一致がない場合には後述するように第 3 者に情報を盗まれた可能性が高いとしてもう一度初めからやり直す．今の例の場合には，得られた 4 ビットの数 0100 の (例えば) 後ろの 2 ビット 00 を 2 人が照合し，一致したら残りの 2 ビットの数 01 を量子鍵とする．この量子鍵はアリスとボブの両者が共有しているものであるが，その情報はこれまでに電子メール等でやりとりされていない．

次にアリスは実際に送りたい情報を量子鍵を用いて暗号化してボブに送る．こ

表 4.4 アリスとイブの他に盗聴者イブがいる場合の例．イブが量子状態を観測することによってイブの受信する量子状態が変化を受け，イブの存在が明らかになる．

アリス	送信ビット値	0	0	1	1	1	0	1	0
	基底の種類	$\otimes$	$\otimes$	$\otimes$	$\oplus$	$\oplus$	$\otimes$	$\otimes$	$\otimes$
	量子状態	$\lvert ⤢ \rangle$	$\lvert ⤢ \rangle$	$\lvert ⤡ \rangle$	$\lvert \leftrightarrow \rangle$	$\lvert \leftrightarrow \rangle$	$\lvert ⤢ \rangle$	$\lvert ⤡ \rangle$	$\lvert ⤢ \rangle$
イブ	基底の種	$\oplus$	$\otimes$	$\otimes$	$\otimes$	$\oplus$	$\otimes$	$\oplus$	$\oplus$
	量子状態	$\lvert \leftrightarrow \rangle$	$\lvert ⤢ \rangle$	$\lvert ⤡ \rangle$	$\lvert ⤡ \rangle$	$\lvert \leftrightarrow \rangle$	$\lvert ⤢ \rangle$	$\lvert \updownarrow \rangle$	$\lvert \leftrightarrow \rangle$
ボブ	基底の種類	$\otimes$	$\oplus$	$\oplus$	$\oplus$	$\otimes$	$\otimes$	$\oplus$	$\otimes$
	量子状態	$\lvert ⤡ \rangle$	$\lvert \leftrightarrow \rangle$	$\lvert \updownarrow \rangle$	$\lvert \leftrightarrow \rangle$	$\lvert ⤢ \rangle$	$\lvert ⤢ \rangle$	$\lvert \updownarrow \rangle$	$\lvert ⤡ \rangle$
	観測ビット値	1	1	0	1	0	0	0	1

の暗号化は排他的論理和を用いて行うことができる．排他的論理和は繰り上がりを無視した和で，

$$0\oplus0=0,\quad 0\oplus1=1,\quad 1\oplus0=1,\quad 1\oplus1=0 \tag{4.61}$$

で定義される．今の場合，送りたい情報 $3=11$ を量子鍵 01 を用いて暗号化すると $(1\oplus0)(1\oplus1)=10$ となり，アリスはこれをボブに送信する．

ボブ側では，送られてきた暗号化された情報をアリスと共有していた量子鍵で解読する．ここでも排他的論理和を用いればよい．今の場合，送られてきた情報 10 を量子鍵 01 を用いて解読すると，$(1\oplus0)(0\oplus1)=11$ となり，アリスが送りたかった 3 という数字をボブが無事受け取れたことになる．

ここで，盗聴者イブが存在すると何が起こるかを考察しよう (ここでも量子情報の分野の慣習に従って盗聴者をイブとする)．イブがアリスが送信した情報を盗もうとしても，基底の種類をランダムに選んで受信するしかない．例えばこれを $\oplus\otimes\otimes\otimes\oplus\otimes\oplus\oplus$ としよう．すると，例えば表 4.4 のようにイブが情報を受信し，それをボブに送信するとボブが観測する量子状態が変化する．送信者と受信者の基底が違う量子ビットに関しては，観測 (受信) することにより重ね合わせの状態のどちらか一方のみが選択されるというのがポイントである．このとき，アリスとボブで基底の種類が同じ量子ビットの値を読むと，アリス側が 0100，ボブ側が 1101 となり，両者が一致せずに盗聴者イブが存在することが明らかになるわけである．この場合，情報の伝達は行わず，その時点でもう一度一連の作業を初めから繰り返して情報の伝達を試みれば安全な情報伝達を実現することが可能である．

演習問題

問題 4.1

式 (4.14) の S_x，S_y の行列表現が交換関係 $[S_x, S_y] = i\hbar S_z$ を満たすことを確かめよ．

問題 4.2

初期条件

$$|x, u\rangle = \begin{pmatrix} \alpha \\ \beta \end{pmatrix} \delta_{x,0} \qquad (|\alpha|^2 + |\beta|^2 = 1) \tag{4.62}$$

として，アダマール行列 (4.30) を用いて量子ウォークを 3 ステップした状態をあらわに書き下し，3 ステップ後に位置を観測したときの確率分布が x と $-x$ で対称 ($P_{\mathrm{QW}}(x) = P_{\mathrm{QW}}(-x)$) となるための条件を求めよ．

問題 4.3

2 つの状態の直積

$$|\phi_A\rangle_A \otimes |\phi_B\rangle_B \tag{4.63}$$

で与えられる系を考える．ここで空間 A と空間 B はヒルベルト空間上で同じ大きさを持つとする．いま，ユニタリー演算子 U で空間 A の状態は変えずに，空間 A の情報を空間 B にコピーすることを考える．すなわち，次で与えられる演算を考える．

$$U|\phi_A\rangle_A \otimes |\phi_B\rangle_B = |\phi_A\rangle_A \otimes |\phi_A\rangle_B. \tag{4.64}$$

このとき，

$$|\phi_A\rangle_A = \alpha|0\rangle + \beta|1\rangle \tag{4.65}$$

とし，

$$|\phi_A\rangle_A \otimes |\phi_B\rangle_B = [\alpha|0\rangle + \beta|1\rangle] \otimes |\phi_B\rangle_B \tag{4.66}$$

と考える場合と

$$|\phi_A\rangle_A \otimes |\phi_B\rangle_B = \alpha|0\rangle \otimes |\phi_B\rangle_B + \beta|1\rangle \otimes |\phi_B\rangle_B \tag{4.67}$$

と考える場合を比較し，この演算に矛盾が生じることを示せ．このことは**非クローン定理**とよばれる．

第5章

角運動量の合成

5.1 2スピン系

この章では，2つの角運動量が存在する系で，全系の量子状態がどのように分類されるかを議論する．ここで重要となるのが2つの角運動量の合成である．すなわち，2つの角運動量 $\boldsymbol{J}_1$ と $\boldsymbol{J}_2$ があるときに，この系の状態が合成角運動量 $\boldsymbol{J}=\boldsymbol{J}_1+\boldsymbol{J}_2$ とその z 成分 $J_z=J_{1z}+J_{2z}$ によってどのように分類されるかを見ていく．

まず初めに，簡単な場合として，$\boldsymbol{J}_1$ と $\boldsymbol{J}_2$ がともに大きさ $\hbar/2$ を持つスピン角運動量 $\boldsymbol{s}_1$，$\boldsymbol{s}_2$ の場合を考えよう．これは，例えば，図5.1に示すようなヘリウム原子中の2つの電子のスピンに相当する．$\boldsymbol{s}_1$ と $\boldsymbol{s}_2$ は異なる粒子のスピン角運動量であるので，それらは独立である．すなわち，2つの角運動量 $\boldsymbol{s}_1$，$\boldsymbol{s}_2$ のすべての成分は交換する：

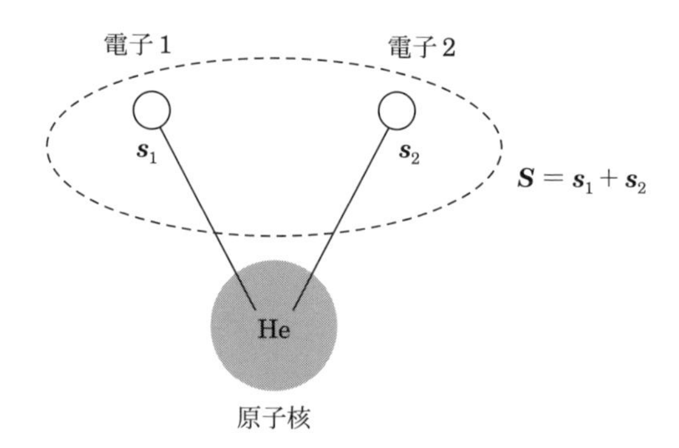

図5.1　ヘリウム原子の構造．ヘリウムの原子核と2つの電子からなる．電子1のスピン角運動量 $\boldsymbol{s}_1$ と電子2のスピン角運動量 $\boldsymbol{s}_2$ を合成し，合成スピン角運動量 $\boldsymbol{S}=\boldsymbol{s}_1+\boldsymbol{s}_2$ を構成する．

表 5.1 合成スピンの z 成分 $S_z = s_{1z} + s_{2z}$ で分類された 2 スピン系の波動関数.

$S_z/\hbar$	状態
1	$\lvert\uparrow\uparrow\rangle$
0	$\lvert\uparrow\downarrow\rangle$, $\lvert\downarrow\uparrow\rangle$
−1	$\lvert\downarrow\downarrow\rangle$

$$[s_{1i}, s_{2j}] = 0 \tag{5.1}$$

また，2 つのスピン角運動量が独立であるということは，2 電子系のスピン状態がそれぞれの電子のスピン状態の直積で書けることを意味する：

$$|s_{1z}s_{2z}\rangle \equiv |s_{1z}\rangle \otimes |s_{2z}\rangle. \tag{5.2}$$

ここで，$|s_{iz}\rangle$ は式 (4.4) で与えられるスピン波動関数である ($s_{iz} = \pm 1/2$ の 2 つの値をとる)．この式で表される状態は，

$$\hat{\boldsymbol{s}}_1^2 |s_{1z}s_{2z}\rangle = \frac{3}{4}\hbar^2 |s_{1z}s_{2z}\rangle, \qquad \hat{s}_{1z}|s_{1z}s_{2z}\rangle = s_{1z}\hbar |s_{1z}s_{2z}\rangle, \tag{5.3}$$

$$\hat{\boldsymbol{s}}_2^2 |s_{1z}s_{2z}\rangle = \frac{3}{4}\hbar^2 |s_{1z}s_{2z}\rangle, \qquad \hat{s}_{2z}|s_{1z}s_{2z}\rangle = s_{2z}\hbar |s_{1z}s_{2z}\rangle \tag{5.4}$$

を満たす．したがって，この状態は合成角運動量 $\boldsymbol{S} = \boldsymbol{s}_1 + \boldsymbol{s}_2$ の z 成分 $\hat{S}_z = \hat{s}_{1z} + \hat{s}_{2z}$ の固有状態：

$$\hat{S}_z |s_{1z}s_{2z}\rangle = (\hat{s}_{1z} + \hat{s}_{2z})|s_{1z}s_{2z}\rangle = (s_{1z} + s_{2z})\hbar |s_{1z}s_{2z}\rangle \tag{5.5}$$

となっている (ここで，$\hat{s}_{1z}$ は $|s_{2z}\rangle$ に作用しないことに注意せよ．同様に，$\hat{s}_{2z}$ は $|s_{1z}\rangle$ に作用しない)．

4.2 節で導入した表記を用いると，$|s_{1z}s_{2z}\rangle$ には $|\uparrow\uparrow\rangle$, $|\uparrow\downarrow\rangle$, $|\downarrow\uparrow\rangle$, $|\downarrow\downarrow\rangle$ の 4 つの状態がある．これを合成角運動量の z 成分 S_z で分類したのが表 5.1 である．$S_z = \pm\hbar$ の状態が 1 つずつ，$S_z = 0$ の状態が 2 つある．第 3 章で見たように，一般に角運動量の大きさ $\hat{\boldsymbol{S}}^2$ とその z 成分 $\hat{S}_z$ は交換する ($[\hat{\boldsymbol{S}}^2, \hat{S}_z] = 0$) ので，それらの同時固有状態 $|SS_z\rangle$ を構成することが可能である．表 5.1 の $S_z = \pm\hbar$ の状態 $|\uparrow\uparrow\rangle$ および $|\downarrow\downarrow\rangle$ が

$$\hat{\boldsymbol{S}}^2 |\uparrow\uparrow\rangle = 2\hbar^2 |\uparrow\uparrow\rangle = 1(1+1)\hbar^2 |\uparrow\uparrow\rangle, \tag{5.6}$$

$$\hat{\boldsymbol{S}}^2|\downarrow\downarrow\rangle = 2\hbar^2|\downarrow\downarrow\rangle \tag{5.7}$$

となることは,

$$\hat{\boldsymbol{S}}^2 = \hat{\boldsymbol{s}}_1^2 + \hat{\boldsymbol{s}}_2^2 + 2\hat{\boldsymbol{s}}_1\cdot\hat{\boldsymbol{s}}_2 = \hat{\boldsymbol{s}}_1^2 + \hat{\boldsymbol{s}}_2^2 + 2\hat{s}_{1z}\hat{s}_{2z} + \hat{s}_{1+}\hat{s}_{2-} + \hat{s}_{1-}\hat{s}_{2+} \tag{5.8}$$

とし，昇降演算子 $\hat{s}_\pm$ の性質 $\hat{s}_+|\uparrow\rangle = 0$, $\hat{s}_-|\downarrow\rangle = 0$ を用いるとすぐに確かめることができる (式 (4.19) を参照のこと). すなわち，これらの状態は $\hat{\boldsymbol{S}}^2$ と $\hat{S}_z$ の同時固有状態であり，4.1 節の表記 $|SS_z\rangle$ を用いると

$$|\uparrow\uparrow\rangle = |11\rangle, \quad |\downarrow\downarrow\rangle = |1-1\rangle \tag{5.9}$$

となる. 一方で，表 5.1 の $S_z = 0$ である 2 つの状態 $|\uparrow\downarrow\rangle$, $|\downarrow\uparrow\rangle$ は単独では $\hat{\boldsymbol{S}}^2$ の固有状態にはなっていない. これは，式 (5.8) を用いると,

$$\hat{\boldsymbol{S}}^2|\uparrow\downarrow\rangle = \left(\frac{3}{4}\hbar^2\times 2 - 2\frac{\hbar}{2}\frac{\hbar}{2}\right)|\uparrow\downarrow\rangle + \hbar^2|\downarrow\uparrow\rangle = \hbar^2|\uparrow\downarrow\rangle + \hbar^2|\downarrow\uparrow\rangle, \tag{5.10}$$

$$\hat{\boldsymbol{S}}^2|\downarrow\uparrow\rangle = \hbar^2|\downarrow\uparrow\rangle + \hbar^2|\uparrow\downarrow\rangle \tag{5.11}$$

となることからもわかる. この式は, $|\uparrow\downarrow\rangle$, $|\downarrow\uparrow\rangle$ を基底ベクトルとして $\hat{\boldsymbol{S}}^2$ の $S_z = 0$ の成分が次の 2×2 行列で与えられることを示している ($\hat{\boldsymbol{S}}^2$ は $\hat{S}_z$ と交換するので S_z ごとにブロック対角行列になっている).

$$\hat{\boldsymbol{S}}^2 = \begin{pmatrix} \langle\uparrow\downarrow|\hat{\boldsymbol{S}}^2|\uparrow\downarrow\rangle & \langle\uparrow\downarrow|\hat{\boldsymbol{S}}^2|\downarrow\uparrow\rangle \\ \langle\downarrow\uparrow|\hat{\boldsymbol{S}}^2|\uparrow\downarrow\rangle & \langle\downarrow\uparrow|\hat{\boldsymbol{S}}^2|\downarrow\uparrow\rangle \end{pmatrix} = \hbar^2\begin{pmatrix} 1 & 1 \\ 1 & 1 \end{pmatrix}. \tag{5.12}$$

この行列を対角化すると,

$$\hat{\boldsymbol{S}}^2\begin{pmatrix} 1 \\ 1 \end{pmatrix} = 2\hbar^2\begin{pmatrix} 1 \\ 1 \end{pmatrix}, \tag{5.13}$$

$$\hat{\boldsymbol{S}}^2\begin{pmatrix} 1 \\ -1 \end{pmatrix} = 0 \tag{5.14}$$

となる. すなわち，$\boldsymbol{S}^2$ の固有状態のうち $S_z = 0$ である状態は，固有値 $2\hbar^2 = 1\cdot(1+1)\hbar^2$ を持つ状態

表 5.2　合成スピン $\hat{\boldsymbol{S}}$ の大きさおよびその z 成分で分類された 2 スピン系の波動関数.

$S_z/\hbar$	$S=1$	$S=0$
1	$\lvert\uparrow\uparrow\rangle$	
0	$\frac{1}{\sqrt{2}}(\lvert\uparrow\downarrow\rangle+\lvert\downarrow\uparrow\rangle)$	$\frac{1}{\sqrt{2}}(\lvert\uparrow\downarrow\rangle-\lvert\downarrow\uparrow\rangle)$
-1	$\lvert\downarrow\downarrow\rangle$	

$$\frac{1}{\sqrt{2}}\begin{pmatrix}1\\1\end{pmatrix}=\frac{1}{\sqrt{2}}(|\uparrow\downarrow\rangle+|\downarrow\uparrow\rangle) \tag{5.15}$$

と固有値 $0\hbar^2=0\cdot(0+1)\hbar^2$ を持つ状態

$$\frac{1}{\sqrt{2}}\begin{pmatrix}1\\-1\end{pmatrix}=\frac{1}{\sqrt{2}}(|\uparrow\downarrow\rangle-|\downarrow\uparrow\rangle) \tag{5.16}$$

の 2 つとなる．4.1 節の表記では，前者が $|SS_z\rangle=|10\rangle$，後者が $|SS_z\rangle=|00\rangle$ となる．

2 スピン系の状態を合成スピン $\hat{\boldsymbol{S}}$ の大きさと z 成分 S_z で分類したのが表 5.2 である．表 5.1 の 4 つの状態の線形結合をとることにより，別の 4 つの状態を構成したことに相当する．$S=1$ の状態は $S_z=0, \pm1$ の 3 つの状態があり，**スピン 3 重項 (スピントリプレット) 状態**とよばれる．$S=0$ の状態は $S_z=0$ の 1 つのみであり，**スピン 1 重項 (スピンシングレット) 状態**とよばれる．スピン 3 重項は 2 電子のスピンの入れ替えに対して波動関数が対称，スピン 1 重項は反対称になっている．すなわち，粒子 1 と粒子 2 を交換する演算子を $\hat{P}_{1\leftrightarrow2}$ とおくと，

$$\hat{P}_{1\leftrightarrow2}|S=1,S_z\rangle=|S=1,S_z\rangle, \tag{5.17}$$

$$\hat{P}_{1\leftrightarrow2}|S=0,S_z=0\rangle=-|S=0,S_z=0\rangle \tag{5.18}$$

となっている．これは，第 6 章で多体系の量子力学を考える際に重要となる．

2 スピン系の状態は物性物理学における超伝導を考える際にも重要になる．超伝導は，物質を低温にしたときに電気抵抗がゼロになる現象であるが，そこでは 2 つの伝導電子がクーパー対とよばれるペアを組んでいる．現在までに発見されているほとんどの超伝導体では，2 つの伝導電子はスピン 1 重項のペアを組んで

おり，そのため強い磁場を印可すると超伝導状態が消滅してしまうことが知られている．その一方で，ウラン化合物 UTe_2 などの超伝導体では，強い磁場を印可しても超伝導状態が消滅せず，しかも磁場の方向によっては超伝導が強まる振る舞いを見せることが実験的に観測されている．これは2つの伝導電子がスピン3重項のペアを組んでいるためであると考えられている．このようなスピン3重項超伝導は，候補となる物質が少ないためその全貌はいまだ完全には解明されていないが，トポロジカル超伝導との密接な関連も指摘されており，近年大きな注目を集めている．

コラム◉アイソスピン

原子核を構成する陽子 (p) と中性子 (n) は，わずかな質量の違いと電荷の大きさの違いを除いて，ほぼ同じ性質を持つことが知られている．そこで，電子のスピンの類推として，ハイゼンベルクはアイソスピンという概念を導入し，陽子や中性子が同じ粒子 (「核子」とよぶ) の異なる内部状態 (アイソスピン) に対応すると考えた．すなわち，電子がスピンに関して上向き状態 $|\uparrow\rangle$ と下向き状態 $|\downarrow\rangle$ の2つの内部状態を取るのと同じように，核子には「アイソ」スピン上向きの状態 $|\uparrow\rangle_\tau$ と下向きの状態 $|\downarrow\rangle_\tau$ があるとし，それらが中性子と陽子を表すとした (中性子と陽子は逆でもよい)．このようにすると，スピン 1/2 の粒子である核子は，スピン状態 $|s_z\rangle$ とアイソスピン状態 $|t_z\rangle$ の2つの内部状態で分類されることになる．

スピンの場合と同様に，アイソスピンに対しても2核子系の合成アイソスピン $\boldsymbol{T}=\boldsymbol{t}_1+\boldsymbol{t}_2$ およびその z 成分 $T_z=t_{1z}+t_{2z}$ を考えることができる．アイソスピンに関して表 5.2 に相当するものが表 5.3 である．2核子系は重陽子という中性子と陽子からなる束縛状態が存在するが，これは表 5.3 の $T=0$, $T_z=0$ の状態に対応する (スピンと同様にアイソスピン・シングレット状態という)．陽子-陽子の間，陽子-中性子の間，中性子-中性子の間にはたらく力 (核力) がすべて同じであるとすると，クーロン力を無視すれば $T=1$ のアイソスピン・トリプレット状態はエネルギー的に縮退することになる．重陽子は束縛された励起状態を持たず，それは nn 系や pp 系が束縛しないことと合致している．

表 5.3 合成アイソスピン $\boldsymbol{T}$ の大きさおよびその z 成分で分類された 2 核子系の波動関数．n と p はそれぞれ中性子と陽子を表す．

T_z	$T=1$	$T=0$
1	$\|nn\rangle$	
0	$\frac{1}{\sqrt{2}}(\|np\rangle+\|pn\rangle)$	$\frac{1}{\sqrt{2}}(\|np\rangle-\|pn\rangle)$
-1	$\|pp\rangle$	

第 3 章で述べたように，3 次元系では 2 粒子間の引力が十分大きくないと束縛状態を作らない．これは，2 つの中性子の間や 2 つの陽子の間にはたらく核力は束縛状態を作るほどには強くないということを意味する．中性子-陽子の間にはたらく核力には，$T=0$ 状態にのみはたらくテンソル力とよばれる引力が余分にあり，これにより $T=0$ の状態には重陽子という束縛状態がつくられることになる．

なお，アイソスピンの概念はその後，核子を構成するクォークにまで拡張され，素粒子の分類にも重要な役割を果たしている．

5.2 一般の場合

表 5.2 に示された 4 つの状態は次のようにも構成することができる．まず，前節でも述べたように，$S_z=\hbar$ となる状態は 1 つしかなく，これが $|SS_z\rangle=|11\rangle$ であることを示すことができる．この状態に合成角運動量に対する昇降演算子

$$S_\pm=S_x\pm iS_y=s_{1\pm}+s_{2\pm} \tag{5.19}$$

を作用させると，$|10\rangle\propto S_-|11\rangle$ を作ることができる (式 (3.81) は一般の角運動量の場合にも同様に成り立つ)．同様に，$|10\rangle$ に S_- を作用させることにより，$|1-1\rangle\propto S_-|10\rangle$ を作ることができる．このようにしてスピン 3 重項の 3 つの状態が構成できたことになる．$S_z=0$ となるのは 2 つの状態があるが，このように作った $|SS_z\rangle=|10\rangle$ 状態に直交するように状態をとると，それが $|SS_z\rangle=|00\rangle$ になる．

この手順は，一般の角運動量 $\boldsymbol{j}_1$ と $\boldsymbol{j}_2$ の合成角運動量 $\boldsymbol{J}=\boldsymbol{j}_1+\boldsymbol{j}_2$ の場合に拡

表 5.4 一般の角運動量の合成の場合に，合成角運動量の z 成分 $J_z = j_{1z} + j_{2z}$ で分類された波動関数．ただし，$|j_1 m_1; j_2 m_2\rangle$ のうち，$|m_1| > j_1$ または $|m_2| > j_2$ となる状態は除かれる．

$J_z/\hbar$	状態
j_1+j_2	$\|j_1 j_1; j_2 j_2\rangle$
j_1+j_2-1	$\|j_1 j_1; j_2 j_2-1\rangle$, $\|j_1 j_1-1; j_2 j_2\rangle$
j_1+j_2-2	$\|j_1 j_1; j_2 j_2-2\rangle$, $\|j_1 j_1-1; j_2 j_2-1\rangle$, $\|j_1 j_1-2; j_2 j_2\rangle$
$\vdots$	$\vdots$
j_1+j_2-m	$\|j_1 j_1; j_2 j_2-m\rangle$, $\|j_1 j_1-1; j_2 j_2-m+1\rangle, \cdots \|j_1 j_1-m; j_2 j_2\rangle$
$\vdots$	$\vdots$
$-j_1-j_2+2$	$\|j_1 -j_1; j_2 -j_2+2\rangle$, $\|j_1 -j_1+1; j_2 -j_2+1\rangle$, $\|j_1 -j_1+2; j_2 -j_2\rangle$
$-j_1-j_2+1$	$\|j_1 -j_1; j_2 -j_2+1\rangle$, $\|j_1 -j_1+1; j_2 -j_2\rangle$
$-j_1-j_2$	$\|j_1 -j_1; j_2 -j_2\rangle$

張することができる．前節の 2 スピン系と同様に，それぞれの角運動量の状態の直積状態

$$|j_1 m_1; j_2 m_2\rangle = |j_1 m_1\rangle \otimes |j_2 m_2\rangle \tag{5.20}$$

を合成角運動量の z 成分 $J_z = j_{1z} + j_{2z}$ で分類すると，表 5.4 のようになる (表 5.1 も参照のこと)．J_z が最大になるのは $J_z = j_1 + j_2$ のときで，このときの状態は $|j_1 j_1; j_2 j_2\rangle$ の 1 つのみである．この状態が合成角運動量の 2 乗の固有状態になっていることは前節と同様，

$$\hat{\boldsymbol{J}}^2 = \hat{\boldsymbol{j}}_1^2 + \hat{\boldsymbol{j}}_2^2 + 2\hat{j}_{1z}\hat{j}_{2z} + \hat{j}_{1+}\hat{j}_{2-} + \hat{j}_{1-}\hat{j}_{2+} \tag{5.21}$$

を用いて

$$\hat{\boldsymbol{J}}^2 |j_1 j_1; j_2 j_2\rangle = (j_1 + j_2)(j_1 + j_2 + 1)\hbar^2 |j_1 j_1; j_2 j_2\rangle \tag{5.22}$$

となることからわかる．すなわち，

$$|J J_z\rangle = |j_1 + j_2, j_1 + j_2\rangle = |j_1 j_1; j_2 j_2\rangle \tag{5.23}$$

となる．この状態に次々に $\hat{J}_- = j_{1-} + j_{2-}$ を作用させることによって，$J = j_1 + j_2$ の状態 $|J J_z\rangle = |j_1 + j_2, J_z\rangle$，$J_z = j_1 + j_2$，$j_1 + j_2 - 1, \cdots, -j_1 - j_2$ を作ることが

できる.

表 5.4 を見ると，$J_z=j_1+j_2-1$ の状態は 2 つあるが，それらの適当な線形結合をとったものが今つくった $|JJ_z\rangle=|j_1+j_2,j_1+j_2-1\rangle$ である．これに直交するように別の線形結合をとると，違う J を持つ状態ができる．それが $|JJ_z\rangle=|j_1+j_2-1,j_1+j_2-1\rangle$ である．この状態に次々に J_- を作用させると，$|JJ_z\rangle=|j_1+j_2-1,J_z\rangle$, $J_z=j_1+j_2-1$, $j_1+j_2-2,\cdots,-j_1-j_2+1$ の状態を作ることができる.

同様に, 表 5.4 の $J_z=j_1+j_2-2$ の 3 つの状態からは $|JJ_z\rangle=|j_1+j_2,j_1+j_2-2\rangle$, $|j_1+j_2-1,j_1+j_2-2\rangle$, $|j_1+j_2-2,j_1+j_2-2\rangle$ の 3 つの状態を組み立てることができ，そのようにしてできた状態 $|j_1+j_2-2,j_1+j_2-2\rangle$ に $\hat{J}_-$ を次々と作用させることにより $|JJ_z\rangle=|j_1+j_2-2,J_z\rangle$, $J_z=j_1+j_2-2$, $j_1+j_2-3,\cdots,-j_1-j_2+2$ の状態を作ることができる.

これを繰り返していくと，すべての $|JJ_z\rangle$ の状態を作ることができるが，このとき，$J=j_1+j_2$, $j_1+j_2-1,\cdots,|j_1-j_2|$ のみが許される．すなわち，合成角運動量の大きさの最大値は $J_{\rm max}=j_1+j_2$，最小値は $J_{\rm min}=|j_1-j_2|$ となる．また，それぞれの J に対して，$J_z=-J,-J+1,\cdots,J$ となる．一般に，状態 $|JJ_z\rangle$ は状態 $|j_1m_1\rangle|j_2m_2\rangle$ の線形結合として

$$|JJ_z\rangle=\sum_{m_1,m_2}\langle j_1m_1j_2m_2|JJ_z\rangle|j_1m_1\rangle|j_2m_2\rangle \tag{5.24}$$

のように書くことができ，$\langle j_1m_1j_2m_2|JJ_z\rangle$ のことを**クレブシュ-ゴルダン係数**とよぶ．これは，一般に状態 $|j_1m_1;j_2m_2\rangle$ は単独で合成角運動量 $\hat{\boldsymbol{J}}^2$ の固有状態になっておらず，固有状態を作るにはそれらの適当な線形結合をとらなければならないことを示している．その線形結合の係数を与えるのがクレブシュ-ゴルダン係数である.

2 つの角運動量 $\boldsymbol{j}_1$ と $\boldsymbol{j}_2$ が存在する系において, 状態 $|j_1m_1;j_2m_2\rangle$ および $|JJ_z\rangle$ はどちらも完全系を張り,

$$1=\sum_{m_1,m_2}|j_1m_1;j_2m_2\rangle\langle j_1m_1;j_2m_2|=\sum_{J,J_z}|JJ_z\rangle\langle JJ_z| \tag{5.25}$$

が満たされる．式 (5.24) は式 (5.25) の辺々に右から $|JJ_z\rangle$ をかけて得られたものである．すなわち，クレブシュ-ゴルダン係数は基底 $|j_1m_1;j_2m_2\rangle$ と基底 $|JJ_z\rangle$

の変換を与える係数である．同様に，式(5.25)の辺々に右から $|j_1m_1;j_2m_2\rangle$ をかけると，

$$|j_1m_1;j_2m_2\rangle=\sum_{J,J_z}\langle j_1m_1j_2m_2|JJ_z\rangle|JJ_z\rangle \tag{5.26}$$

が得られる(クレブシュ-ゴルダン係数は通常実数にとる)．また，式(5.24)および式(5.26)の両辺の内積をとることにより，

$$1=\sum_{m_1,m_2}\langle j_1m_1j_2m_2|JJ_z\rangle^2=\sum_{J,J_z}\langle j_1m_1j_2m_2|JJ_z\rangle^2 \tag{5.27}$$

という関係式も得られる．

5.3 スピンと軌道角運動量の合成

前節で説明した角運動量の合成の一般論を，より具体的な問題に適用してみよう．このために，粒子の軌道角運動量 $\boldsymbol{l}$ とスピン角運動量 $\boldsymbol{s}$ の合成 $\boldsymbol{j}=\boldsymbol{l}+\boldsymbol{s}$ を考える．これは，例えば，図5.2のように原子核の周りを回る電子の全角運動量に対応する．このとき，軌道角運動量とスピン角運動量は独立な角運動量であり，任意の成分に対して $[l_i,s_j]=0$ が成り立つ．

前節の議論で，角運動量 $\boldsymbol{j}_1$ と $\boldsymbol{j}_2$ を合成したとき，合成角運動量 $\boldsymbol{J}=\boldsymbol{j}_1+\boldsymbol{j}_2$ の大きさの最大値は $J_{\max}=j_1+j_2$，最小値は $J_{\min}=|j_1-j_2|$ であった．今の場合にこれを適用すると，合成角運動量の大きさは $j=l+1/2$ と $j=l-1/2$ の2通りになる．前節で述べたように，$|l+1/2,l+1/2\rangle$ の状態は，

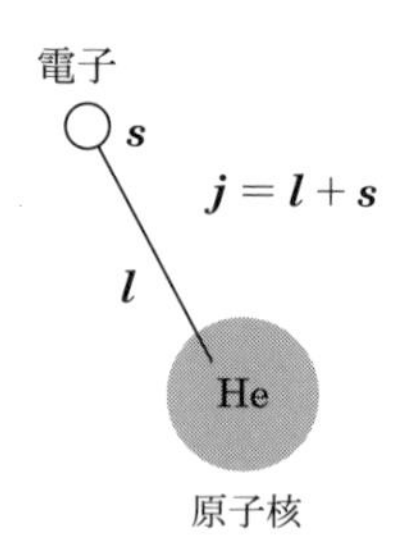

図5.2 ヘリウムイオン He^+ の構造．電子の軌道角運動量 $\boldsymbol{l}$ とスピン角運動量 $\boldsymbol{s}$ を合成し，合成角運動量 $\boldsymbol{j}=\boldsymbol{l}+\boldsymbol{s}$ を構成する．

表 5.5 軌道角運動量 $\boldsymbol{l}$ とスピン角運動量 $\boldsymbol{s}$ の合成．ただし，この表では簡単のために波動関数の規格化は行っていない．$|jj_z\rangle=|j+1/2,l-1/2\rangle$ は $|jj_z\rangle=|l+1/2,l+1/2\rangle=|Y_{ll}\rangle|\uparrow\rangle$ に昇降演算子 j_- を作用することによって求めることができる．$|jj_z\rangle=|j-1/2,l-1/2\rangle$ は $|jj_z\rangle=|j+1/2,l-1/2\rangle$ に直交するように線形結合をとることによって求めることができる．その他の状態は，これらの状態に j_- を次々と作用させることによって求めることができる．

$j_z/\hbar$	$j=l+1/2$	$j=l-1/2$
$l+1/2$	$\|Y_{ll}\rangle\|\uparrow\rangle$	
$l-1/2$	$\sqrt{2l}\|Y_{ll-1}\rangle\|\uparrow\rangle+\|Y_{ll}\rangle\|\downarrow\rangle$	$\|Y_{ll-1}\rangle\|\uparrow\rangle-\sqrt{2l}\|Y_{ll}\rangle\|\downarrow\rangle$
$l-3/2$	$\sqrt{2l-1}\|Y_{ll-2}\rangle\|\uparrow\rangle+\sqrt{2}\|Y_{ll-1}\rangle\|\downarrow\rangle$	$\sqrt{2}\|Y_{ll-2}\rangle\|\uparrow\rangle-\sqrt{2l-1}\|Y_{ll-1}\rangle\|\downarrow\rangle$
$\vdots$	$\vdots$	$\vdots$
$-l+1/2$	$\sqrt{2l}\|Y_{l,-l+1}\rangle\|\downarrow\rangle+\|Y_{l-l}\rangle\|\uparrow\rangle$	$\|Y_{l,-l+1}\rangle\|\downarrow\rangle-\sqrt{2l}\|Y_{l-l}\rangle\|\uparrow\rangle$
$-l-1/2$	$\|Y_{l-l}\rangle\|\downarrow\rangle$	

$$|l+1/2,l+1/2\rangle=|Y_{ll}\rangle|\uparrow\rangle \tag{5.28}$$

で与えられる．これに $j_-=l_-+s_-$ を作用させた状態が $|l+1/2,l-1/2\rangle$ の状態に比例したものになるが，

$$l_-|Y_{ll}\rangle=\sqrt{l(l+1)-l(l-1)}|Y_{ll-1}\rangle=\sqrt{2l}|Y_{ll-1}\rangle, \tag{5.29}$$

$$s_-|\uparrow\rangle=|\downarrow\rangle \tag{5.30}$$

を用いると

$$|l+1/2,l-1/2\rangle\propto\sqrt{2l}|Y_{ll-1}\rangle|\uparrow\rangle+|Y_{ll}\rangle|\downarrow\rangle \tag{5.31}$$

となる．$j=l+1/2$ を持つ他の状態も，$|Y_{ll}\rangle|\uparrow\rangle$ に j_- を次々と作用させていくことにより求めることができる．

$j=l-1/2$ を持つ状態のうち，最大の $j_z=l-1/2$ をとる状態は，式 (5.31) の $|l+1/2,l-1/2\rangle$ の状態に直交するように $|Y_{ll-1}\rangle|\uparrow\rangle$ と $|Y_{ll}\rangle|\downarrow\rangle$ の線形結合をとる．そのようにすると，

$$|l-1/2,l-1/2\rangle\propto|Y_{ll-1}\rangle|\uparrow\rangle-\sqrt{2l}|Y_{ll}\rangle|\downarrow\rangle \tag{5.32}$$

となる．$j=l-1/2$ を持つ他の状態は，この状態に j_- を次々と作用させることによって求めることができる．

この一連の過程を表 5.5 にまとめた．

コラム◉LS 結合スキームと jj 結合スキーム

図5.1でヘリウム原子の問題を考えた際，2つの電子のスピン角運動量のみを考えた．しかし，実際には，この節で議論したように2つの電子はそれぞれ軌道角運動量 $\boldsymbol{l}_1$，$\boldsymbol{l}_2$ を持ち，この系の全角運動量を考える際には，$\boldsymbol{J}=\boldsymbol{l}_1+\boldsymbol{s}_1+\boldsymbol{l}_2+\boldsymbol{s}_2$ のように4つの角運動量の合成を考えなければならない (原子核のスピンはゼロとする．また，原子核の重さに比べて電子の重さが十分小さいと近似する)．このとき，LS 結合スキームとよばれるやり方と jj 結合スキームとよばれる2つのやり方がある．図5.3左図に示した LS 結合スキームでは，まず全軌道角運動量 $\boldsymbol{L}=\boldsymbol{l}_1+\boldsymbol{l}_2$ と全スピン角運動量 $\boldsymbol{S}=\boldsymbol{s}_1+\boldsymbol{s}_2$ をつくり，それらを合成することによって全角運動量を $\boldsymbol{J}=\boldsymbol{L}+\boldsymbol{S}$ とつくる．一方で，jj 結合スキームでは，各粒子の全角運動量を $\boldsymbol{j}_i=\boldsymbol{l}_i+\boldsymbol{s}_i$ のようにつくり，それらを合成して全角運動量を $\boldsymbol{J}=\boldsymbol{j}_1+\boldsymbol{j}_2$ とつくる．どちらの結合スキームで問題を解いても同じ結果になるが，例えば，2つの粒子間のスピン間相互作用が重要な場合は LS 結合スキームで，スピン・軌道相互作用が重要な場合には jj 結合スキームで考えると問題が簡単になる．

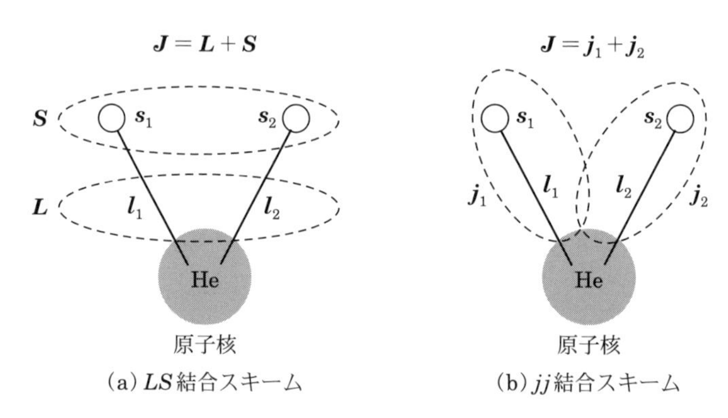

図5.3 2粒子系の全角運動量を合成する方法．左図の LS 結合スキームでは，まず全軌道角運動量 $\boldsymbol{L}=\boldsymbol{l}_1+\boldsymbol{l}_2$ と全スピン角運動量 $\boldsymbol{S}=\boldsymbol{s}_1+\boldsymbol{s}_2$ を作り，それらを合成して全角運動量を $\boldsymbol{J}=\boldsymbol{L}+\boldsymbol{S}$ のように合成する．一方，右図の jj 結合スキームでは，各粒子の全角運動量 $\boldsymbol{j}_i=\boldsymbol{l}_i+\boldsymbol{s}_i$ を合成することによって全角運動量を $\boldsymbol{J}=\boldsymbol{j}_1+\boldsymbol{j}_2$ のように合成する．

演習問題

問題 5.1

大きさ 1 の軌道角運動量 $\boldsymbol{l}$ と大きさ 1/2 のスピン角運動量 $\boldsymbol{s}$ の合成を考えたとき，合成角運動量 $\boldsymbol{j}=\boldsymbol{l}+\boldsymbol{s}$ の 2 乗 $\boldsymbol{j}^2$ および z 成分 j_z の同時固有状態として可能な状態の波動関数をすべてあらわに書き下せ．

問題 5.2

スピンに依存しない中心ポテンシャル $V(r)$ の中の粒子の波動関数が

$$\left(-\frac{\hbar^2}{2m}\boldsymbol{\nabla}^2+V(r)-\epsilon_l\right)\psi_l(\boldsymbol{r})=0; \quad \psi_l(\boldsymbol{r})=R_l(r)Y_{lm}(\hat{\boldsymbol{r}})\chi_{m_s} \tag{5.33}$$

のように求まっているとする．ここで，χ_{m_s} はスピン波動関数，m_s はスピン角運動量の z 成分である．このハミルトニアンに軌道相互作用

$$V_{ls}=\alpha\boldsymbol{l}\cdot\boldsymbol{s} \tag{5.34}$$

が加わると (α は定数)，固有波動関数とエネルギー固有値はどのように表されるか述べよ．

第6章

多粒子系の量子力学

6.1 フェルミオンとボソン

量子力学の特徴の1つは，複数の**同種粒子**をお互いに区別できない，ということである．例えば，前章の図5.1のように電子が2つある系では，これらの電子を本質的に区別することができない．すなわち，それぞれの電子に1や2のような名前をつけて区別することには意味がない．このことはすでに表5.2に現れている．ここでは，$S_z=0$ をとる2つの状態は2つの状態ベクトルの重ね合わせであり，電子1と電子2のうちどちらがスピン上向き状態でどちらが下向き状態か，という問いは意味をなさない．ここで意味があるのは，スピン上向き状態を持つ電子が1つ，下向き状態を持つ電子が1つある，ということのみである．

このことをもう少し数式を使って見てみよう．同種粒子2つから成る系のハミルトニアンは，一般的に以下の形に書ける．

$$H=\frac{\boldsymbol{p}_1^2}{2m}+\frac{\boldsymbol{p}_2^2}{2m}+V(x_1,x_2)\equiv H(1,2). \tag{6.1}$$

ここで，$x=(\boldsymbol{r},\boldsymbol{s})$ はスピンまで含めた一般座標であり，ポテンシャル V は粒子の運動量に依らないとした (運動量に依る場合でも以下の議論は同じになる)．

粒子1と粒子2が区別できないということは，このハミルトニアンで粒子1と粒子2を入れ替えてもハミルトニアンは変わらないということを意味する．すなわち，

$$H(2,1)=\frac{\boldsymbol{p}_2^2}{2m}+\frac{\boldsymbol{p}_1^2}{2m}+V(x_2,x_1)=H(1,2) \tag{6.2}$$

が成り立つ．いま，粒子1と粒子2を入れ替える演算子を $\hat{P}_{12}$ と書くと，このこ

とは

$$[H, \hat{P}_{12}] = 0 \tag{6.3}$$

と同値である．これは次のように示すことができる．いま，シュレーディンガー方程式

$$H(1,2)\Psi(1,2) = E\Psi(1,2) \tag{6.4}$$

が成り立っているとする．2つの粒子は区別できないので，どちらを「1」とよんでもよい．そこで，この方程式で1と2の名前を取り換えると

$$H(2,1)\Psi(2,1) = E\Psi(2,1) \tag{6.5}$$

となる．ここで，$H(2,1) = H(1,2)$，$\Psi(2,1) = \hat{P}_{12}\Psi(1,2)$ を用いると，この方程式は

$$H(1,2)\hat{P}_{12}\Psi(1,2) = E\hat{P}_{12}\Psi(1,2) = \hat{P}_{12}H(1,2)\Psi(1,2) \tag{6.6}$$

となる．これより

$$(H(1,2)\hat{P}_{12} - \hat{P}_{12}H(1,2))\Psi(1,2) = 0 \tag{6.7}$$

となり，式 (6.3) が示されたことになる．

ところで，波動関数 $\Psi(1,2)$ に入れ替え演算子 $\hat{P}_{12}$ を2回作用させたものは

$$(\hat{P}_{12})^2\Psi(1,2) = \hat{P}_{12}\Psi(2,1) = \Psi(1,2) \tag{6.8}$$

となり，これより，$(\hat{P}_{12})^2 = 1$ が導かれる．すなわち，演算子 $\hat{P}_{12}$ の固有値は ± 1 である．ハミルトニアン H と入れ替え演算子 $\hat{P}_{12}$ は交換するので，実現する状態はこれらの同時固有状態となる．これには

$$\Psi^{(\pm)} = \frac{1}{\sqrt{2}}[\Psi(1,2) \pm \Psi(2,1)] \tag{6.9}$$

の2通りが考えられる．$\Psi^{(+)}(1,2)$ が粒子1と2の入れ替えに対して対称な状態 $(\Psi^{(+)}(1,2) = \Psi^{(+)}(2,1))$，$\Psi^{(-)}(1,2)$ が反対称な状態 $(\Psi^{(-)}(1,2) = -\Psi^{(-)}(2,1))$ である．

$\hat{P}_{12}$ の固有値はスピンの大きさと同様に粒子の種類によって完全に決まり，例

えば，実験のセットアップや温度，圧力などの外的因子によって変化しない．半整数のスピンをもつ粒子 (電子，陽子，中性子など) は $P_{12}=-1$ (粒子の入れ替えに対し波動関数が反対称) になっており，**フェルミオン** (フェルミ統計に従う粒子という意味をもつ) または**フェルミ粒子**とよばれる．一方，整数のスピンをもつ粒子 (光子やパイ中間子など) は $P_{12}=1$ (粒子の入れ替えに対し波動関数が対称) になっており，**ボゾン**または**ボソン** (ボーズ統計に従う粒子)，あるいは**ボーズ粒子**とよばれる．粒子のスピンと統計性の関係は，ここではきちんと触れないが，場の量子論から導かれる性質である (例えば，『ワインバーグ 場の量子論 第1巻 粒子と量子場』ワインバーグ著，青山秀明，有末宏明訳 (吉岡書店 1997年) 5.7節を参照のこと).

粒子のスピンと統計性の関係は，複合粒子にもあてはまる．すなわち，複合系の全角運動量 (これをしばしば単純に「スピン」というが，これはすべての軌道角運動量とスピン角運動量を合成した全角運動量のことである) が整数であればボゾンに，半整数であればフェルミオンになる．例えば，スピン 1/2 の核子 4 つからできる ^{4}He 原子核は基底状態のスピンがゼロでありボゾンになり，核子 3 つからできる ^{3}He 原子核は基底状態のスピンが 1/2 でフェルミオンである．一般に，奇数個のフェルミオン (+任意個のボゾン) から成る系はフェルミオンに，偶数個のフェルミオン (+任意個のボゾン) から成る系はボゾンになる．これは，奇数個の半整数スピンを合成すると半整数に，偶数個の半整数スピンを合成すると整数になるためである．軌道角運動量やボゾンのスピンは必ず整数であるから，粒子の統計性の議論には関係しない．また，$\hat{P}_{12}$ の固有値が粒子の種類によって完全に決まるということは，フェルミオンであれば基底状態，励起状態のすべての状態が半整数スピンを持つことを意味する (ただし，スピンの大きさそのものは状態ごとに変わってもよい)．ボソンであればすべての状態が整数スピンを持つ．つまり，基底状態が半整数スピンを持てば，励起状態が整数スピンを持つことはない．逆に，基底状態が整数スピンであれば，励起状態が半整数スピンになることもない．

粒子の入れ替えに対する波動関数の変換性は，一般の N 粒子系に拡張することができる．すなわち，N 個の同種フェルミオン (ボゾン) があるときに，波動関数は N 個のうちのどの 2 個の粒子の入れ替えに対しても反対称 (対称) となること

が要請される．例えば，$N=3$ の場合は，入れ替えに対して対称または反対称な波動関数は

$$\Psi^{(\pm)}(1,2,3)=\frac{1}{\sqrt{6}}[\Psi(1,2,3)\pm\Psi(2,1,3)+\Psi(2,3,1) \\ \pm\Psi(3,2,1)+\Psi(3,1,2)\pm\Psi(1,3,2)] \tag{6.10}$$

のように作ることができる．

6.2 多ボゾン系とボーズ・アインシュタイン凝縮

同種ボゾンの多体系の場合では，複数の粒子が同じ状態を取り得る．ほぼすべての粒子が基底状態をとったものが**ボーズ・アインシュタイン凝縮**状態である．ボーズ・アインシュタイン凝縮は 1925 年にアインシュタインによって予言されたものであるが，1995 年になって ^{87}Rb や ^{23}Na などの中性アルカリ原子気体で実験的にも実現された．これにより，コーネル (Cornell)，ワイマン (Wieman)，ケターレ (Ketterle) の 3 人が 2001 年のノーベル物理学賞を受賞した．

6.3 多フェルミオン系：パウリ原理とスレーター行列式

同種フェルミオンの多体系の場合では，波動関数が粒子の入れ替えに対して反対称になるという性質から，「2 つの同種フェルミオンは同じ状態をとらない」という**パウリ原理** (または**パウリの排他率**) とよばれる重要な原理が導かれる．これを見るために，相互作用していない同種フェルミオン 2 つから成る系を考えよう．この系のハミルトニアンは以下の形で与えられる．

$$H=\frac{\boldsymbol{p}_1^2}{2m}+V(x_1)+\frac{\boldsymbol{p}_2^2}{2m}+V(x_2). \tag{6.11}$$

このハミルトニアンは粒子 1 と粒子 2 に関して変数分離型になっており，その固有関数はそれぞれの粒子の波動関数の積になっている．すなわち，

$$\left(\frac{\boldsymbol{p}^2}{2m}+V(x)\right)\phi_n(x)=\varepsilon_n\phi_n(x) \tag{6.12}$$

を満たす波動関数 $\phi_n(x)$ を用いて，ハミルトニアン H の固有関数は $\Psi(x_1,x_2)=\phi_n(x_1)\phi_{n'}(x_2)$ となるが，これを式(6.9)のように反対称化すると，求めるべき波動関数は

$$\Psi^{(-)}(x_1,x_2)=\frac{1}{\sqrt{2}}[\phi_n(x_1)\phi_{n'}(x_2)-\phi_{n'}(x_1)\phi_n(x_2)] \tag{6.13}$$

となる．ここからただちに $n=n'$ のときには $\Psi^{(-)}(x_1,x_2)=0$ となって量子状態としては意味をなさない，ということが導かれる．すなわち，同種2フェルミオンは同じ量子状態 $(n=n')$ をとることはない．これは2つのフェルミオンが相互作用していても同様に成り立つ．

ところで，式(6.13)は次のように行列式で書くことができる．

$$\Psi^{(-)}(x_1,x_2)=\frac{1}{\sqrt{2}}\begin{vmatrix} \phi_n(x_1) & \phi_n(x_2) \\ \phi_{n'}(x_1) & \phi_{n'}(x_2) \end{vmatrix}. \tag{6.14}$$

同様の式は相互作用しない同種 N フェルミオン系でも成り立つ．このとき，この系のハミルトニアンは

$$H=\sum_{i=1}^{N}\left(\frac{\boldsymbol{p}_i^2}{2m}+V(x_i)\right) \tag{6.15}$$

であり，その固有関数は変数分離型として

$$\Psi^{(-)}(x_1,x_2,\cdots,x_n)=\mathcal{A}[\phi_1(x_1)\phi_2(x_2)\cdots\phi_N(x_N)] \tag{6.16}$$

として与えられる．ただし，ここで $\mathcal{A}$ は反対称化を施す演算子(反対称化演算子)を表す．例えば，$N=3$ の場合は，式(6.10)を用いて

$$\begin{aligned}\Psi^{(-)}(x_1,x_2,x_3)&=\frac{1}{\sqrt{6}}[\phi_1(x_1)\phi_2(x_2)\phi_3(x_3)-\phi_1(x_2)\phi_2(x_1)\phi_3(x_3)\\ &\quad+\phi_1(x_2)\phi_2(x_3)\phi_3(x_1)-\phi_1(x_3)\phi_2(x_2)\phi_3(x_1)\\ &\quad+\phi_1(x_3)\phi_2(x_1)\phi_3(x_2)-\phi_1(x_1)\phi_2(x_3)\phi_3(x_2)]\\ &=\frac{1}{\sqrt{6}}\begin{vmatrix} \phi_1(x_1) & \phi_1(x_2) & \phi_1(x_3) \\ \phi_2(x_1) & \phi_2(x_2) & \phi_2(x_3) \\ \phi_3(x_1) & \phi_3(x_2) & \phi_3(x_3) \end{vmatrix}\end{aligned} \tag{6.17}$$

となる．一般に N 粒子系に対して，

$$\Psi^{(-)}(x_1,\cdots,x_N)=\frac{1}{\sqrt{N!}}\begin{vmatrix}\phi_1(x_1) & \cdots & \phi_1(x_N)\\ \vdots & & \vdots \\ \phi_N(x_1) & \cdots & \phi_N(x_N)\end{vmatrix} \tag{6.18}$$

となり，これを**スレーター行列式**という．

スレーター行列式は相互作用するフェルミオンの多体系に対する量子多体問題を考える際の出発点になる．例えば，平均場近似 (ハートリー-フォック近似) では，多体系の波動関数を 1 つのスレーター行列式で近似する．そのように近似された波動関数でハミルトニアンの期待値をとり，それを波動関数 $\phi_i^*(x)$ に関して変分をとると (7.4 節を参照)，以下のハートリー-フォック方程式が得られる．

$$\begin{aligned}&\left[-\frac{\hbar^2}{2m}\boldsymbol{\nabla}^2+\int v(x,x')\left(\sum_j|\phi_j(x')|^2\right)dx'-\epsilon_i\right]\phi_i(x)\\ &\quad-\int v(x,x')\left(\sum_j\phi_j^*(x')\phi_i(x')\right)dx'\phi_j(x).\end{aligned} \tag{6.19}$$

ここで，$v(x,x')$ は 2 粒子間の相互作用であり，ϵ_i は波動関数 $\phi_i(x)$ に対する一粒子エネルギーとよばれる．これは，非局所ポテンシャル

$$V_{\mathrm{NL}}(x,x')=\int v(x,x'')\left(\sum_j|\phi_j(x'')|^2\right)dx''\delta(x-x')-v(x,x')\left(\sum_j\phi_j^*(x')\phi_j(x)\right) \tag{6.20}$$

に対する微積分方程式

$$-\frac{\hbar^2}{2m}\boldsymbol{\nabla}^2\phi_i(x)+\int dx'V_{\mathrm{NL}}(x,x')\phi_i(x')=\epsilon_i\phi_i(x) \tag{6.21}$$

という形をしている．ここで，非局所ポテンシャル (6.20) の第 2 項はフェルミオン系の反対称化からくるもので，交換項またはフォック項とよばれる (第 1 項は直接項またはハートリー項とよばれる)．これにより，ハートリー-フォック近似は，粒子間の相互作用 $v(x,x')$ に起因する非局所ポテンシャル V_{NL} の中で粒子が独立に運動しているとする近似であることがわかる．非局所ポテンシャルは，これから解こうとする方程式の解 $\phi_i(x)$ を用いて与えられており，ハートリー-

フォック方程式 (6.19) は非線形方程式になっている．これは，適当な初期波動関数 $\{\phi_i^{(0)}\}$ から出発し，式 (6.19) が成り立つまで繰り返し波動関数をアップデートすることにより解くことができる．これは反復法とよばれ，また，得られた解は自己無撞着な解とよばれる．

これよりさらに進んだ近似法では，複数のスレーター行列式の線形結合をとることによってフェルミオン多体系の波動関数を表現する．配置間相互作用法 (CI 法ともよばれる) がその典型的な例である．この場合，線形結合の係数は変分法や多体系のシュレーディンガー方程式の固有解により決められる．

6.4 簡単な例：同種2粒子系

簡単のために，ハミルトニアンがスピンに依らない場合に対して，同種2粒子系の波動関数の形を見てみよう．この場合，ハミルトニアン自体はスピンに依らないが，粒子の統計性のために波動関数はスピンに依存することになる．

いま，ハミルトニアンとして

$$H = \frac{\boldsymbol{p}_1^2}{2m} + \frac{\boldsymbol{p}_2^2}{2m} + V(\boldsymbol{r}_1, \boldsymbol{r}_2) \tag{6.22}$$

という形を考える．ハミルトニアンがスピンに依存しないので，全系の波動関数は空間成分 $\Psi_{\text{空間}}$ とスピン成分 $\Phi_{\text{スピン}}$ の積の形で表される：

$$\Psi(x_1, x_2) = \Psi_{\text{空間}}(\boldsymbol{r}_1, \boldsymbol{r}_2)\Phi_{\text{スピン}}. \tag{6.23}$$

以下，同種粒子がボゾンの場合とフェルミオンの場合に分けてこの波動関数を考察していこう．

6.4.1 スピン0のボゾンの場合

スピンを持たないボゾンの場合 (スピンが0の場合)，式 (6.23) でスピン成分を考える必要はなく，空間部分を対称化すればよい．この場合，波動関数は

$$\Psi(\boldsymbol{r}_1, \boldsymbol{r}_2) = \frac{1}{\sqrt{2}}(\phi(\boldsymbol{r}_1, \boldsymbol{r}_2) + \phi(\boldsymbol{r}_2, \boldsymbol{r}_1)) \tag{6.24}$$

の形で与えらえる．

6.4.2 スピン 1/2 のフェルミオンの場合

スピン 1/2 を持つ同種フェルミオンが 2 つある系では，2 粒子の合成スピンの波動関数が式 (6.23) の $\Phi_{\text{スピン}}$ に対応する．この波動関数は前章の表 5.2 で与えられる．スピン 3 重項 $S=1$ に対しては $\Phi_{\text{スピン}}$ は 2 粒子の入れ替えに対して対称，スピン 1 重項 $S=0$ に対しては反対称になっている．したがって，全波動関数が粒子の入れ替えに対して反対称になるという同種フェルミオン 2 粒子系の要請を満たすためには，波動関数の空間部分 $\Psi_{\text{空間}}$ は $S=1$ に対して反対称，$S=0$ に対して対称になっている必要がある．すなわち，波動関数は $S=1$ に対して

$$\Psi_{S=1}(x_1,x_2)=\frac{1}{\sqrt{2}}(\phi(\boldsymbol{r}_1,\boldsymbol{r}_2)-\phi(\boldsymbol{r}_2,\boldsymbol{r}_1))|S=1,S_z\rangle \tag{6.25}$$

の形で与えられる．一方，$S=0$ に対しては

$$\Psi_{S=0}(x_1,x_2)=\frac{1}{\sqrt{2}}(\phi(\boldsymbol{r}_1,\boldsymbol{r}_2)+\phi(\boldsymbol{r}_2,\boldsymbol{r}_1))|S=0\rangle \tag{6.26}$$

となる．

6.4.3 許される相対角運動量

3.6.1 節で，2 粒子系では重心運動と相対運動を分離できることを述べた．同種粒子の 2 粒子系の場合，相対座標 $\boldsymbol{r}$ と重心座標 $\boldsymbol{R}$ は $\boldsymbol{r}=\boldsymbol{r}_2-\boldsymbol{r}_1$ および $\boldsymbol{R}=(\boldsymbol{r}_1+\boldsymbol{r}_2)/2$ で与えられる．2 粒子の入れ替えで，重心座標は変化しない $(\boldsymbol{R}\to\boldsymbol{R})$ のに対して，相対座標はその符号を変える $(\boldsymbol{r}\to-\boldsymbol{r})$．相対運動が中心力ポテンシャルに従う場合，$\boldsymbol{K}$ を重心運動の波数として，全系の波動関数の空間成分は

$$\Psi_{\text{空間}}(\boldsymbol{r}_1,\boldsymbol{r}_2)=e^{i\boldsymbol{K}\cdot\boldsymbol{R}}R_l(r)Y_{lm}(\hat{\boldsymbol{r}}) \tag{6.27}$$

の形で表されるが，2 粒子の入れ替えを行うとこの波動関数は

$$\Psi_{\text{空間}}(\boldsymbol{r}_2,\boldsymbol{r}_1)=e^{i\boldsymbol{K}\cdot\boldsymbol{R}}R_l(r)Y_{lm}(-\hat{\boldsymbol{r}}) \tag{6.28}$$

と変化する．球面調和関数の性質により，

$$Y_{lm}(-\hat{\boldsymbol{r}})=(-1)^lY_{lm}(\hat{\boldsymbol{r}}) \tag{6.29}$$

であるので，波動関数の空間部分は偶数の l に対して粒子の入れ替えに関して対称，奇数の l に対して反対称となる．これより，スピン 0 の同種ボゾンから成る

系では偶数の l が，スピン 1/2 の同種フェルミオンの場合には $S=0$ に対して偶数の l，$S=1$ に対して奇数の l のみが許されることになる．このことは 8.8 節で同種粒子の散乱を考える際に再び触れる．

6.5 フェルミガス模型と白色矮星

前節では同種 2 粒子系の波動関数を考えたが，同種フェルミオンが数多く存在する多フェルミオン系を記述する最も単純な模型として，この節では**フェルミガス模型**を考える．この模型では，粒子間の相互作用を無視し，一体ポテンシャルも存在しない (あるいは，空間的に定数となる一体ポテンシャルがある) という近似をする．そうすると，粒子の波動関数は自由粒子のものになるが，同じ波数ベクトル (k_x,k_y,k_z) を持つ粒子は，パウリ原理のためにスピンの上向き，下向きを考慮して 2 つのみに限定される．ポテンシャルが存在しないので，x, y, z 方向に関して変数分離型になっており，それぞれの粒子の波動関数 (これを一粒子波動関数という) は

$$\Psi(x,y,z)=\frac{1}{\sqrt{(2\pi)^3}}e^{ik_xx}e^{ik_yy}e^{ik_zz}\chi_\sigma \tag{6.30}$$

で与えられる (式 (1.80) を参照のこと)．ここで k_i $(i=x,y,z)$ は正負のどちらの値もとる．また，χ_σ はスピン波動関数である．

この式で，波数ベクトル (k_x,k_y,k_z) は連続量になるが，取り扱いを簡単にするために一辺が L の長さを持った立方体の中に系を閉じ込め，箱の境界で波動関数がゼロになるという境界条件をおいて運動量を離散化する．得られた解で $L\to\infty$ の極限をとれば，連続スペクトルを持つ系に戻ることができる．例えば，x 方向の波動関数を考えると，$0\le x\le L$ の範囲で波動関数は

$$\phi_{n_x}(x)=\sqrt{\frac{2}{L}}\sin\left(\frac{n_x\pi}{L}x\right)\qquad(n_x=1,2,\cdots) \tag{6.31}$$

で与えられる (式 (2.22) を参照)．この波動関数は x 方向に対する運動エネルギーの固有関数になっており，

$$-\frac{\hbar^2}{2m}\frac{d^2}{dx^2}\phi_{n_x}(x)=E_{n_x}\phi_{n_x}(x);\qquad E_{n_x}=\frac{\hbar^2}{2m}\left(\frac{n_x\pi}{L}\right)^2 \tag{6.32}$$

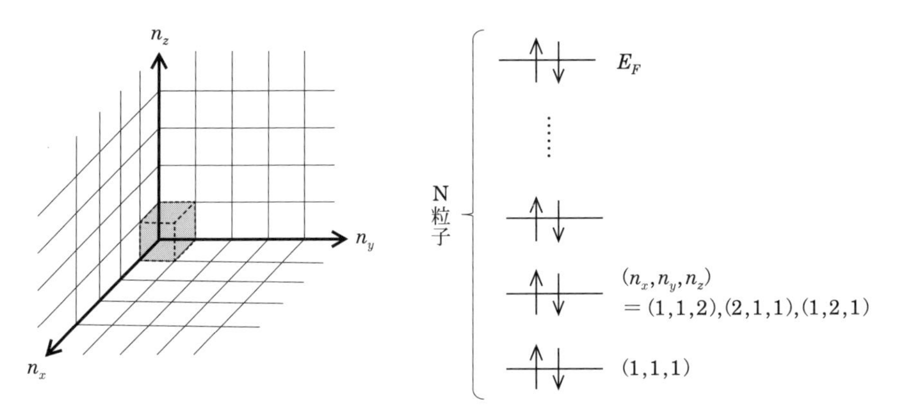

図 6.1　フェルミガス模型．運動量空間を離散化し，(n_x, n_y, n_z) で指定される準位にスピン上向きと下向きの 2 つのフェルミ粒子を詰めていく．

を満たす．また，境界条件 $\phi_{n_x}(0)=\phi_{n_x}(L)=0$ が満たされる．y 方向，z 方向に関しても同様であり，一粒子波動関数の空間成分は

$$\begin{aligned}\Psi_{n_x n_y n_z}(x,y,z) &= \phi_{n_x}(x)\phi_{n_y}(y)\phi_{n_z}(z) \\ &= \left(\frac{2}{L}\right)^{3/2}\sin\left(\frac{n_x\pi}{L}x\right)\sin\left(\frac{n_y\pi}{L}y\right)\sin\left(\frac{n_z\pi}{L}z\right) \end{aligned} \tag{6.33}$$

となる．この状態のエネルギーは

$$E_{n_x n_y n_z} = \frac{\hbar^2}{2m}\left(\frac{\pi}{L}\right)^2(n_x^2+n_y^2+n_z^2) \tag{6.34}$$

で与えられる．すなわち，一粒子準位は (n_x, n_y, n_z) の組で指定され，それぞれにスピン上向き，下向きの 2 つのフェルミ粒子を入れることができる (図 6.1 参照)．

全系の基底状態は，パウリ原理に抵触しないようにエネルギーの小さい順から (したがって $n_x^2+n_y^2+n_z^2$ の小さい順から) 量子数 (n_x, n_y, n_z) の組に 2 つずつ粒子を詰めていくことにより構成することができる．そのようにして N 個の粒子をすべて詰めたときの最大の一粒子エネルギーを**フェルミエネルギー**といい，E_F と書く．すなわち，$E \leq E_F$ を満たすすべての点に粒子を 2 つずつ詰めていくことになる．$E = E_F$ になる (n_x, n_y, n_z) の組は

$$\frac{\hbar^2}{2m}\left(\frac{\pi}{L}\right)^2(n_x^2+n_y^2+n_z^2) = E_F \tag{6.35}$$

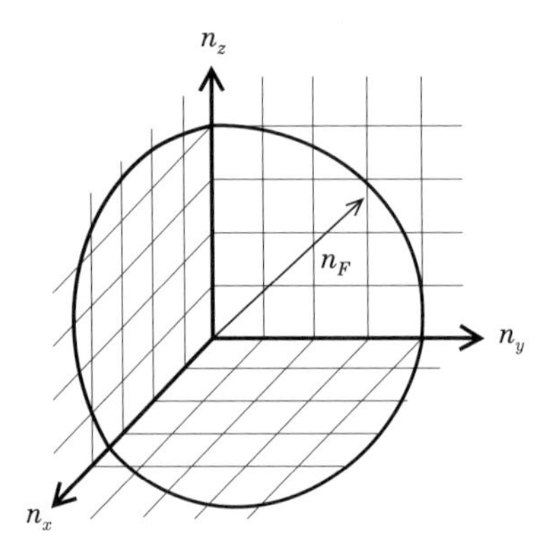

図 6.2 フェルミガス模型における占有状態．フェルミエネルギーを E_F として，$n_F^2=\dfrac{2mE_F}{\hbar^2\pi^2}L^2$ となる半径 n_F の球の 1/8 の部分の内部の各点に 2 つずつ粒子が詰められている．

を満たす．この式により，

$$n_x^2+n_y^2+n_z^2\equiv n_F^2=\frac{2mE_F}{\hbar^2\pi^2}L^2 \tag{6.36}$$

となるが，このような (n_x,n_y,n_z) の組は多数ある．L が十分大きく，かつ全粒子数 N が十分大きければ，n_i を近似的に連続量とみなすことができる．このとき図 6.2 に示すように半径 n_F を持つ球の中の各点を 2 つずつ粒子が占有していると考えてよい．したがって，全粒子数 N は

$$N=2\times\frac{1}{8}\left(\frac{4\pi}{3}n_F^3\right)=\frac{\pi}{3}\left(\frac{2mE_F}{\hbar^2\pi^2}\right)^{3/2}V \tag{6.37}$$

となる．ここで，最初の 2 という因子はスピンの自由度の数 (上向きと下向きの 2 種類)，1/8 という因子は半径 n_F の球で $n_i>0$ $(i=x,y,z)$ に相当する部分のみを考えることからくる．また，$V\equiv L^3$ は全系の体積である．N/V が数密度 ρ に等しいことに注意すると，この式からフェルミエネルギーは

$$E_F=\frac{\pi^2\hbar^2}{2m}\left(\frac{3}{\pi}\rho\right)^{2/3} \tag{6.38}$$

と表される．また，系の全エネルギーは

$$E_{\rm tot}=2\times\frac{1}{8}\int_{|\boldsymbol{n}|\le n_F}E_{n_xn_yn_z}d^3n=\frac{\hbar^2\pi^3}{10mL^2}n_F^5 \tag{6.39}$$

と計算できる．ここで，$N=2\times\frac{1}{8}\times\frac{4}{3}\pi n_F^3$ を用いると，

$$E_{\mathrm{tot}}=\frac{3}{5}NE_F=\frac{3}{5}N\frac{\pi^2\hbar^2}{2m}\left(\frac{3}{\pi}\frac{N}{V}\right)^{2/3} \tag{6.40}$$

となる．

コラム◉周期境界条件とボックス境界条件

この節では，連続状態を離散化するのに，系を一辺が L の大きな箱 (立方体) に入れた．これをボックス境界条件と呼ぶことにする．一方で，**周期境界条件**を課して連続状態を離散化することもしばしば行われる．例えば，1 次元系であれば，これは波動関数が $\phi(x)=\phi(x+L)$ を満たすという境界条件である．自由粒子の場合，波動関数の一般形は

$$\phi(x)=Ae^{ikx}+Be^{-ikx} \tag{6.41}$$

であるが，周期境界条件を課すと，

$$k_n=\frac{2n\pi}{L} \qquad (n=\pm1,\pm2,\cdots) \tag{6.42}$$

のように k が離散化される．ボックス境界条件の場合と比較すると，k_n が 2 倍になり，さらに n として負の値も許されるようになる．

L が十分大きければ，物理量は離散化の仕方に依らないはずである．このことを本節で議論したフェルミガス模型で見て行こう．まず，(n_x,n_y,n_z) の組が与えられたときのエネルギーは式 (6.34) の代わりに

$$E^{(\mathrm{pbc})}_{n_xn_yn_z}=\frac{\hbar^2}{2m}\left(\frac{2\pi}{L}\right)^2(n_x^2+n_y^2+n_z^2) \tag{6.43}$$

となる．ここで pbc は周期境界条件 (periodic boundary condition) を表す．フェルミエネルギーはしたがって式 (6.36) の代わりに

$$E_F^{(\mathrm{pbc})}=\frac{\hbar^2}{2m}\left(\frac{2\pi}{L}\right)^2\left(n_F^{(\mathrm{pbc})}\right)^2 \tag{6.44}$$

で与えられる．粒子数は式 (6.37) の代わりに

$$N = 2 \times \left(\frac{4\pi}{3}\left(n_F^{(\mathrm{pbc})}\right)^3\right) \tag{6.45}$$

となるが，これを式 (6.44) に代入するとフェルミエネルギーと密度の関係は式 (6.38) と同じものになる．

全エネルギーは，

$$E_{\mathrm{tot}} = 2 \times \int_{|\boldsymbol{n}| \leq n_F^{(\mathrm{pbc})}} E_{n_x n_y n_z}^{(\mathrm{pbc})} d^3 n = \frac{64\hbar^2 \pi^3}{10mL^2}\left(n_F^{(\mathrm{pbc})}\right)^5 \tag{6.46}$$

のように計算されるが，式 (6.44) と (6.45) を用いると

$$E_{\mathrm{tot}} = \frac{3}{5} N E_F \tag{6.47}$$

となり，式 (6.40) と同じ表式になる (与えられた N/V に対してフェルミエネルギー E_F は周期境界条件でもボックス境界条件でも同じ値になることに注意せよ).

フェルミガス模型の応用例として，太陽質量の 1.4 倍程度以下の軽い恒星が進化して白色矮星になる過程を考えよう．密度が一様な半径 R の球で恒星を近似したとすると，この球がもつ重力エネルギーは

$$E_G = -\frac{3}{5} G \frac{M^2}{R} \tag{6.48}$$

で与えられる．ここで，M は恒星の質量，G は重力定数である．この式は R が小さいほどエネルギーが下がり安定になることを意味している．しかしながら，恒星では内部で核融合反応が起きており，それが外向きの圧力を与える．それが重力とバランスして，恒星は適当な半径 R を安定に保つことになる．

ところが，恒星内部で核融合反応を起こす物質 (軽い恒星だと主に水素) がすべて核融合してしまうと，核融合反応がそれ以上起きなくなり，外向きの圧力が消失する．すると，重力エネルギーのために恒星は収縮するが，式 (6.40) からわかるように，あまり収縮しすぎて V が小さくなると今度は恒星を構成する粒子 (電子) の運動エネルギーが上昇するため，適当なところで収縮が止まる．これが白色矮星である．

フェルミガス近似を用いると，収縮がどのくらいの半径で止まるかを見積もる

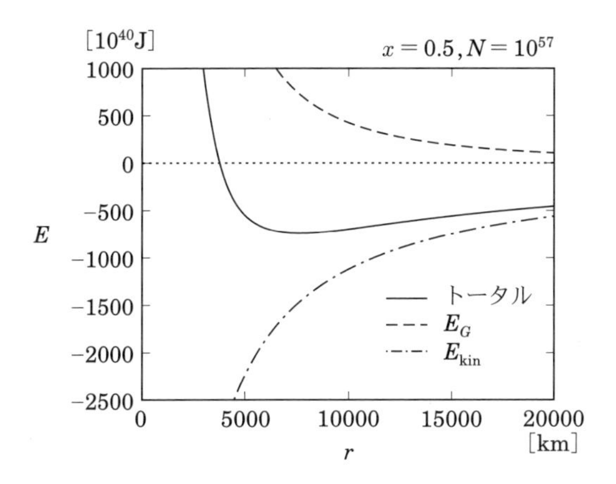

図 6.3 白色矮星のエネルギーを白色矮星の半径の関数としてプロットしたもの．破線は電子の運動エネルギー (式 (6.50) の第 1 項)，一点鎖線は星の重力エネルギー (式 (6.50) の第 2 項)，実線は両者の和を表す．

ことができる．いま，恒星が xN 個の陽子，$(1-x)N$ 個の中性子，xN 個の電子からできているとしよう (恒星全体として電気的に中性となるように陽子の個数と電子の個数を同数にとっている)．粒子間の相互作用を無視すると全粒子のエネルギーは運動エネルギーのみになるが，陽子や中性子に比べて電子の質量は軽いので (陽子や中性子の質量は電子の質量の約 1840 倍である)，運動エネルギーに寄与するのはおもに電子になる．この電子の全運動エネルギーをフェルミガス近似を用いて評価すると，式 (6.40) を用いて

$$E_{\rm kin} \sim \frac{3}{5} xN \frac{\pi^2 \hbar^2}{2m_e} \left(\frac{3}{\pi} \frac{xN}{V} \right)^{2/3} \tag{6.49}$$

となる．ここで，m_e は電子の質量である．したがって，恒星の半径が r になったときの全エネルギーは

$$E(r) = E_{\rm kin} + E_G = \frac{3}{5} \frac{xN}{r^2} \frac{\hbar^2}{2m_e} \left(\frac{9\pi}{4} xN \right)^{2/3} - \frac{3}{5} G \frac{M^2}{r} \tag{6.50}$$

となる．ここで式 (6.49) で $V = 4\pi r^3/3$ を用いた．

この式で，第 1 項目は r の関数として単調減少し，第 2 項目は第 1 項と逆の符号を持ち r の関数として単調増加する．したがって，適当な r で $dE/dr = 0$ に

なるような平衡点ができる (図 6.3 を参照のこと). 式 (6.50) の微分をとって平衡点を求めると,

$$r_{\rm eq} = \frac{2x}{GNm_N^2}\frac{\hbar^2}{2m_e}\left(\frac{9\pi}{4}xN\right)^{2/3} \tag{6.51}$$

となる. ただし, ここで電子の質量を無視して恒星の質量を $M = Nm_N$ (m_N は核子の質量) とした. M として太陽質量をとると, $N \sim M/m_N \sim 10^{57}$ になるが, $x = 1/2$ として平衡半径 $r_{\rm eq}$ を見積もると $r_{\rm eq} = 7{,}548\,\mathrm{km}$ となる ($G = 6.67\times10^{-11}\,\mathrm{J\,m\,kg^{-2}}$, $m_N = 1.67\times10^{-27}\,\mathrm{kg}$, $\hbar = 1.05\times10^{-34}\,\mathrm{J\,s}$, $m_e = 9.11\times10^{-31}\,\mathrm{kg}$ を用いた). 太陽の半径が $6.96\times10^5\,\mathrm{km}$ であるから, 半径が約 1/100 になったことになる. 地球の半径が 6,371 km であるので, 白色矮星は地球と同じくらいの半径で太陽程度の質量を持つ高密度物質であることがわかる. 白色矮星の密度を計算すると $9.27\times10^8\,\mathrm{kg/m^3}$ となる. これは水の密度 $10^3\,\mathrm{kg/m^3}$ よりも約6桁も大きい (半径が 10^{-2} 倍になったので体積は 10^{-6} 倍, したがって密度は 10^6 倍になる). フェルミガス近似のような単純な量子力学的模型を使って白色矮星のようなマクロな物質の構造を議論できるのは興味深い.

重い恒星では, 内部で核融合反応が進むと陽子が電子を吸収して中性子に変わる電子捕獲プロセスが起こる. このような恒星は, 超新星爆発の後に中性子星になる. 中性子星の構造を考える際には, 白色矮星の議論のときには無視した相対論効果や核子間の相互作用が重要となる. 2つの中性子星が連星構造を持つとき, それらの中性子星はやがて角運動量を失い衝突し合体する. このときに重力波が発生するが, 2017年10月にそのような重力波が実際に観測され, 大きな話題になった (2つのブラックホールの合体による重力波はこれに先立つこと 2015年9月に観測され, ワイス (Weiss), ソーン (Thorne), バリッシュ (Barish) の3名が 2017年のノーベル物理学賞を受賞した).

演習問題

問題 6.1

1 次元調和振動子ポテンシャル $V(x)=\frac{1}{2}m\omega^2x^2$ に閉じ込められた 2 つの同種ボゾンから成る系を考える．2 つのボゾンが相互作用しないとき，この系の基底状態，第一励起状態，および第二励起状態の波動関数を調和振動子の固有関数 $\phi_n(x)$ を用いて表せ ($\phi_n(x)$ の具体的な形は使わなくてもよい)．また，それぞれの状態のエネルギーを記せ．ただし，縮退した状態が存在する場合はそのすべてを記すこと．

問題 6.2

前問で，粒子がスピン 1/2 を持つフェルミオンの場合にはどうなるか答えよ．

第7章

摂動論

7.1 基本的な考え

量子力学の問題において，シュレーディンガー方程式の解が解析的に求まるのは，井戸型ポテンシャル，調和振動子ポテンシャル，クーロンポテンシャルなど，ごく少数の例に限られる．それ以外の一般のポテンシャルの場合には，数値的にシュレーディンガー方程式を解いて，ハミルトニアンの固有状態を求めたり系の時間発展を追う必要がある．そのような場合でも，「解析的に解けるハミルトニアンに対する補正」という形で問題を捉え直し，近似的に解が求められることがしばしばある．

例えば，図 7.1 の実線は調和振動子ポテンシャル

$$V_0(x) = \frac{1}{2}m\omega^2 x^2 \tag{7.1}$$

に補正項として

$$\Delta V(x) = \frac{\hbar\omega}{10} e^{-\frac{m\omega}{\hbar}(x-2)^2} \tag{7.2}$$

を加えたものである．調和振動子ポテンシャル $V_0(x)$ は破線で示してある．2.8 節で求めたように，調和振動子ポテンシャルに対しては解析的にシュレーディンガー方程式の解を求めることができるが，補正項 $\Delta V(x)$ がポテンシャルに加わった途端，解析解を求めることができなくなる．このような場合に有効となるのが，この章でとりあげる**摂動論**である．その基本的な考えは以下の通りである (ここでは，1 次元の時間に依存しないシュレーディンガー方程式を考えるが，多次元の場合や時間に依存する場合も考え方は同じである)．もし，図 7.1 に示す例のよ

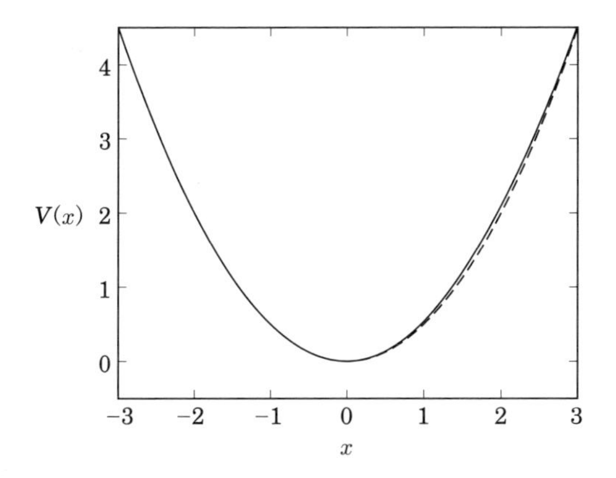

図 7.1 調和振動子ポテンシャル (破線) に式 (7.2) を加えたポテンシャル (実線). 縦軸は $\hbar\omega$ を単位として, また, 横軸は $\sqrt{\hbar/m\omega}$ を単位としてプロットしている.

うに, 補正項 $\Delta V(x)$ があまり大きくない場合は, 補正項も含めたシュレーディンガー方程式の解は補正項がないとしたときの解 $\phi_n(x)$

$$H_0\phi_n = \left(-\frac{\hbar^2}{2m}\frac{d^2}{dx^2} + V_0(x)\right)\phi_n(x) = E_n^{(0)}\phi_n(x) \tag{7.3}$$

とほとんど同じであることが期待される. そこで, ハミルトニアン $H = H_0 + \Delta V(x)$ に対するシュレーディンガー方程式

$$H\psi_n = (H_0 + \Delta V(x))\psi_n(x) = E_n\psi_n(x) \tag{7.4}$$

を解く際に, $\psi_n(x) \sim \phi_n(x)$ と近似してみる. そうすると,

$$(H_0 + \Delta V(x))\phi_n(x) \sim E_n\phi_n(x) \tag{7.5}$$

が成り立つが, 両辺に左から $\phi_n^*(x)$ をかけて x で積分するとエネルギー固有値として

$$E_n \sim E_n^{(0)} + \langle\phi_n|\Delta V(x)|\phi_n\rangle \tag{7.6}$$

を得る. すなわち, $\Delta V(x)$ がない場合のエネルギー固有値 $E_n^{(0)} = \langle\phi_n|H_0|\phi_n\rangle$ に補正項 $\langle\phi_n|\Delta V(x)|\phi_n\rangle$ が加わった形でエネルギー固有値 E_n が求まったことになる.

摂動論はこれをより系統的に行う方法である．摂動論は解析的に解が求められない場合に近似解を求めることができるのみではなく，解の振る舞いを定性的に理解する上でも有用であることがしばしばである．例えば，井戸型ポテンシャルの幅が広がったときにエネルギー固有値が小さくなるが，これは，井戸の幅が広がったときに元のポテンシャルとの差 $\Delta V(x)$ が負となるためである (ただし，この場合には，2.2 節でも述べたように不確定性関係を用いて理解することも可能である).

7.2 時間に依存しない摂動論：系統的な導出

この節では，前節において議論した時間に依存しないシュレーディンガー方程式に対する摂動論を，より系統的に導出しよう．いま，ハミルトニアン H が主要な部分 H_0 とそれに対する補正 λV の和として

$$H = H_0 + \lambda V \tag{7.7}$$

と与えられるとしよう．λV を摂動ハミルトニアン (摂動ポテンシャル) という．λ は摂動ポテンシャルの大きさをコントロールするパラメータであり，摂動論では λ のべきとして補正項を評価していく．実際には $\lambda=1$ として V のべきとして摂動論を定式化することも可能であるが，ここでは議論をわかりやすくするためにパラメータ λ を導入した．ここで，H_0 に対する固有値と固有関数はすべてわかっているとし，それを

$$H_0 \phi_n = E_n^{(0)} \phi_n \tag{7.8}$$

と書こう．簡単のために，すべてのエネルギー固有状態は異なるエネルギー固有値を持つとする．いくつかのエネルギー固有値が一致する場合，すなわちエネルギー縮退がある場合 (2.1 節を参照) は次節で取り扱う．

摂動ポテンシャル λV が時間に依らない場合，我々の問題は，H に対する固有値 E_n と固有関数 ψ_n：

$$H\psi_n = (H_0 + \lambda V)\psi_n = E_n \psi_n \tag{7.9}$$

を近似的に求めることである．そこで，ψ_n と E_n を λ に関するべき展開として

$$\psi_n = \psi_n^{(0)} + \lambda\psi_n^{(1)} + \lambda^2\psi_n^{(2)} + \cdots, \tag{7.10}$$

$$E_n = E_n^{(0)} + \lambda E_n^{(1)} + \lambda^2 E_n^{(2)} + \cdots \tag{7.11}$$

の形に表そう．λ が小さい場合には，λ の高次項の寄与はだんだん小さくなることが期待される．これらをシュレーディンガー方程式 (7.9) に代入すると，

$$\begin{aligned}&(H_0 + \lambda V)(\psi_n^{(0)} + \lambda\psi_n^{(1)} + \lambda^2\psi_n^{(2)} + \cdots)\\&\quad = (E_n^{(0)} + \lambda E_n^{(1)} + \lambda^2 E_n^{(2)} + \cdots)(\psi_n^{(0)} + \lambda\psi_n^{(1)} + \lambda^2\psi_n^{(2)} + \cdots)\end{aligned} \tag{7.12}$$

となる．この両辺のそれぞれを λ の次数ごとにまとめる．

7.2.1 0 次の項

λ^0 に比例する項からは

$$H_0\psi_n^{(0)} = E_n^{(0)}\psi_n^{(0)} \tag{7.13}$$

が得られる．これは λV による摂動がないときのシュレーディンガー方程式 (7.8) に他ならない．これにより

$$\psi_n^{(0)} = \phi_n \tag{7.14}$$

が得られる．

7.2.2 1 次の項 (1 次の摂動論)

λ に比例する項からは，

$$H_0\psi_n^{(1)} + V\psi_n^{(0)} = E_n^{(0)}\psi_n^{(1)} + E_n^{(1)}\psi_n^{(0)} \tag{7.15}$$

が得られる．ここで，

$$\psi_n^{(1)} = \sum_{m\neq n} C_{nm}^{(1)}\phi_m \tag{7.16}$$

と展開しよう．この展開で $m=n$ の項は波動関数 ψ_n の規格化因子として考慮される．すなわち，波動関数 ψ_n を H_0 の固有関数 ϕ_m を用いて

$$\psi_n = \sum_m \alpha_m\phi_m = \alpha_n\phi_n + \sum_{m\neq n}\alpha_m\phi_m$$

$$=\alpha_n\left[\phi_n+\sum_{m\neq n}\frac{\alpha_m}{\alpha_n}\phi_m\right] \tag{7.17}$$

と展開したとき，式 (7.10) は

$$\frac{\alpha_m}{\alpha_n}\equiv C_{nm}=\lambda C_{nm}^{(1)}+\lambda^2 C_{nm}^{(2)}+\cdots \tag{7.18}$$

とおいたことに相当する．

さて，式 (7.16) を式 (7.15) に代入すると

$$\sum_{m\neq n}C_{nm}^{(1)}E_m^{(0)}\phi_m+V\phi_n=E_n^{(0)}\sum_{m\neq n}C_{nm}^{(1)}\phi_m+E_n^{(1)}\phi_n \tag{7.19}$$

となるが，辺々で ϕ_n との内積をとると $\{\phi_m\}$ の規格直交性 $\langle\phi_n|\phi_m\rangle=\delta_{n,m}$ を用いて

$$E_n^{(1)}=\langle\phi_n|V|\phi_n\rangle \tag{7.20}$$

を得る．これを **1 次の摂動論**によるエネルギー変化という．すなわち，1 次の摂動論では，エネルギーの補正は摂動がないときの解 ϕ_n による摂動ポテンシャルの期待値として与えられる．

波動関数に対する補正 $C_{nm}^{(1)}$ は式 (7.19) の辺々で ϕ_m $(m\neq n)$ との内積をとることによって

$$C_{nm}^{(1)}=\frac{\langle\phi_m|V|\phi_n\rangle}{E_n^{(0)}-E_m^{(0)}} \tag{7.21}$$

と求まる．

式 (7.10) や式 (7.11) のような摂動展開が成り立つためには，$|C_{nm}^{(1)}|\ll 1$ となる必要がある．これより，摂動論がよい近似となる条件として $|\langle\phi_m|V|\phi_n\rangle|\ll|E_n^{(0)}-E_m^{(0)}|$，すなわち，無摂動系のエネルギー差 $|E_n^{(0)}-E_m^{(0)}|$ に比べて摂動ポテンシャルの行列要素 $|\langle\phi_m|V|\phi_n\rangle|$ が十分小さいという条件が得られる．

7.2.3 2 次の項 (2 次の摂動論)

λ^2 に比例する項からは，

$$H_0\psi_n^{(2)}+V\psi_n^{(1)}=E_n^{(0)}\psi_n^{(2)}+E_n^{(1)}\psi_n^{(1)}+E_n^{(2)}\psi_n^{(0)} \tag{7.22}$$

が得られる．辺々を ϕ_n で内積をとることにより，2 次のエネルギーの補正として

$$E_n^{(2)} = \langle \phi_n | V | \psi_n^{(1)} \rangle = \sum_{m \neq n} \frac{\langle \phi_n | V | \phi_m \rangle \langle \phi_m | V | \phi_n \rangle}{E_n^{(0)} - E_m^{(0)}}$$
$$= \sum_{m \neq n} \frac{|\langle \phi_m | V | \phi_n \rangle|^2}{E_n^{(0)} - E_m^{(0)}} \tag{7.23}$$

が得られる．

基底状態 $(n=0)$ に関しては，$E_n^{(0)} - E_m^{(0)} < 0\ (m \neq n)$ となり，また，式 (7.23) の右辺の分子は必ず正であるので，エネルギーに対する 2 次の補正は必ず負 ($E_{n=0}^{(2)} < 0$) となる．

7.2.4 1 次の摂動論の具体的な例：非調和振動子

1 次の摂動論を用いて，摂動によるエネルギーの変化を具体的に求めてみよう．この目的のために，

$$H = -\frac{\hbar^2}{2m} \frac{d^2}{dx^2} + \frac{1}{2} m \omega^2 x^2 + \beta x^4 \tag{7.24}$$

というハミルトニアンを考える．このハミルトニアンのうち，βx^4 を摂動ポテンシャル $\lambda V(x)$ とすると，無摂動のハミルトニアン H_0 は調和振動子のハミルトニアンとなる． H_0 の固有関数と固有エネルギーは 2.8 節で求めたように，$|\phi_n\rangle = |n\rangle$ および $E_n^{(0)} = (n+1/2)\hbar\omega$ で与えられる．一次の摂動論を用いると，この状態のエネルギーは近似的に

$$E_n \sim \left(n + \frac{1}{2} \right) \hbar \omega + \langle n | \beta x^4 | n \rangle \tag{7.25}$$

で与えられる (式 (7.20) を参照のこと)．2.9 節で示した

$$x = \sqrt{\frac{\hbar}{2m\omega}} (a + a^\dagger), \tag{7.26}$$

$$a|n\rangle = \sqrt{n} |n-1\rangle, \tag{7.27}$$

$$a^\dagger |n\rangle = \sqrt{n+1} |n+1\rangle \tag{7.28}$$

を用いると，

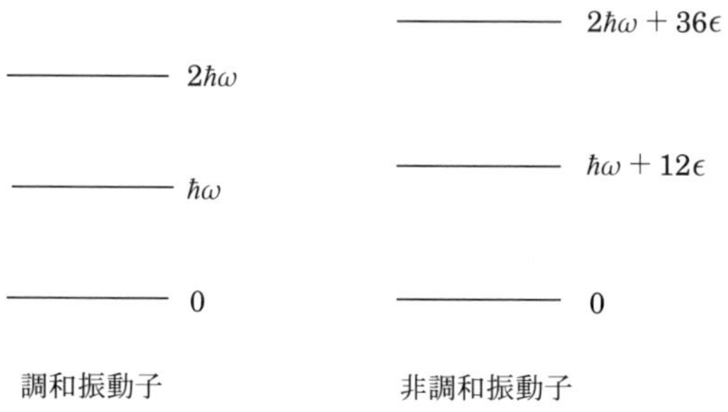

$2\hbar\omega + 36\epsilon$

$2\hbar\omega$

$\hbar\omega + 12\epsilon$

$\hbar\omega$

0　　　　0

調和振動子　　　非調和振動子

図 7.2 調和振動子ポテンシャル (左) および非調和振動子ポテンシャル (右) に対するエネルギースペクトル (基底状態から測ったエネルギー). 非調和振動子ポテンシャルに対するエネルギーは非調和項の効果を 1 次の摂動論で見積もったもの. $\epsilon \equiv \beta(\hbar/2m\omega)^2$ とおいた.

$$\langle n|x^4|n\rangle = \left(\frac{\hbar}{2m\omega}\right)^2 (6n^2+6n+3) \tag{7.29}$$

となるので，エネルギー固有値は近似的に

$$E_n \sim \left(n+\frac{1}{2}\right)\hbar\omega + \beta\left(\frac{\hbar}{2m\omega}\right)^2 (6n^2+6n+3) \tag{7.30}$$

で与えられる．$n=1$ および $n=2$ に対して基底状態 $n=0$ から測ったエネルギーをプロットしたものが図 7.2 である．$\beta=0$ の場合は，エネルギー間隔が等間隔になっているが，$\beta\neq 0$ ではエネルギー間隔はそれからずれている．これを非調和性とよぶ.

7.3 縮退があるときの摂動論

式 (7.21) において，$E_n^{(0)} - E_m^{(0)} = 0$ を満たす状態 m $(\neq n)$ がある場合には，この式の分母が 0 となり $C_{nm}^{(1)}$ が発散する．このとき，摂動論が成り立つための条件 $|\langle \phi_m|V|\phi_n\rangle| \ll |E_n^{(0)} - E_m^{(0)}|$ は明らかに満たされていない.

しかしながら，λV が有限の場合の H の固有状態において $\lambda \to 0$ の極限をとった状態は ϕ_n になるとは限らない．重ね合わせの原理により，同じ固有値を持つ固有状態の線形結合もハミルトニアンの固有状態になり，一般には重ね合わせ状態が $\lambda \to 0$ の極限で現れる．すなわち，エネルギー縮退がある場合には，摂動の 0 次の項自体を見直す必要がある.

いま，H_0 の固有状態のうち，ϕ_{n1}，$\phi_{n2},\cdots,\phi_{nN}$ がエネルギー $E_n^{(0)}$ に縮退しているとしよう．ただし，他の固有状態はエネルギー縮退がないものとする．ϕ_{n1}, $\phi_{n2},\cdots,\phi_{nN}$ の線形結合をとった状態

$$\tilde{\phi}_{ni} = \sum_{k=1}^{N} \alpha_{ki}\phi_{nk} \tag{7.31}$$

も H_0 の固有状態であり，$H_0\tilde{\phi}_{ni} = E_n^{(0)}\tilde{\phi}_{ni}$ を満たす．ϕ_{n1}, $\phi_{n2},\cdots,\phi_{nN}$ の線形結合として，

$$\lambda V\tilde{\phi}_{ni} = E_{ni}^{(1)}\tilde{\phi}_{ni} \tag{7.32}$$

となるように α_{ki} をとったとすると，$\langle\tilde{\phi}_{ni}|\lambda V|\tilde{\phi}_{nj}\rangle = E_{ni}^{(1)}\delta_{i,j}$ となり，$C_{nm}^{(1)}$ の分母がゼロとならず発散を避けることができる．これは，ϕ_{n1}, $\phi_{n2},\cdots,\phi_{nN}$ という限られた空間でハミルトニアン $H = H_0 + \lambda V$ に対する $N\times N$ 行列を作り，それを対角化することに相当する．このとき，1 次の摂動論の範囲で，状態 $\tilde{\phi}_{ni}$ に対する固有エネルギーの補正は

$$E_{ni}^{(1)} = \langle\tilde{\phi}_{ni}|\lambda V|\tilde{\phi}_{ni}\rangle \tag{7.33}$$

となり，また，波動関数は

$$\tilde{\phi}_{ni} \to \tilde{\phi}_{ni} + \lambda \sum_{m\neq n} \frac{\langle\phi_m|V|\tilde{\phi}_{ni}\rangle}{E_n^{(0)} - E_m^{(0)}}\phi_m \tag{7.34}$$

となる．これらは前節でみた通常の 1 次の摂動論と同じ式である．

7.3.1 シュタルク効果

ここで，縮退のある場合の摂動論の応用例としてシュタルク効果を考えよう．3.6 節で見たように，水素様原子の第一励起状態は $l=0$ の状態 (2S 状態) と $l=1$ の状態 (2P 状態) が縮退している．ここに，z 軸方向に一様な電場 E をかける．このときのハミルトニアンは

$$H = -\frac{\hbar^2}{2\mu}\nabla^2 - \frac{Ze^2}{r} + eEz \tag{7.35}$$

である．μ は電子と原子核の間の相対運動に対する換算質量である．電場 E が弱い場合には，$\lambda V \equiv eEz$ の項を摂動論で取り扱うことができる．$[eEz, L_z] = 0$ で

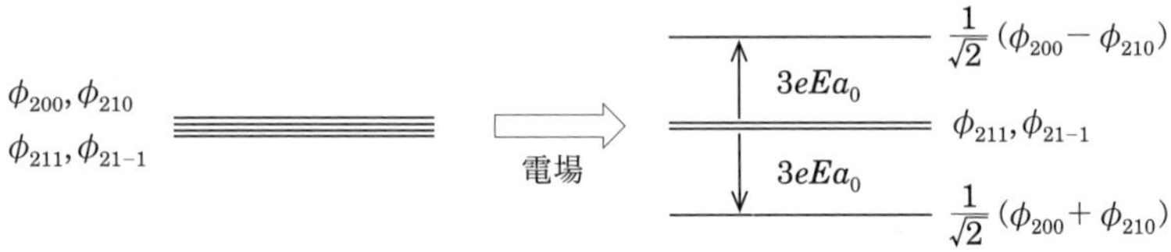

図 7.3 水素様原子に電場 $\boldsymbol{E}=E\boldsymbol{e}_z$ $(E>0)$ をかけた場合の第一励起状態の変化の様子 (シュタルク効果).

あることに注意すると，角運動量 $\boldsymbol{l}$ の z 成分 m は摂動を加えた後もよい量子数になっている．すなわち，水素様原子の第一励起状態を ϕ_{2lm} $(l=0,1;\ m=-l,-l+1,\cdots,l)$ と書くとすると，行列要素 $\langle\phi_{2lm}|\lambda V|\phi_{2l'm'}\rangle$ は $m\neq m'$ に対して 0 になる．したがって，水素様原子の第一励起状態では $(l,m)=(0,0)$, $(1,0)$, $(1,1)$, $(1,-1)$ の 4 つの状態がエネルギー的に縮退しているが，$(l,m)=(1,\pm1)$ の状態は主量子数 $n=2$ を持つ他の状態とは結合しない (すなわち，縮退がない場合の摂動論と同じ扱いをしてよい)．$\lambda V=eEz$ が座標 z に関して奇関数であることに注意すると，$(l,m)=(1,\pm1)$ の状態に対するエネルギーの変化分 $\Delta E_{lm}=\Delta E_{1\pm1}$ は，1 次の摂動論の範囲内で

$$\Delta E_{1\pm1}=\int eEz|\phi_{21\pm1}(\boldsymbol{r})|^2 d\boldsymbol{r}=0 \tag{7.36}$$

となる．すなわち $(l,m)=(1,\pm1)$ の状態は 1 次の摂動によってエネルギーが変化しないことになる．

$m=0$ をもつ 2 つの状態 $(l,m)=(0,0)$ および $(l,m)=(1,0)$ 状態に対しては，摂動ポテンシャル λV によって 2 つの状態が結合し，縮退がある場合の摂動論の取り扱いをしなければならない．このために，$|1\rangle=|\phi_{200}\rangle$ と $|2\rangle=|\phi_{210}\rangle$ の 2 つの状態を用いて摂動ポテンシャル λV を 2×2 行列の形で表す．3.6 節の表 3.3 に示す波動関数を用いると，

$$\langle\phi_{200}|\lambda V|\phi_{200}\rangle=\langle\phi_{210}|\lambda V|\phi_{210}\rangle=0, \tag{7.37}$$

$$\langle\phi_{200}|\lambda V|\phi_{210}\rangle=\langle\phi_{210}|\lambda V|\phi_{200}\rangle=-3eEa_0 \tag{7.38}$$

となるから (a_0 はボーア半径)，λV は行列の形として

$$\lambda V=\begin{pmatrix} \langle\phi_{200}|\lambda V|\phi_{200}\rangle & \langle\phi_{200}|\lambda V|\phi_{210}\rangle \\ \langle\phi_{210}|\lambda V|\phi_{200}\rangle & \langle\phi_{210}|\lambda V|\phi_{210}\rangle \end{pmatrix}=\begin{pmatrix} 0 & -3eEa_0 \\ -3eEa_0 & 0 \end{pmatrix} \tag{7.39}$$

と書ける．これを対角化すると，固有ベクトルとして $(\phi_{200}\pm\phi_{210})/\sqrt{2}$，対応する固有値として $\mp 3eEa_0$ を得る．

図 7.3 に $E>0$ の場合のスペクトルの変化を図示する．このような一様な電場によって原子スペクトルが変化する現象を**シュタルク効果**という．

コラム◉自動イオン化

この節では，電場 E が弱い場合に摂動論を用いてエネルギーの変化を議論したが，印加した電場が強い場合は**自動イオン化**とよばれる興味深い現象が起こる．図 7.4 は式 (7.35) 中のポテンシャルを図示したものである．細い実線は水素原子のポテンシャル $-e^2/r$，破線は電場によるポテンシャル eEz を表す．両者を足した全ポテンシャルが太い実線である．$E>0$ の場合，電場によるポテンシャル

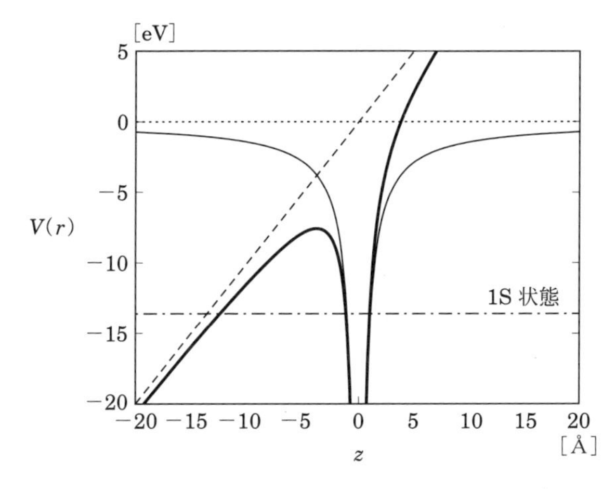

図 7.4 水素様原子に強い電場を印加した場合のポテンシャル．細い実線および破線はクーロンポテンシャルおよび電場によるポテンシャルを表す．両者を足した全ポテンシャルは太い実線で示されている．図では，具体的に $Z=1$，$eE=1$ eV/Å に対してプロットしたものである．横軸の単位はオングストローム (angstrom) である．

eEz は $z<0$ の領域で負となり，$z\to-\infty$ で発散する．一方，クーロンポテンシャルは $z\to-\infty$ でゼロになるため，全ポテンシャルは $z<0$ の領域でポテンシャル障壁を持つ．電子はこのポテンシャルのもとでは閉じ込められておらず，トンネル効果のために障壁を超え原子から離れていく (すなわち，イオン化する)．$E<0$ でも z の符号が変わるのみで同じ現象が起こる．これは現実的な系における量子トンネル現象の具体的な例としても興味深い．

7.4 変分法

この章ではこれまで1次の摂動論および固有エネルギーに対する2次の摂動論を取り扱ったが，波動関数に対する2次以上の摂動論や，エネルギー固有値に対する3次以上の摂動はより複雑になる．このような高次の効果が重要となる場合には，他の方法で解を求めた方が効率がよいことがある．そのときに有用になるのが**変分法**である．

これは，ある与えられたハミルトニアン H に対し，任意の波動関数 Φ でその期待値を取ると必ず基底状態のエネルギーより大きくなるという**変分原理**に基づく．これを式で表すと，

$$\frac{\langle\Phi|H|\Phi\rangle}{\langle\Phi|\Phi\rangle}\geq E_0 \tag{7.40}$$

である．ここで，E_0 はハミルトニアン H の基底状態のエネルギーであり，等号は Φ が H の厳密な基底状態に等しい場合に成り立つ．これは，Φ を H の固有関数 ψ_n を用いて $\Phi=\sum_n C_n\psi_n$ と展開し，$E_n\geq E_0$ であることを用いると簡単に証明することができる．

ハミルトニアン H の近似的な基底状態の波動関数を求める際には，しばしば a をパラメータとして持つ試行関数 $\Phi(x;a)$ を考える．この波動関数を用いて求めたハミルトニアンの期待値を $E(a)$ とおくと，変分原理より

$$E(a)=\frac{\langle\Phi(a)|H|\Phi(a)\rangle}{\langle\Phi(a)|\Phi(a)\rangle}\geq E_0 \tag{7.41}$$

となる．したがって，$E(a)$ がなるべく小さくなるように a を選べば，最も基底状態に近い解が得られる．これは $\dfrac{dE}{da} \equiv E'(a) = 0$ となるような a を求めればよい．このとき，近似の精度はどのような試行関数 $\Phi(x;a)$ を用意したかということによって決まる．

具体的な例として，7.2.4 節で考えた非調和振動子を考えよう．試行関数として，例えば調和振動子の基底状態の波動関数と同じ形のもの

$$\Phi(x;a) = (\pi a^2)^{-1/4} e^{-\frac{x^2}{2a^2}} \tag{7.42}$$

をとったとする．この波動関数でハミルトニアン (7.24) の期待値をとると，

$$E(a) = \frac{\hbar^2}{4ma^2} + \frac{m\omega^2}{4} a^2 + \frac{3}{4}\beta a^4 \tag{7.43}$$

となる．基底状態エネルギー $E_{\mathrm{g.s.}}$ に対する近似式は，$E'(a_{\mathrm{opt}}) = 0$ となる a_{opt} を用いて $E_{\mathrm{g.s.}} \sim E(a_{\mathrm{opt}})$ と計算できる．

7.5 時間に依存する摂動論

7.5.1 時間に依存する結合チャンネル方程式

前節までは，摂動ポテンシャルが時間に依存しない場合にハミルトニアンの固有波動関数とエネルギー固有値を近似的に求めた．この節では，摂動ポテンシャルが陽に時間に依存する場合を考える．このとき，ハミルトニアンは

$$H(t) = H_0 + V(t) \tag{7.44}$$

と表される (表記を簡単にするため，摂動ポテンシャルの λ はあらかじめ 1 とおいた)．これは，例えば，ハミルトニアンが H_0 で表される系に弱い外場 V がかかった場合に相当する．

時間に依存しない場合と同様，無摂動ハミルトニアン H_0 の固有状態と固有値は式 (7.8) のように求まっているとする．さらに，時刻 $t = 0$ において，系が固有状態 ϕ_n にあったとする．我々の興味は，時間に依存するポテンシャル V が摂動として加わったときに，系はどのように時間発展するのか，ということである．これは，時間に依存するシュレーディンガー方程式

$$i\hbar\frac{\partial}{\partial t}\psi(t)=(H_0+V(t))\psi(t) \tag{7.45}$$

を初期条件

$$\psi(t=0)=\phi_n \tag{7.46}$$

のもとで解くことによって調べることができる．(外場) ポテンシャル V が弱い場合に，系統的にこの近似解を求める方法が時間に依存する摂動論である．

時間に依存するシュレーディンガー方程式 (7.45) を解くために，波動関数 $\psi(t)$ を

$$\psi(t)=\sum_k C_k(t)e^{-iE_k^{(0)}t/\hbar}\phi_k \tag{7.47}$$

と展開しよう．このとき，初期条件 (7.46) は

$$C_k(t=0)=\delta_{k,n} \tag{7.48}$$

と表される．式 (7.47) の両辺の時間微分をとると，

$$\frac{\partial}{\partial t}\psi(t)=\sum_k\left(\dot{C}_k(t)+\frac{E_k^{(0)}}{i\hbar}C_k(t)\right)e^{-iE_k^{(0)}t/\hbar}\phi_k \tag{7.49}$$

となり (ここで，$\dot{C}_k$ は C_k の時間微分を表す)，また，

$$H_0\psi(t)=\sum_k E_k^{(0)}C_k(t)e^{-iE_k^{(0)}t/\hbar}\phi_k \tag{7.50}$$

であるから，時間に依存するシュレーディンガー方程式 (7.45) は

$$i\hbar\sum_k\dot{C}_k(t)e^{-iE_k^{(0)}t/\hbar}\phi_k=V(t)\sum_k C_k(t)e^{-iE_k^{(0)}t/\hbar}\phi_k \tag{7.51}$$

の形に書き直せる．この方程式の両辺で ϕ_m と内積をとり整理すると，

$$i\hbar\dot{C}_m(t)=\sum_k\tilde{V}_{mk}(t)C_k(t);\quad \tilde{V}_{mk}(t)\equiv\langle\phi_m|V(t)|\phi_n\rangle e^{i(E_m^{(0)}-E_k^{(0)})t/\hbar} \tag{7.52}$$

を得る．この方程式はしばしば**時間に依存する結合チャンネル方程式**とよばれる．

7.5.2 相互作用表示

時間に依存する結合チャンネル方程式 (7.52) に出てくる $\tilde{V}_{mk}(t)$ は波動関数の**相互作用表示**と密接に関係している．相互作用表示は，波動関数 $\psi(t)$ を

$$\tilde{\psi}(t) \equiv e^{iH_0 t/\hbar}\psi(t) \tag{7.53}$$

のようにユニタリー変換したものである．同様に，任意の演算子 A も

$$\tilde{A} \equiv e^{iH_0 t/\hbar} A e^{-iH_0 t/\hbar} \tag{7.54}$$

のように変換される．この変換により，時間に依存するシュレーディンガー方程式 (7.45) は

$$i\hbar \frac{\partial}{\partial t}\tilde{\psi}(t) = \tilde{V}(t)\tilde{\psi}(t) \tag{7.55}$$

のように書き直せる．式 (7.47) の $C_k(t)$ は

$$C_k(t) = \langle \phi_k | \tilde{\psi}(t) \rangle \tag{7.56}$$

であり，また，$\tilde{V}_{mk}(t)$ は

$$\tilde{V}_{mk}(t) = \langle \phi_m | \tilde{V}(t) | \phi_k \rangle \tag{7.57}$$

に他ならない．

7.5.3 時間に依存する摂動論

時間に依存する結合チャンネル方程式 (7.52) を相互作用 $V(t)$ の絶対値が小さいとして近似的に解いてみよう．初期条件 (7.48) を満たすようにこの方程式を形式的に解くと，

$$C_m(t) = \delta_{m,n} + \frac{1}{i\hbar}\int_0^t dt' \sum_k C_k(t')\tilde{V}_{mk}(t') \tag{7.58}$$

となる．この式の右辺の $C_k(t')$ に右辺全体を順々に代入することによって逐次的に $C_m(t)$ を求めることができる．すなわち，

$$C_m(t) = \delta_{m,n} + \frac{1}{i\hbar}\int_0^t dt' \sum_k \tilde{V}_{mk}(t')$$

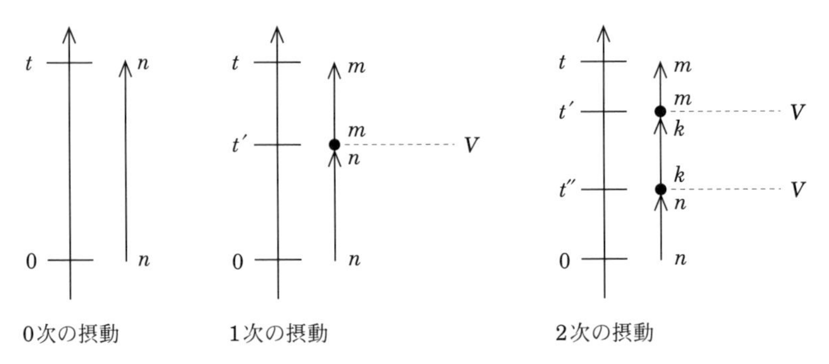

図 7.5 時間に依存する摂動論のグラフ的理解．時刻 $t=0$ において状態 n にあった系が時間発展をして時刻 t において状態 m となったプロセスを表す．

$$
\begin{aligned}
&\times\left(\delta_{k,n}+\frac{1}{i\hbar}\int_0^{t'}dt''\sum_l C_l(t'')\tilde{V}_{kl}(t'')\right)\\
&=\delta_{m,n}+\frac{1}{i\hbar}\int_0^t dt'\tilde{V}_{mn}(t')\\
&\quad+\left(\frac{1}{i\hbar}\right)^2\int_0^t dt'\int_0^{t'}dt''\sum_k \tilde{V}_{mk}(t')\tilde{V}_{kn}(t'')+\cdots
\end{aligned}
\tag{7.59}
$$

となる．この第1項，第2項，第3項がそれぞれ摂動の0次，1次，2次の項に対応する．すなわち，

$$
C_m(t)=C_m^{(0)}(t)+C_m^{(1)}(t)+C_m^{(2)}(t)+\cdots,
\tag{7.60}
$$

$$
C_m^{(0)}(t)=\delta_{m,n},
\tag{7.61}
$$

$$
C_m^{(1)}(t)=\frac{1}{i\hbar}\int_0^t dt'\tilde{V}_{mn}(t'),
\tag{7.62}
$$

$$
C_m^{(2)}(t)=\left(\frac{1}{i\hbar}\right)^2\int_0^t dt'\int_0^{t'}dt''\sum_k \tilde{V}_{mk}(t')\tilde{V}_{kn}(t'')
\tag{7.63}
$$

となる．

これらは，図7.5に示したようにグラフ的に理解することができる．摂動項がないとき，すなわち，摂動のゼロ次を考えるときには，系は $\psi(t)=e^{-iE_n^{(0)}t/\hbar}\phi_n$ と時間発展する．これは状態 n のまま時刻 $t=0$ から時刻 t まで系が時間発展したことを表す．1次の項は

$$e^{-iE_m^{(0)}t/\hbar}C_m^{(1)}(t)=\int_0^t dt' e^{-iE_m^{(0)}(t-t')/\hbar}\left(\frac{V_{mn}(t')}{i\hbar}\right)e^{-iE_n^{(0)}t'/\hbar} \tag{7.64}$$

と書き直すことができる．ここで，$V_{mn}(t)=\langle\phi_m|V(t)|\phi_n\rangle$ である．この式の右辺を右から読んでいくと，以下のようになる：(i) 系は状態 n で時刻 $t=0$ から時刻 t' まで時間発展し，(ii) 時刻 t' において系に相互作用がはたらき状態が n から m に変化した．(iii) その後，状態 m のまま時刻 t' から時刻 t まで時間発展をした (図 7.5 の中央の図を参照)．相互作用がはたらくのは時刻 0 から t の間のどの時刻でもよいので，時刻 t' に関して積分をする．2 次の項に関しても，

$$\begin{aligned}e^{-iE_m^{(0)}t/\hbar}C_m^{(2)}(t)=&\int_0^t dt' e^{-iE_m^{(0)}(t-t')/\hbar}\sum_k\left(\frac{V_{mk}(t')}{i\hbar}\right)\\&\times\int_0^{t'} dt'' e^{-iE_k^{(0)}(t'-t'')/\hbar}\left(\frac{V_{kn}(t'')}{i\hbar}\right)e^{-iE_n^{(0)}t''/\hbar}\end{aligned} \tag{7.65}$$

と書き直すと同様の解釈をすることができる．すなわち，系には相互作用 V が 2 回作用した結果，状態が n から m に変化した．このとき，中間状態 k をとる (図 7.5 の右図を参照)．高次項に関しても同様で，一般に，k 次の摂動項は k 回相互作用がはたらいた過程に対応する．

コラム◉時間順序積

時間に依存する 2 つの演算子 $A(t)$ と $B(t')$ があったときに，時間順序積 T は

$$T[A(t)B(t')]=\begin{cases}A(t)B(t') & (t>t')\\ B(t')A(t) & (t<t')\end{cases} \tag{7.66}$$

と定義される．これは 3 つ以上の演算子がある場合にも拡張され，例えば，3 つの演算子に対しては

$$T[A(t)B(t')C(t'')]=\begin{cases} A(t)B(t')C(t'') & (t>t'>t'') \\ A(t)C(t'')B(t') & (t>t''>t') \\ B(t')A(t)C(t'') & (t'>t>t'') \\ B(t')C(t'')A(t) & (t'>t''>t) \\ C(t'')A(t)B(t') & (t''>t>t') \\ C(t'')B(t')A(t) & (t''>t'>t) \end{cases} \tag{7.67}$$

となる．時間順序積を用いると，2次の摂動項 (7.63) は

$$C_m^{(2)}(t)=\frac{1}{2}\left(\frac{1}{i\hbar}\right)^2\int_0^t dt'\int_0^t dt''\langle\phi_m|T[\tilde{V}(t')\tilde{V}(t'')]|\phi_n\rangle \tag{7.68}$$

と書き直すことができる．ここで，中間状態 k に対する完全系を用いた．高次の項も一般に

$$C_m^{(k)}(t)=\frac{1}{k!}\left(\frac{1}{i\hbar}\right)^k\int_0^t dt_1\int_0^t dt_2\cdots\int_0^t dt_k\langle\phi_m|T[\tilde{V}(t_1)\tilde{V}(t_2)\cdots\tilde{V}(t_k)]|\phi_n\rangle \tag{7.69}$$

と書くことができる．これを用いると，式 (7.60) は

$$C_m(t)=\left\langle\phi_m\middle|T\left[\exp\left(-\frac{i}{\hbar}\int_0^t dt'\tilde{V}(t')\right)\right]\middle|\phi_n\right\rangle \tag{7.70}$$

と書くことができる．これはダイソン級数とよばれる．

7.5.4　摂動による遷移

式 (7.47) は，$t>0$ において波動関数はさまざまな状態の重ね合わせになっていることを示している．これは，摂動を加えた後で系の状態を観測すると，一般的に系は初期状態 n と異なる状態 k をとることを意味している．これを，「摂動により状態 n から状態 k に**遷移**した」という．その遷移確率は

$$P_{n\to k}(t)=|\langle\phi_k|\psi(t)\rangle|^2=\left|C_k(t)e^{-iE_k^{(0)}t/\hbar}\right|^2=|C_k(t)|^2 \tag{7.71}$$

で与えられる．$C_k(t)$ は遷移振幅とよばれる．式 (7.60) を用いると，2次の摂動の範囲で

$$
\begin{aligned}
P_{n\to k}(t) &\sim |C_k^{(0)}(t)+C_k^{(1)}(t)+C_k^{(2)}(t)|^2 \\
&\sim |C_k^{(0)}(t)|^2+|C_k^{(1)}(t)|^2+(C_k^{(0)}(t))^*C_k^{(2)}(t)+C_k^{(0)}(t)(C_k^{(2)}(t))^* \\
&= \delta_{k,n}\left(1-\sum_m \frac{1}{\hbar^2}\left|\int_0^t dt'\tilde{V}_{mn}(t')\right|^2\right)+\frac{1}{\hbar^2}\left|\int_0^t dt'\tilde{V}_{kn}(t')\right|^2
\end{aligned} \tag{7.72}
$$

となることを示すことができる．すなわち，$k\neq n$ に対しては遷移確率は

$$
P_{n\to k}(t)=\frac{1}{\hbar^2}\left|\int_0^t dt'\tilde{V}_{kn}(t')\right|^2 \qquad (k\neq n) \tag{7.73}
$$

となり，$k=n$ に対しては

$$
P_{n\to n}(t)=1-\sum_{m\neq n}\frac{1}{\hbar^2}\left|\int_0^t dt'\tilde{V}_{mn}(t')\right|^2=1-\sum_{m\neq n}P_{n\to m}(t) \tag{7.74}
$$

となる．$k\neq n$ に対する確率は $|C_k^{(1)}(t)|^2$ そのものであり，$P_{n\to n}(t)$ は $|C_n^{(0)}|^2$ と $C_n^{(0)}C_n^{(2)}+C_n^{(0)}(C_n^{(2)})^*$ の和から計算される．$P_{n\to n}(t)$ はしばしば生き残り (survival) 確率と言われ，$P_{\mathrm{surv}}(t)$ とも書かれる．確率の保存則 $\sum_k P_{n\to k}(t)=1$ が成り立っていることに注意せよ．

7.6 フェルミのゴールデン・ルール (黄金則)

7.6.1 周期的な摂動による遷移

時間に依存する摂動論の応用上最も重要な例の 1 つが，摂動ポテンシャルが周期的な時間依存性を持つ場合である．このとき，摂動ポテンシャルは

$$
V(t)=\hat{F}e^{\pm i\omega t} \tag{7.75}
$$

と書ける．ここで，演算子 $\hat{F}$ は時間に陽によらないとする．時刻 $t=0$ において状態 ϕ_n にあった系が，時刻 t で状態 ϕ_k $(k\neq n)$ にある確率を 1 次の摂動論を用いて見積もってみよう．摂動ポテンシャルが式 (7.75) で与えられる場合，式 (7.62) の時間積分は簡単に実行することができる．$e^{i\omega t}-1=2ie^{i\omega t/2}\sin(\omega t/2)$ であることに注意すると，1 次の遷移振幅は

$$C_k^{(1)}(t)=\frac{2F_{kn}}{i\hbar}e^{i(\omega_{kn}\pm\omega)t/2}\frac{\sin((\omega_{kn}\pm\omega)t/2)}{\omega_{kn}\pm\omega} \tag{7.76}$$

と計算される．ここで，$F_{kn}\equiv\langle\phi_k|\hat{F}|\phi_n\rangle$ であり，

$$E_k^{(0)}-E_n^{(0)}\equiv\hbar\omega_{kn} \tag{7.77}$$

とおいた．遷移確率はこれより

$$P_k(t)=\frac{4}{\hbar^2}|F_{kn}|^2\left(\frac{\sin((\omega_{kn}\pm\omega)t/2)}{\omega_{kn}\pm\omega}\right)^2 \tag{7.78}$$

と求まる．

遷移確率の中に出てくる関数

$$\left(\frac{\sin((\omega_{kn}\pm\omega)t/2)}{\omega_{kn}\pm\omega}\right)^2 \tag{7.79}$$

は，t が大きいときには，$\omega_{kn}=\mp\omega$ に鋭いピークを持つ．すなわち，$E_k^{(0)}=E_n^{(0)}\mp\hbar\omega$ を満たす状態にのみに選択的に遷移が起こる．実際に，デルタ関数の表現の1つである

$$\delta(\omega)=\lim_{t\to\infty}\frac{\sin\omega t}{\pi\omega} \tag{7.80}$$

を用いると，

$$\begin{aligned}\frac{\sin((\omega_{kn}\pm\omega)t/2)}{\omega_{kn}\pm\omega}&=\frac{\pi}{2}\delta\left(\frac{\omega_{kn}\pm\omega}{2}\right)=\pi\delta(\omega_{kn}\pm\omega)\\&=\pi\hbar\delta(E_k^{(0)}-E_n^{(0)}\pm\hbar\omega)\end{aligned} \tag{7.81}$$

であり，

$$\left.\frac{\sin((\omega_{kn}\pm\omega)t/2)}{\omega_{kn}\pm\omega}\right|_{\omega_{kn}=\mp\omega}=\frac{t}{2}\cdot\left.\frac{\sin((\omega_{kn}\pm\omega)t/2)}{(\omega_{kn}\pm\omega)t/2}\right|_{\omega_{kn}=\mp\omega}=\frac{t}{2} \tag{7.82}$$

となるので，遷移確率は $t\to\infty$ の極限で

$$P_k(t)=\frac{2\pi}{\hbar}t|F_{kn}|^2\delta(E_k^{(0)}-E_n^{(0)}\pm\hbar\omega) \tag{7.83}$$

となる．単位時間あたりの遷移確率を $\lambda_{n\to k}\equiv\dfrac{dP_k}{dt}$ と定義すると，

$$\lambda_{n\to k}=\frac{2\pi}{\hbar}|F_{kn}|^2\delta(E_k^{(0)}-E_n^{(0)}\pm\hbar\omega) \tag{7.84}$$

となる．この式は**フェルミのゴールデン・ルール (黄金則)** とよばれる．ここで，デルタ関数はエネルギー保存則を表す．$\hat{F}e^{i\omega t}$ の摂動に対しては，$E_k^{(0)}=E_n^{(0)}-\hbar\omega$ となり，終状態のエネルギーは始状態のエネルギーより $\hbar\omega$ だけ低くなる．一方，$\hat{F}e^{-i\omega t}$ の摂動に対しては，終状態のエネルギーは始状態のエネルギーより $\hbar\omega$ だけ高くなる．7.7 節でみるように，電磁場との結合を考える場合は，それぞれ $\hbar\omega$ のエネルギーを持つ光子 (フォトン) の放出と吸収に対応する．

7.6.2 時間を含まない摂動による遷移

フェルミのゴールデン・ルールは摂動ポテンシャルが時間を含まない場合にも適用することができる．例えば，$0\le t\le T$ の間だけ系に摂動 $V(t)=\hat{F}$ がかかった場合，前節と同じように計算すると $T\to\infty$ の極限で

$$P_k(t)=\frac{2\pi}{\hbar}T|F_{kn}|^2\delta(E_k^{(0)}-E_n^{(0)}) \tag{7.85}$$

と計算することができる．単位時間あたりの遷移確率を $\lambda_{n\to k}\equiv P_k/T$ で定義すると，式 (7.84) と同様

$$\lambda_{n\to k}=\frac{2\pi}{\hbar}|F_{kn}|^2\delta(E_k^{(0)}-E_n^{(0)}) \tag{7.86}$$

となる．この場合，始状態 ϕ_n と同じエネルギーを持つ状態にのみ遷移が許されることになる．

7.6.3 フェルミのゴールデン・ルールと不安定状態の寿命

系に摂動がかかったときに，始状態からの全遷移確率を定義することができる．これは，式 (7.84) ですべての k について和をとったものである (簡単のため $F_{nn}=0$ とする)．これを $\lambda_{i\to f}$ と書くとすると，

$$\lambda_{i\to f}=\sum_k\Gamma_{i\to k} \tag{7.87}$$

である ($n=i$ とした)．系のエネルギー E が与えられたときに，エネルギー以外の量子数の違いから系には複数個の状態が存在する可能性がある．そこで，エネルギーが E から $E+\Delta E$ の間にある系の状態数を $\rho(E)\Delta E$ と書くことにする

(ただし ΔE は微少量とする)．$\rho(E)$ は**状態密度**とよばれる．状態密度を用いると，単位時間あたりの全遷移確率は

$$\lambda_{i\to f}=\int dE_k\rho(E_k)\Gamma_{i\to k} \tag{7.88}$$

と表すことができる．ここで，行列要素 $|F_{kn}|$ がエネルギー E にしか依らないとすると，式 (7.84) を用いて，

$$\lambda_{i\to f}=\frac{2\pi}{\hbar}|F_{fi}|^2\rho(E_f); \qquad E_f=E_i^{(0)}\mp\hbar\omega \tag{7.89}$$

を得る．すなわち，単位時間あたりの全遷移確率は終状態の状態密度に比例する．この式もフェルミのゴールデン・ルールとよばれる．

時刻 $t=0$ に系が始状態 i にあったときに，微小時間 Δt の後に同じ状態にとどまる確率は，式 (7.74) を用いると

$$P_{\rm surv}(\Delta t)=1-\lambda_{i\to f}\Delta t\equiv 1-\frac{\Gamma\Delta t}{\hbar} \tag{7.90}$$

で与えられる．ここで，$\lambda_{i\to f}\equiv\Gamma/\hbar$ を定義した．Δt が微小量であるので，この式の右辺を $P_{\rm surv}(\Delta t)\sim e^{-\Gamma\Delta t/\hbar}$ のように指数関数で近似することが可能である．有限の時間 t では t を N 分割して $\Delta t=t/N$ を定義し，$e^{-\Gamma\Delta t/\hbar}$ を N 回掛け合わせればよいので，結局，生き残り確率として

$$P_{\rm surv}(t)=e^{-\Gamma t/\hbar} \tag{7.91}$$

を得る．この式は，始状態 i が不安定な状態であるとき，時間に関して指数関数的に状態が崩壊し，その**寿命**が $\tau=\hbar/\Gamma$ となることを表している．このとき，Γ は**崩壊幅**とよばれる．崩壊幅 Γ は $|F_{fi}|^2$ に比例しており，始状態と終状態の結合が強く $|F_{fi}|$ が大きければ大きいほど寿命が短くなることになる．

7.6.4 ベータ崩壊のフェルミ理論

ここで，フェルミのゴールデン・ルールの適用例として，原子核のベータ崩壊を考えよう．ベータ崩壊は，中性子が陽子に変化する崩壊過程であり，それと同時に電子と反ニュートリノが放出される．これが原子核内で起きると，原子核中の中性子が陽子に変わり，元素が変化する．例えば，年代測定では，^{14}C (炭素 14)

原子核が半減期約 5,700 年でベータ崩壊して ^{14}N (窒素 14) に変わることが用いられる．また，ベータ崩壊が起きると元素が変化するため，宇宙で元素が合成される際にベータ崩壊が重要な役割を果たす．ベータ崩壊の理論の詳細は原子核物理学や素粒子物理学の教科書に譲るとして，ここではごく簡単にゴールデン・ルールが実際にどのように使われるのか紹介する．

ベータ崩壊の簡単な理論として，フェルミ理論とよばれる，粒子のスピンを陽に考慮しない非相対論的な理論がある．そのハミルトニアンは以下のように与えられる．

$$H_\beta = g_F \int d\boldsymbol{r} [a^\dagger_{p\boldsymbol{r}} a_{n\boldsymbol{r}}][a^\dagger_{e\boldsymbol{r}} a^\dagger_{\bar{\nu}\boldsymbol{r}}] + h.c.. \tag{7.92}$$

ここで，$a^\dagger_{i\boldsymbol{r}}$ および $a_{i\boldsymbol{r}}$ はそれぞれ位置 $\boldsymbol{r}$ に粒子 i を生成する演算子および位置 $\boldsymbol{r}$ にある粒子 i を消滅させる演算子である．$p, n, e, \bar{\nu}$ はそれぞれ陽子，中性子，電子，反ニュートリノを表す．g_F は相互作用の強さを表し，$h.c.$ は右辺 1 項目のエルミート共役の意味である．このハミルトニアンは，位置 $\boldsymbol{r}$ の場所にある中性子を消すとともに，同じ位置に陽子，電子，反ニュートリノを 1 つずつ生成させる．これはどの $\boldsymbol{r}$ で起こってもよいので，ハミルトニアンは $\boldsymbol{r}$ に関して積分した形になっている．

フェルミのゴールデン・ルールに基づいてベータ崩壊の崩壊幅を求める際，崩壊の始状態，終状態はそれぞれ H_β をゼロにとったときの状態である．始状態は Z 個の陽子と N 個の中性子を持つ原子核の状態 $|\Psi_{ZN}\rangle$ である．終状態は $Z+1$ 個の陽子と $N-1$ 個の中性子を持つ原子核の状態 $|\Psi_{Z+1,N-1}\rangle$ と電子および反ニュートリノの波動関数の直積である．簡単のために電子と反ニュートリノの波動関数を平面波で表すとすると，始状態と終状態の波動関数は

$$|i\rangle = |\Psi_{ZN}\rangle, \tag{7.93}$$

$$|f\rangle = |\Psi_{Z+1,N-1}\rangle \cdot e^{i\boldsymbol{p}_e\cdot\boldsymbol{r}/\hbar} \cdot e^{i\boldsymbol{p}_{\bar{\nu}}\cdot\boldsymbol{r}/\hbar} \tag{7.94}$$

で与えられる．ここで，$\boldsymbol{p}_e$ および $\boldsymbol{p}_{\bar{\nu}}$ はそれぞれ電子および反ニュートリノの運動量ベクトルである．このとき，ベータ崩壊のハミルトニアン H_β の行列要素は

$$\langle f|H_\beta|i\rangle = g_F \int d\boldsymbol{r} \langle\Psi_{Z+1,N-1}|a^\dagger_{p\boldsymbol{r}} a_{n\boldsymbol{r}}|\Psi_{ZN}\rangle e^{-i(\boldsymbol{p}_e+\boldsymbol{p}_{\bar{\nu}})\cdot\boldsymbol{r}/\hbar} \tag{7.95}$$

となるが，ここで簡単のために $e^{-i(\boldsymbol{p}_e+\boldsymbol{p}_{\bar{\nu}})\cdot\boldsymbol{r}/\hbar}\sim 1$ と近似すると，

$$\langle f|H_\beta|i\rangle \sim g_F \int d\boldsymbol{r} \langle \Psi_{Z+1,N-1}|a^\dagger_{p\boldsymbol{r}} a_{n\boldsymbol{r}}|\Psi_{ZN}\rangle \tag{7.96}$$

となる．

ベータ崩壊の崩壊幅を計算するためには，式 (7.87) のように終状態への可能な遷移をすべて足し上げる必要があるが，今の問題の場合には，これは電子の運動量 $\boldsymbol{p}_e$ および反ニュートリノの運動量 $\boldsymbol{p}_{\bar{\nu}}$ をすべて積分することに相当する．ただし，フェルミのゴールデン・ルールにはエネルギー保存則を保証する因子が出てくるので，終状態の和はエネルギー保存則を満たすものにのみ限られる．以上を考慮すると，単位時間あたりの崩壊確率は

$$\lambda = \frac{2\pi}{\hbar}|\langle f|H_\beta|i\rangle|^2 \int \frac{d\boldsymbol{p}_e}{(2\pi\hbar)^3}\frac{d\boldsymbol{p}_{\bar{\nu}}}{(2\pi\hbar)^3}\delta(E_e+E_{\bar{\nu}}+M_f-M_i) \tag{7.97}$$

となる．ここで，M_i, M_f は始状態および終状態の原子核の質量である．また，式 (7.89) の状態密度 $\rho(E_f)$ は

$$\rho(E_f) = \int \frac{d\boldsymbol{p}_e}{(2\pi\hbar)^3}\frac{d\boldsymbol{p}_{\bar{\nu}}}{(2\pi\hbar)^3}\delta(E_e+E_{\bar{\nu}}+M_f-M_i) \tag{7.98}$$

で計算できる．

相対論的な運動量とエネルギーの関係 $E_e=\sqrt{m_e^2c^4+p_e^2c^2}$ および $E_{\bar{\nu}}=p_{\bar{\nu}}c$ を用いると (ここで，m_e は電子の質量である．反ニュートリノの質量はゼロとした)，この式は

$$\lambda = \frac{2\pi}{\hbar}|\langle f|H_\beta|i\rangle|^2 \cdot \frac{(4\pi)^2}{(2\pi\hbar)^6}\int dE_e \frac{E_e\sqrt{E_e^2-m_e^2c^4}}{c^6}(M_i-M_f-E_e)^2 \tag{7.99}$$

と計算することができる．これを

$$\lambda = \int dE_e \frac{d\lambda}{dE_e} \tag{7.100}$$

と書くと，電子のエネルギーに関する分布として

$$\frac{d\lambda}{dE_e} = \frac{2\pi}{\hbar}|\langle f|H_\beta|i\rangle|^2 \cdot \frac{(4\pi)^2}{(2\pi\hbar)^6}\frac{E_e\sqrt{E_e^2-m_e^2c^4}}{c^6}(M_i-M_f-E_e)^2 \tag{7.101}$$

のように得ることができる．

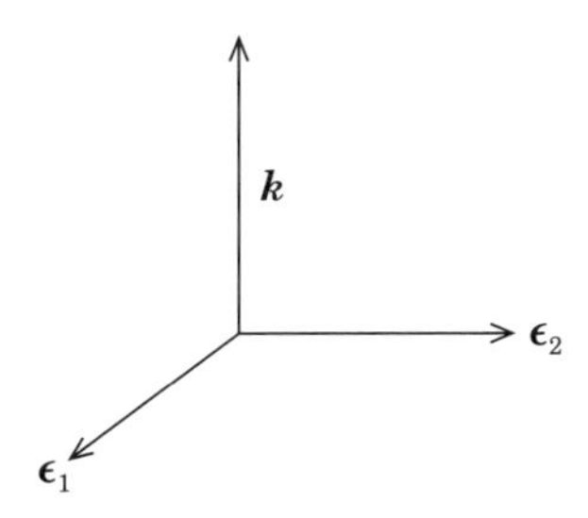

図 7.6 フォトンの波数ベクトル $\boldsymbol{k}$ と 2 つの偏極ベクトル $\boldsymbol{\epsilon}_\alpha$ $(\alpha=1,2)$ の関係．クーロン・ゲージの条件 $\boldsymbol{\nabla}\cdot\boldsymbol{A}=0$ より $\boldsymbol{k}\cdot\boldsymbol{\epsilon}_\alpha=0$ が成り立ち，また，偏極ベクトルは $\boldsymbol{\epsilon}_\alpha\cdot\boldsymbol{\epsilon}_{\alpha'}=\delta_{\alpha,\alpha'}$ という関係式を満たす．

7.7 電磁遷移

7.7.1 電磁遷移のハミルトニアン

次に，水素原子の電磁遷移を取り扱おう．この系のハミルトニアンは式 (3.171) のようにクーロン・ゲージ $\boldsymbol{\nabla}\cdot\boldsymbol{A}(\boldsymbol{r},t)=0$ のもとで

$$H \sim \frac{\boldsymbol{p}^2}{2\mu}+V(r)+\frac{e}{\mu}\boldsymbol{A}(\boldsymbol{r},t)\cdot\boldsymbol{p}=H_0+\frac{e}{\mu}\boldsymbol{A}(\boldsymbol{r},t)\cdot\boldsymbol{p} \tag{7.102}$$

で与えられる．ベクトルポテンシャル $\boldsymbol{A}(\boldsymbol{r},t)$ の従う方程式はマクスウェル方程式から導かれ，真空中では

$$-\boldsymbol{\nabla}^2\boldsymbol{A}(\boldsymbol{r},t)+\frac{1}{c^2}\frac{\partial^2}{\partial t^2}\boldsymbol{A}(\boldsymbol{r},t)=0 \tag{7.103}$$

を満たす．

天下り的ではあるが，電磁場を量子化した量子電磁力学 (QED) によると，MKSA 単位系でベクトルポテンシャルは

$$\boldsymbol{A}(\boldsymbol{r},t)=\sum_{\alpha=1,2}\int\frac{d\boldsymbol{k}}{(2\pi)^{3/2}}\boldsymbol{\epsilon}_\alpha\sqrt{\frac{\hbar}{2\epsilon_0\omega_k}}\left(a_{\boldsymbol{k}\alpha}e^{i(\boldsymbol{k}\cdot\boldsymbol{r}-\omega_k t)}+a^\dagger_{\boldsymbol{k}\alpha}e^{-i(\boldsymbol{k}\cdot\boldsymbol{r}-\omega_k t)}\right) \tag{7.104}$$

と与えられる．ここで，$\boldsymbol{k}$ はフォトンの波数で $\omega_k=ck$ という関係がある．$\boldsymbol{\epsilon}_\alpha$ はフォトンの偏極ベクトルであり，クーロン・ゲージ $\boldsymbol{\nabla}\cdot\boldsymbol{A}=0$ の条件から $\boldsymbol{k}\cdot\boldsymbol{\epsilon}_\alpha=0$ を満たし，また，$\boldsymbol{\epsilon}_\alpha\cdot\boldsymbol{\epsilon}_{\alpha'}=\delta_{\alpha,\alpha'}$ という性質を持つ (図 7.6 を参照)．$a^\dagger_{\boldsymbol{k}\alpha}$ および

$a_{\boldsymbol{k}\alpha}$ は偏極 α，波数 $\boldsymbol{k}$ を持つフォトンを生成，消滅する演算子で，

$$[a_{\boldsymbol{k}\alpha}, a^{\dagger}_{\boldsymbol{k}'\alpha'}] = \delta_{\alpha,\alpha'}\delta(\boldsymbol{k}-\boldsymbol{k}') \tag{7.105}$$

という交換関係を満たす．ベクトルポテンシャル (7.104) は式 (7.103) を満たし，また，このベクトルポテンシャルで計算される電場 $\boldsymbol{E} = -\partial\boldsymbol{A}/\partial t$ と磁場 $\boldsymbol{B} = \boldsymbol{\nabla}\times\boldsymbol{A}$ を用いて真空中の電磁場のエネルギー

$$H_{\mathrm{em}} = \int d\boldsymbol{r}\left(\frac{\epsilon_0}{2}\boldsymbol{E}(\boldsymbol{r},t)^2 + \frac{1}{2\mu_0}\boldsymbol{B}(\boldsymbol{r},t)^2\right) \tag{7.106}$$

を計算すると，

$$H_{\mathrm{em}} = \sum_{\alpha=1,2}\int d\boldsymbol{k}\,\hbar\omega_k\left(a^{\dagger}_{\boldsymbol{k}\alpha}a_{\boldsymbol{k}\alpha} + \frac{1}{2}\right) \tag{7.107}$$

となる．ここで，真空中の透磁率 μ_0 と真空中の誘電率 ϵ_0 の関係式 $\epsilon_0\mu_0 = 1/c^2$ を用いた．

cgs ガウス単位系では，

$$\boldsymbol{A}(\boldsymbol{r},t) = \sum_{\alpha=1,2}\int \frac{d\boldsymbol{k}}{2\pi}\frac{\hbar c}{\sqrt{\hbar\omega_k}}\boldsymbol{\epsilon}_\alpha\left(a_{\boldsymbol{k}\alpha}e^{i(\boldsymbol{k}\cdot\boldsymbol{r}-\omega_k t)} + a^{\dagger}_{\boldsymbol{k}\alpha}e^{-i(\boldsymbol{k}\cdot\boldsymbol{r}-\omega_k t)}\right) \tag{7.108}$$

となり，これを用いると

$$H_{\mathrm{em}} = \frac{1}{8\pi}\int d\boldsymbol{r}\,(\boldsymbol{E}(\boldsymbol{r},t)^2 + \boldsymbol{B}(\boldsymbol{r},t)^2) = \sum_{\alpha=1,2}\int d\boldsymbol{k}\,\hbar\omega_k\left(a^{\dagger}_{\boldsymbol{k}\alpha}a_{\boldsymbol{k}\alpha} + \frac{1}{2}\right) \tag{7.109}$$

となる．

7.7.2 水素様原子の励起状態の電磁崩壊

電磁遷移の具体的な問題として，ここでは水素様原子の励起状態が光子を自発的に放出して崩壊する現象を取り扱おう．以下では MKSA 単位系を用いて考える．いま，水素様原子が ϕ_n という状態にあるとする．このとき，系には光子は存在せず，その状態を $|0\rangle$ と書くとする．すなわち，崩壊が起きる前の初期状態の波動関数は

$$|i\rangle = |\phi_n\rangle|0\rangle \tag{7.110}$$

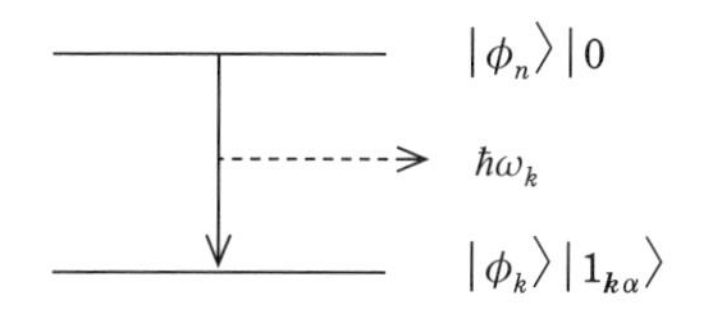

図 7.7　水素様原子の電磁崩壊．時刻 $t=0$ に ϕ_n の状態にあった水素様原子が，ある時間の後に状態 ϕ_k に遷移するとともに，偏極 α，波数 $\boldsymbol{k}$ を持つフォトンを放出する．フォトンのエネルギーは $\hbar\omega_k$ で表される．

である．この系が偏極 α，波数 $\boldsymbol{k}$ の光子を 1 つ放出し，原子の状態が ϕ_k に変わったとする (図 7.7 を参照)．このとき，終状態の全波動関数を

$$|f\rangle=|\phi_k\rangle|1_{\boldsymbol{k}\alpha}\rangle \tag{7.111}$$

と表す．式 (7.102) の最後の項を摂動として取り扱い，単位時間あたりの遷移確率をフェルミのゴールデン・ルールを用いて見積もってみよう．全遷移確率を求めるのには終状態をすべて足す必要があるが，これは光子の偏極ベクトルの向き α と光子の波数ベクトル $\boldsymbol{k}$ の全方向に対して和をとる (積分をとる) ことに相当する．したがって，フェルミのゴールデン・ルールを用いると単位時間あたりの遷移確率は以下のようになる．

$$\lambda=\frac{2\pi}{\hbar}\sum_{\alpha=1,2}\int d\boldsymbol{k}\left|\left\langle f\left|\frac{e}{\mu}\boldsymbol{A}_{\mathrm{emit}}(\boldsymbol{r})\cdot\boldsymbol{p}\right|i\right\rangle\right|^2\delta(E_k+\hbar\omega_k-E_n). \tag{7.112}$$

ここで，水素様原子のエネルギーを E_n および E_k と書いた．また，

$$\boldsymbol{A}_{\mathrm{emit}}(\boldsymbol{r})=\sum_{\alpha=1,2}\int\frac{d\boldsymbol{k}}{(2\pi)^{3/2}}\boldsymbol{\epsilon}_\alpha\sqrt{\frac{\hbar}{2\epsilon_0\omega_k}}a^\dagger_{\boldsymbol{k}\alpha}e^{-i\boldsymbol{k}\cdot\boldsymbol{r}} \tag{7.113}$$

は，式 (7.104) で光子の放出に関係する項である (7.6.1 節で見たように，時間依存性 $e^{i\omega_k t}$ は式 (7.112) のデルタ関数に反映されている．)

$$\langle 1_{\boldsymbol{k}\alpha}|a^\dagger_{\boldsymbol{k}'\alpha'}|0\rangle=\delta_{\alpha,\alpha'}\delta(\boldsymbol{k}-\boldsymbol{k}') \tag{7.114}$$

を用いると，この式は

$$\lambda = \frac{2\pi}{\hbar}\frac{1}{(2\pi)^3}\frac{e^2}{4\pi\epsilon_0}\sum_{\alpha=1,2}\int d\boldsymbol{k}\frac{2\pi\hbar}{\mu^2\omega_k}\left|\left\langle\phi_k\middle|e^{-i\boldsymbol{k}\cdot\boldsymbol{r}}\boldsymbol{\epsilon}_\alpha\cdot\boldsymbol{p}\middle|\phi_n\right\rangle\right|^2\delta(E_k+\hbar\omega_k-E_n) \tag{7.115}$$

と書き直すことができる．$\hbar\omega_k = ck\hbar$ の関係から導かれる

$$d\boldsymbol{k} = k^2 dk d\hat{\boldsymbol{k}} = \left(\frac{\hbar\omega_k}{c\hbar}\right)^2 \frac{1}{c\hbar} d(\hbar\omega_k) d\hat{\boldsymbol{k}} \tag{7.116}$$

を代入して整理すると，この式は

$$\begin{aligned}\lambda &= \frac{1}{4\pi\epsilon_0}\frac{e^2}{\hbar c}\sum_{\alpha=1,2}\int d(\hbar\omega_k)d\hat{\boldsymbol{k}}\frac{\omega_k}{2\pi}\left|\frac{1}{\mu c}\left\langle\phi_k\middle|e^{-i\boldsymbol{k}\cdot\boldsymbol{r}}\boldsymbol{\epsilon}_\alpha\cdot\boldsymbol{p}\middle|\phi_n\right\rangle\right|^2\delta(E_k+\hbar\omega_k-E_n)\\ &= \frac{1}{4\pi\epsilon_0}\frac{e^2}{\hbar c}\sum_{\alpha=1,2}\int d\hat{\boldsymbol{k}}\frac{E_n-E_k}{2\pi\hbar}\left|\frac{1}{\mu c}\left\langle\phi_k\middle|e^{-i\boldsymbol{k}\cdot\boldsymbol{r}}\boldsymbol{\epsilon}_\alpha\cdot\boldsymbol{p}\middle|\phi_n\right\rangle\right|^2\end{aligned} \tag{7.117}$$

となる．

現実の問題では，光子のエネルギーが小さく系の典型的な長さのスケールに比べて光子の波長が長いとする**長波長近似**がしばしばよく成り立つ．例えば，水素原子の 2P 状態から 1S 状態への遷移を考えた場合，表 3.3 に示したエネルギー固有値の式に実際の値を代入すると $E_{2\mathrm{P}} \sim -3.4$ eV，$E_{1\mathrm{S}} \sim -13.6$ eV となるから，光子の波数は

$$k = \frac{\omega}{c} = \frac{\hbar}{\omega} = \frac{-3.4+13.6\ (\mathrm{eV})}{1973\ (\mathrm{eV\ Å})} = \frac{1}{193.4\ (\mathrm{Å})} \tag{7.118}$$

となる．一方で，式 (7.117) で波動関数 $\phi_n(r)$ や $\phi_k(r)$ が存在するのは r が 1 Å 程度の距離以下であるので，積分に有効な kr の最大値は $kr \sim 1/193.4$ 程度となる．これは 1 に比べて十分小さく，式 (7.117) で

$$e^{-i\boldsymbol{k}\cdot\boldsymbol{r}} \sim 1 \tag{7.119}$$

と近似することができる．これを**双極子近似**という．そうすると，

$$\left\langle\phi_k\middle|e^{-i\boldsymbol{k}\cdot\boldsymbol{r}}\boldsymbol{\epsilon}_\alpha\cdot\boldsymbol{p}\middle|\phi_n\right\rangle \sim \boldsymbol{\epsilon}_\alpha\cdot\langle\phi_k|\boldsymbol{p}|\phi_n\rangle = |\langle\phi_k|\boldsymbol{p}|\phi_n\rangle|\cos\Theta_\alpha \tag{7.120}$$

となる．ここで，Θ_α はベクトル $\langle\phi_k|\boldsymbol{p}|\phi_n\rangle$ と偏極ベクトル $\boldsymbol{\epsilon}_\alpha$ の成す角である．ただし，$\langle\phi_k|\boldsymbol{p}|\phi_n\rangle$ は実数であるとした．図 7.6 に示す $\boldsymbol{k}$ を z 軸，$\boldsymbol{\epsilon}_1$ および $\boldsymbol{\epsilon}_2$ をそれぞれ x 軸と y 軸にとる座標系を用いると，$\cos\Theta_1 = \sin\theta\cos\varphi$，$\cos\Theta_2 =$

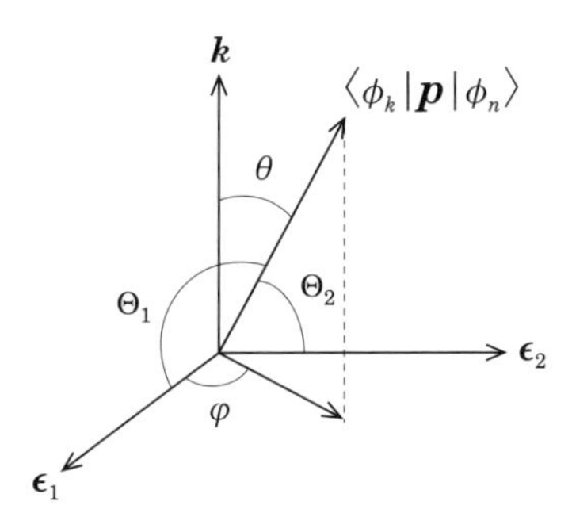

図 7.8 式 (7.121) で $\boldsymbol{k}$ の角度積分を行うときの座標の取り方.

$\sin\theta\sin\varphi$ と表される (図 7.8 を見よ). これを用いると, $\sum_\alpha \cos^2\Theta_\alpha = \sin^2\theta$ となるから,

$$\sum_{\alpha=1,2}\int d\hat{\boldsymbol{k}}\,|\langle\phi_k|\boldsymbol{\epsilon}_\alpha\cdot\boldsymbol{p}|\phi_n\rangle|^2 = |\langle\phi_k|\boldsymbol{p}|\phi_n\rangle|^2\int_0^\pi \sin\theta d\theta\int_0^{2\pi} d\varphi\sin^2\theta \tag{7.121}$$

$$= \frac{8\pi}{3}|\langle\phi_k|\boldsymbol{p}|\phi_n\rangle|^2 \tag{7.122}$$

となる. これを式 (7.117) に用いると, 最終的に

$$\lambda = \frac{4}{3}\left(\frac{1}{4\pi\epsilon_0}\frac{e^2}{\hbar c}\right)\frac{E_n - E_k}{\mu^2 c^2\hbar}|\langle\phi_k|\boldsymbol{p}|\phi_n\rangle|^2 \tag{7.123}$$

を得る.

座標演算子 $\boldsymbol{r}$ と無摂動ハミルトニアン $H_0 = \dfrac{\boldsymbol{p}^2}{2\mu} + V(r)$ の交換関係を用いると, この式の運動量演算子の行列要素を座標演算子の行列要素の形に書き直すことができる. すなわち,

$$[H_0, \boldsymbol{r}] = \frac{1}{2\mu}[\boldsymbol{p}^2, \boldsymbol{r}] = \frac{\hbar}{i\mu}\boldsymbol{p} \tag{7.124}$$

であるので,

$$\langle\phi_k|\boldsymbol{p}|\phi_n\rangle = \frac{i\mu}{\hbar}\langle\phi_k|(H_0\boldsymbol{r} - \boldsymbol{r}H_0)|\phi_n\rangle = \frac{i\mu}{\hbar}(E_k - E_n)\langle\phi_k|\boldsymbol{r}|\phi_n\rangle \tag{7.125}$$

となる. これを用いると,

$$\lambda=\frac{4}{3}\left(\frac{1}{4\pi\epsilon_0}\frac{e^2}{\hbar c}\right)\frac{(E_n-E_k)^3}{\hbar^3c^2}|\langle\phi_k|\boldsymbol{r}|\phi_n\rangle|^2 \tag{7.126}$$

を得る．この表式では，遷移を起こす演算子は $\boldsymbol{r}$ であり，これが式 (7.119) の近似を双極子近似とよぶ理由である．また，ここから遷移の**選択則**が導かれる．すなわち，遷移を起こす演算子は $rY_{1m}(\hat{\boldsymbol{r}})$ に比例しており，状態の角運動量を 1 変えるとともにパリティを変化させる．式 (7.126) の行列要素 $\langle\phi_k|\boldsymbol{r}|\phi_n\rangle$ を，状態 $|\phi_k\rangle$ と状態 $(\boldsymbol{r}|\phi_n\rangle)$ の内積と考えると，角運動量の大きさに関して $\boldsymbol{l}_k=\boldsymbol{1}+\boldsymbol{l}_n$ が成り立つ必要がある．角運動量 $\boldsymbol{1}$ と角運動量 $\boldsymbol{l}_n$ から合成される合成角運動量の大きさは $l_n,l_n\pm1$ の 3 通りあるが，このうちパリティが変わるのは

$$l_k=l_n\pm1 \qquad (\text{パリティ変化あり}) \tag{7.127}$$

の場合に限られる．この条件を満たさない遷移は双極子近似のもとでは禁止され，式 (7.119) の展開の高次項を考える必要がある．

コラム◉制動輻射

式 (7.125) では運動量演算子の行列要素を座標演算子の行列要素に変換したが，別な形への変換がもう 1 つ存在する．すなわち，無摂動ハミルトニアン H_0 と運動量演算子の交換関係が

$$[H_0,\boldsymbol{p}]=[V(r),\boldsymbol{p}]=i\hbar(\boldsymbol{\nabla}V) \tag{7.128}$$

となることを用いると，

$$\begin{aligned}\langle\phi_k|\boldsymbol{p}|\phi_n\rangle&=\frac{1}{E_k-E_n}\langle\phi_k|E_k\boldsymbol{p}-\boldsymbol{p}E_n|\phi_n\rangle=\frac{1}{E_k-E_n}\langle\phi_k|[H_0,\boldsymbol{p}]|\phi_n\rangle\\&=\frac{i\hbar}{E_k-E_n}\langle\phi_k|\boldsymbol{\nabla}V|\phi_n\rangle\end{aligned} \tag{7.129}$$

となる．ポテンシャルの微分 $\boldsymbol{\nabla}V$ は古典力学では加速度に比例するものである．したがって，この式は，荷電粒子が加速度運動をすると電磁場を放射する，という制動輻射を量子力学的に表したものになっている．

7.7.3 光子の吸収による原子の励起

次に，双極子近似のもとで，原子が光子を吸収して励起する過程を考えよう．この場合，始状態は原子が ϕ_n の状態にあり，同時に，波数 $\boldsymbol{k}$，偏極 α を持つ光子が 1 つ存在する状態となる．終状態は，原子が状態 ϕ_k に遷移し，光子が原子に吸収されて消滅した状態である．すなわち，

$$|i\rangle = |\phi_n\rangle|1_{\boldsymbol{k}\alpha}\rangle, \qquad |f\rangle = |\phi_k\rangle|0\rangle \tag{7.130}$$

である．7.7.2 節で光子の自発的放出過程を取り扱ったのと同じように計算すると ($\boldsymbol{k}$ に関する積分がでてこないことに注意せよ)，単位時間あたりの光子の吸収確率は

$$\begin{aligned}\lambda &= \frac{1}{2\pi}\left(\frac{e^2}{4\pi\epsilon}\right)\frac{1}{\mu^2\omega_k}|\langle\phi_k|p_z|\phi_n\rangle|^2\delta(E_k - E_n - \hbar\omega_k)\\ &= \frac{\omega_k}{2\pi}\left(\frac{e^2}{4\pi\epsilon}\right)|\langle\phi_k|z|\phi_n\rangle|^2\delta(E_k - E_n - \hbar\omega_k)\end{aligned} \tag{7.131}$$

となる．ここで，$\hbar\omega_k = kc\hbar$ は光子のエネルギーであり，また，光子の偏極の向きを z 軸にとった．

この式に現れる $|\langle\phi_k|z|\phi_n\rangle|^2\delta(E_k - E_n - \hbar\omega_k)$ をあらゆる終状態 ϕ_k で和をとったものは強度関数とよばれ，

$$S(E) = \sum_k |\langle\phi_k|z|\phi_n\rangle|^2\delta(E_k - E_n - E) \tag{7.132}$$

と表される．この式にエネルギー E をかけて E で積分をとったもの

$$S_1 = \int dE\, E\, S(E) = \sum_k (E_k - E_n)|\langle\phi_k|z|\phi_n\rangle|^2 \tag{7.133}$$

は以下に示すように簡単な形で書き表すことができる．これを (エネルギーの重み付き) **和則**という．この関係式を導いてみよう．$\langle\phi_n|[z,[H_0,z]]|\phi_n\rangle$ の交換関係を開くと $2\langle\phi_n|zH_0z - E_nz^2|\phi_n\rangle$ となるが，ここで H_0 の固有状態に対する完全系 $1 = \sum_k |\phi_k\rangle\langle\phi_k|$ を用いると，

$$S_1 = \frac{1}{2}\langle\phi_n|[z,[H_0,z]]|\phi_n\rangle \tag{7.134}$$

となることを確かめることができる．式 (7.102) を用いると

$$[H_0, z] = -i\hbar \frac{p_z}{2\mu}, \quad [z, [H_0, z]] = \frac{\hbar^2}{\mu} \tag{7.135}$$

となるから，

$$S_1 = \frac{\hbar^2}{2\mu} \tag{7.136}$$

という簡単な関係式が得られる．これは特にトーマス-ライヒェ-クーン (TRK) 和則とよばれる．

これを式 (7.131) に適用すると，原子の単位時間あたりのフォトンの吸収確率をすべての終状態に対して和をとったものは

$$\lambda_{\text{tot}} = \sum_k \int dE_k \, \lambda_{n \to k} = \frac{\hbar}{2\pi\mu} \left(\frac{e^2}{4\pi\epsilon} \right) \tag{7.137}$$

となり n に依らなくなる．これは，多体系に対しても拡張が可能で，その場合，この式の右辺に系の粒子数 N がかかる．この TRK 和則は，多体問題のどのような模型を用いて初期状態 ϕ_n を記述しても成り立つ関係式であり，実験データの解析や理論計算と実験データの比較をする際に便利な量としてよく用いられている．

コラム◉強度関数

よく知られているように，デルタ関数に関して，

$$\lim_{\epsilon \to 0} \frac{1}{x \pm i\epsilon} = P\left(\frac{1}{x}\right) \mp i\delta(x) \tag{7.138}$$

が成り立つ．ここで，P は主値を表す．この公式を用いると，強度関数 (7.132) は

$$S(E) = \sum_k |\langle \phi_k | z | \phi_n \rangle|^2 \, \mathrm{Im} \left[\lim_{\epsilon \to 0} \frac{1}{E_k - E_n - E - i\epsilon} \right] \tag{7.139}$$

と書き直すことができる．ここで，Im は虚部をとることを意味する．$|\langle \phi_k | z | \phi_n \rangle|^2 = \langle \phi_n | z | \phi_k \rangle \langle \phi_k | z | \phi_n \rangle$ と書き直し，ϕ_k が固有値 E_k を持つハミルトニアン H_0 の固有関数であることを用いると，この式は

$$S(E) = \mathrm{Im} \left[\lim_{\epsilon \to 0} \sum_k \left\langle \phi_n \middle| z \frac{1}{H_0 - E_n - E - i\epsilon} \middle| \phi_k \right\rangle \langle \phi_k | z | \phi_n \rangle \right] \tag{7.140}$$

となる．完全系 $\sum_k |\phi_k\rangle\langle\phi_k| = 1$ が成り立つので，この式はさらに

$$
\begin{aligned}
S(E) &= \mathrm{Im}\left[\lim_{\epsilon\to 0}\left\langle \phi_n \middle| z\frac{1}{H_0 - E_n - E - i\epsilon} z \middle| \phi_n \right\rangle\right] \\
&= \mathrm{Im}\left[\lim_{\epsilon\to 0}\langle \phi_n | z G^{(+)}(E+E_n) z | \phi_n\rangle\right]
\end{aligned}
\tag{7.141}
$$

と書き直すことができる．ここで，

$$
G^{(+)}(E) = \frac{1}{H_0 - E - i\epsilon} \tag{7.142}
$$

はグリーン関数である．この式は，強度関数を計算する際，励起状態 ϕ_k の和を取ることなく初期状態の波動関数 ϕ_n とグリーン関数 $G^{(+)}$ のみで計算できることを示している．これは，ϕ_k として連続状態が関与するときに特に便利な表式である．すなわち，グリーン関数を用いると，$E_k = \infty$ までの連続状態への寄与をすべて自動的に考慮することができる．

演習問題

問題 7.1

エネルギーが $-9\hbar\omega/2$ だけシフトした 3 次元球対称調和振動子

$$
V_{\mathrm{ho}}(r) = -\frac{9}{2}\hbar\omega - \frac{1}{2}m\omega^2 r^2 \tag{7.143}
$$

を考える．3.5 節でみたように，このポテンシャルのエネルギー固有値は $E_{nl} = (2n+l-3)\hbar\omega$ で与えられ (式 (3.114) を参照)，同じ $N = 2n+l$ を与える角運動量 l の状態が縮退する．ポテンシャルが $V_{\mathrm{ho}}(x)$ から図 7.9 に示すように球対称な井戸型ポテンシャル

$$
V_{\mathrm{sw}}(r) = -\frac{9}{2}\hbar\omega\theta(r_0 - r); \quad r_0 = \sqrt{\frac{9\hbar}{m\omega}} \tag{7.144}
$$

に変わった場合 ($\theta(x)$ は階段関数)，$N=2$ で縮退している 3 次元調和振動子の 2 つの状態 ($l=0$ と $l=2$) のエネルギー固有値はどのように変化するのか，摂動論

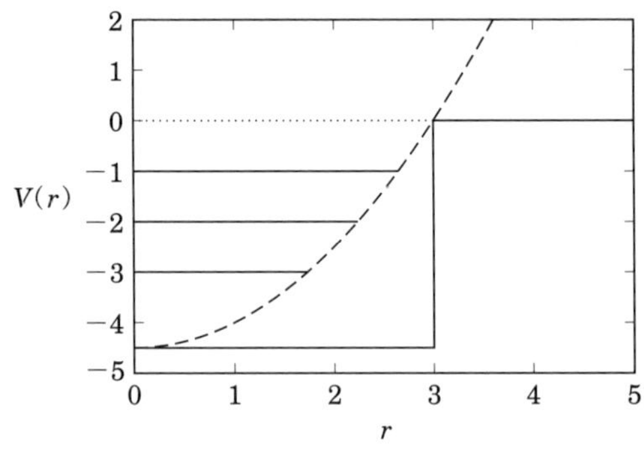

図 7.9　3 次元球対称調和振動子ポテンシャル (破線) と井戸型ポテンシャル (実線)．縦軸は $\hbar\omega$ を単位として，また，横軸は $\sqrt{\hbar/m\omega}$ を単位としてプロットしている．

を用いて定性的に述べよ．特に，2 つの状態のうち，どちらの状態の方がエネルギー的に低くなるのか述べよ．

問題 7.2

1 次元調和振動子ポテンシャル $V_0(x)=\dfrac{1}{2}m\omega^2x^2$ に閉じ込められた質量 m，スピン 0 の同種ボゾンからなる 2 粒子系を考える．2 粒子間の相互作用を $v(x_1,x_2)$ とすると，この系のハミルトニアンは

$$H=H_0+v(x_1,x_2):\quad H_0=\frac{p_1^2}{2m}+\frac{p_2^2}{2m}+V_0(x_1)+V_0(x_2) \tag{7.145}$$

で与えられる．$v(x_1,x_2)$ として $v(x_1,x_2)=-g\delta(x_1-x_2)$ という相互作用を考えた場合，g の 1 次の範囲でこの系の基底状態のエネルギーを近似的に求めよ．1 次元調和振動子の波動関数は式 (2.92) で与えられる．

問題 7.3

（1）$H=H_0+V$ でハミルトニアンが与えられる 2 準位系を考える．H_0 の固有エネルギーが $E_0=0$, $E_1=\epsilon$ で与えられれており，また，$V_{01}(t)=V_{10}(t)=F(t)$, $V_{00}(t)=V_{11}(t)=0$ であるとする．このハミルトニアンを行列表示で書くと

$$H(t)=\begin{pmatrix} 0 & F(t) \\ F(t) & \epsilon \end{pmatrix} \tag{7.146}$$

となる．$t=0$ において系が $n=0$ の状態にあり，また，$F(t=0)=0$ であるとする．時間に依存する摂動論を用いて，V の 1 次の範囲で時刻 t における波動関数を求めよ．また，$F(t)$ が時間の関数として非常にゆっくり変化する場合に波動関数がどのように表されるか答えよ．ただし，行列表示では波動関数は

$$\Psi(t)=\alpha(t)\phi_0+\beta(t)\phi_1=\begin{pmatrix}\alpha(t)\\ \beta(t)\end{pmatrix} \tag{7.147}$$

と表される．

(2) 各時刻 t における全ハミルトニアン $H(t)=H_0+V(t)$ の固有状態は断熱基底とよばれる．いまの問題の場合，これは式 (7.146) の 2×2 行列を対角化することによって求められる．$|F|\ll\epsilon$ のときに，(1) で求めた波動関数 $\psi(t)$ が，断熱基底のうち固有値の小さいものと一致することを確かめよ．

問題 7.4

図 7.10 のように，質量無限大で静止している粒子 A に向かって，粒子 B が左無限遠方から入射する．粒子 B は速度 v で右向きに等速直線運動をしているとし，粒子 A に最も近づいたときの時刻を $t=0$，そのときの粒子 A と粒子 B の間の距離を b とする (粒子 B の運動は $t=-\infty$ から始まり $t=\infty$ で終わるとする)．粒子 A と 粒子 B の相互作用を V とし，状態 ϕ_0 と状態 ϕ_1 の間の行列要素が

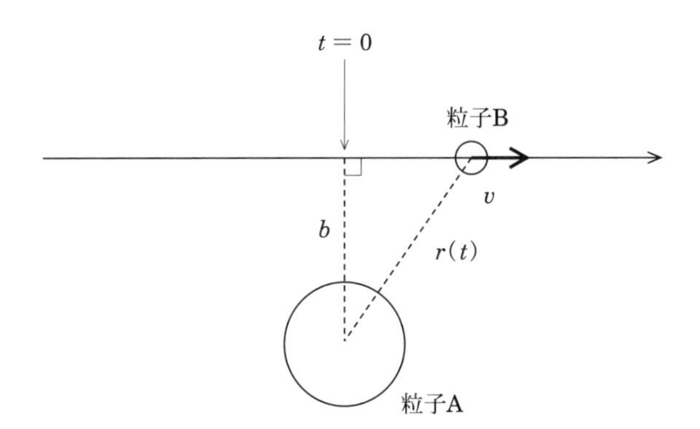

図 7.10 質量無限大で静止している粒子 A と粒子 B の散乱．

$$\langle\phi_1|V(t)|\phi_0\rangle = Fe^{-gr(t)^2} \qquad (-\infty \leq t \leq \infty) \tag{7.148}$$

で与えられるとする (g は定数). ここで $r(t)$ は時刻 t における粒子 A と粒子 B の間の距離である ($r(t=0)=b$). このとき, 時刻 $t=-\infty$ において基底状態 (ϕ_0) にあった粒子 B が粒子 A との相互作用の後に時刻 $t=\infty$ において状態 ϕ_1 にある確率を, 時間に依存する摂動論を用いて V の 1 次の範囲で求めよ. ただし, 状態 ϕ_0 と ϕ_1 のエネルギーをそれぞれ $E_0=0$, $E_1=\epsilon$ とする.

第 **8** 章

散乱理論

8.1 散乱の基本概念と散乱断面積

この章では散乱の量子論を取り上げる．古典系，量子系を問わず，何かある対象の性質を調べたいとき，図 8.1 のように外からその対象に刺激を与えて応答を見る必要がある．マクロな物体である古典系では，インプット (刺激) は例えば太陽からくる光であり，アウトプット (応答) は反射光となる．反射光の波長から対象の色が，そして光の吸収の様子から対象の形がわかることになる．一方で，量子力学で記述されるようなミクロな物体では，インプットは (加速器等で加速された) 入射粒子や比較的エネルギーが高いフォトン (光子)，アウトプットは対象によって散乱された粒子やフォトンとなる．このインプットとアウトプットをつなぐのが本章で取り上げる量子散乱理論である．図 8.2 のように，散乱粒子は角度 θ に置かれた検出器によって測定される．角度 θ の関数として測定される粒子の個数が，散乱理論で重要なオブザーバブルとなる散乱断面積に関係する．ラザフォードが金の薄膜に α 粒子を照射して，原子の中心に小さい原子核が存在していることを発見したのは有名な話である．この発見は α 粒子の散乱断面積に特徴

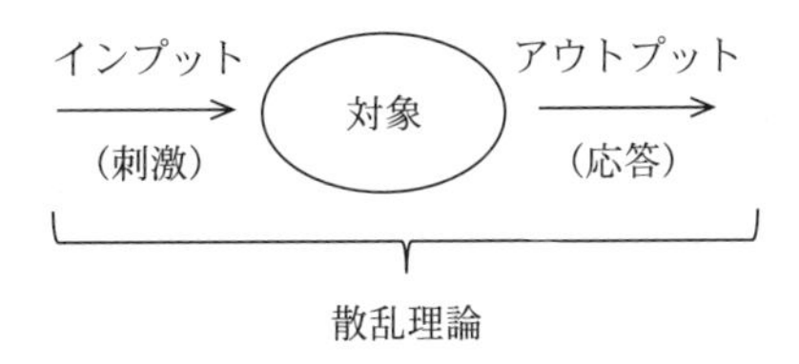

図 8.1　散乱理論の概念図.

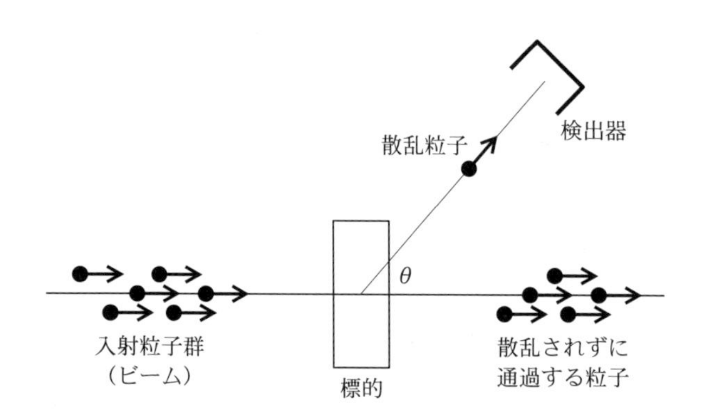

図 8.2 散乱実験の模式図.

的な角度依存性があることを見出したことによる.

図 8.2 に実際の散乱実験の模式図を示す．入射粒子は通常 1 つだけが標的に照射されるわけではなく，ビームとして入射される．大抵の入射粒子は運動が何も変化されずに素通りしていくが，標的との相互作用により，ある確率で散乱がおきる．その散乱した粒子を検出器によってとらえるが，検出器を置く場所を変えることにより，角度 θ の関数として散乱粒子の強度を測定することができる．ここで，散乱の中心から検出器までの距離は標的粒子の大きさに比べて圧倒的に大きいことに注意せよ．すなわち，後で見るように，断面積の量子力学的な計算では散乱波動関数の遠方での振る舞いが重要になる．

ここで，入射ビームのフラックス (流束) を定義しよう．安定なビームでは，すべての粒子が同じ速度 v を持ち，単位時間あたり一定の数の入射粒子が流れている．ビームのフラックス j とは，単位時間あたりに単位面積を持つ面を通過する粒子の数として定義される．ビームの断面積を S とすると，図 8.3 に示すように，面から $v\Delta t$ の領域にある粒子が時間 Δt の間にこの面を通過する．この領域内にある粒子の数を N とすると，

$$N = Sv\Delta t \cdot \rho \tag{8.1}$$

が成り立つ．ここで，ρ は入射粒子の数密度 (単位体積あたりの粒子数) である．すなわち，入射ビームのフラックスは

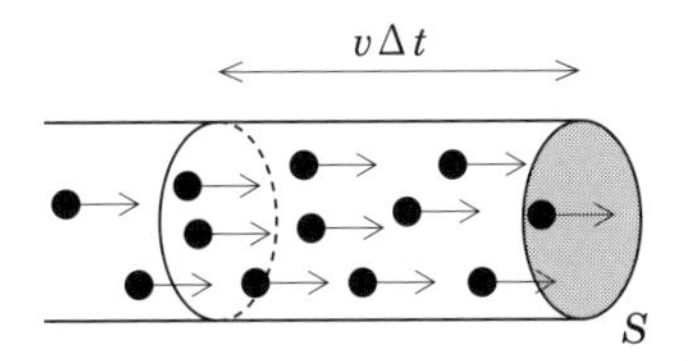

図 8.3 入射ビームのフラックス (流束).

$$j=\frac{N}{S\Delta t}=v\rho \tag{8.2}$$

と求まる．8.3 節で見るように，これが第 1 章の式 (1.16) で定義したものに相当する．

検出器で単位時間あたりに検出する散乱粒子の数 (イベント・レート) R は，入射フラックスに比例するはずである．また，標的粒子の数 N_T にも比例するであろう．すなわち，

$$R\propto N_T j\epsilon \tag{8.3}$$

と書ける．ここで ϵ は検出器の検出効率である．以下この本では，簡単のために $\epsilon=1$ とする．式 (8.3) で比例係数を σ とおき，これを**散乱断面積**とよぶ．すなわち，散乱断面積 σ は

$$\sigma=\frac{R}{N_T j} \tag{8.4}$$

で与えられ，標的粒子が 1 つだけあるときのイベント・レートを入射フラックスで割ったものになる．この定義が，後に見るように量子力学的な取り扱いとのつながりを与える．散乱断面積 σ は入射フラックスの量や標的粒子の数などの実験のセットアップに依らない量であり，反応の起こる確率に相当する．イベント・レートの次元が $[\mathrm{T}^{-1}]$，入射フラックスの次元が $[\mathrm{T}^{-1}\mathrm{L}^{-2}]$ なので (ここで，[T]，[L] はそれぞれ時間および長さの次元を表す)，散乱断面積の次元は $[\mathrm{L}^2]$，すなわち面積の次元となる．散乱断面積は入射粒子が見る実効的な標的の大きさと言える．

式 (8.3) で，計測する粒子を標的粒子から角度 (θ,ϕ) の方向の微小立体角 $d\Omega$ 内に制限することもできる．すなわち，この方向に置かれた検出器で単位時間あたりに検出する散乱粒子の数を $dR(\theta,\phi)$ とすると，

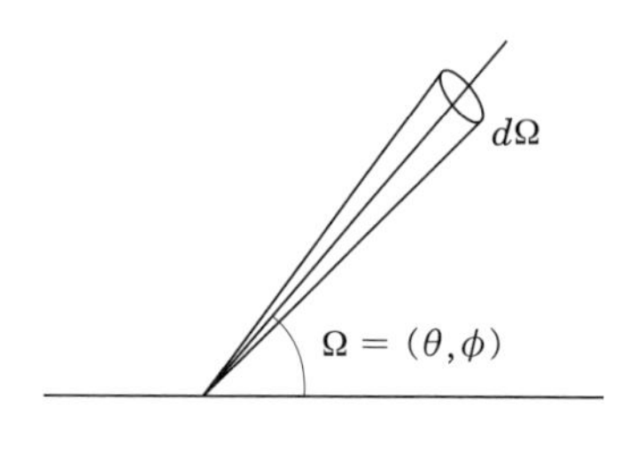

図 8.4　微分散乱断面積.

$$dR(\theta,\phi)=N_T j\,\frac{d\sigma}{d\Omega}\cdot d\Omega \tag{8.5}$$

と書くことができる．このとき $d\sigma/d\Omega$ は**微分散乱断面積**，あるいはより単純に**微分断面積**とよばれ，式 (8.4) の全断面積 σ と

$$\sigma=\int d\Omega\left(\frac{d\sigma}{d\Omega}\right) \tag{8.6}$$

という関係がある.

コラム◉魚群探知機の原理

微分散乱断面積 $d\sigma/d\Omega$ が事前にわかっていたとすると，イベント・レート $dR/d\Omega$ を観測することによって，式 (8.5) から標的粒子の数を

$$N_T=\frac{\dfrac{dR}{d\Omega}}{j\dfrac{d\sigma}{d\Omega}} \tag{8.7}$$

と見積もることができる．入射フラックス j は実験でコントロールできる量であり，実験をする際に既知である．量子力学とは関係ないが，これが魚群探知機の原理である (実際の魚群探知機では音波や超音波を入射し，魚の群れにより後方に反射する波を観測する).

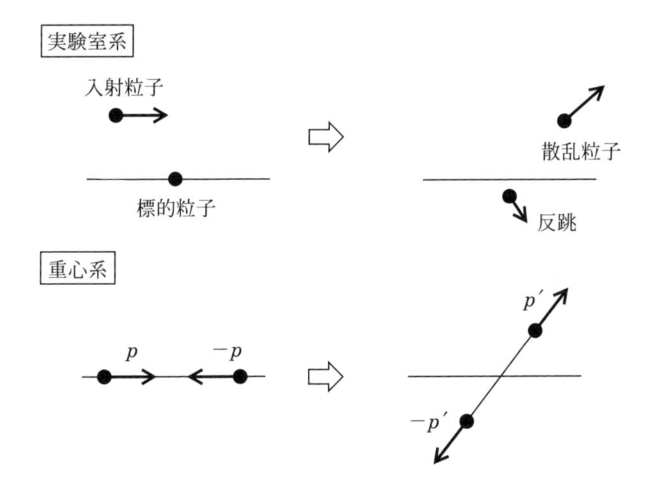

図 8.5 実験室系 (上) と重心系 (下).

8.2 実験室系と重心系

実際の散乱実験では，図 8.5 の上図のように，最初静止した標的粒子に入射粒子をビームとして入射させる．散乱後，入射粒子はある角度方向に散乱されるが，運動量保存則を満たすように標的粒子も反跳を受ける．ここで，一般に入射粒子と標的粒子の種類は散乱の前と後で違うものでもよい．一方で，散乱断面積の計算をする際には，全系の重心が静止した重心系で考えた方が計算が簡単になる．重心系では，図 8.5 の下図のように，2 粒子の運動量が常に逆向きで大きさが等しくなる．もし標的粒子の質量が無限大であれば，実験室系と重心系は同じものになる．

いま，入射粒子の質量を m_1，標的粒子の質量を m_2 とする．実験室系において入射粒子が速度 $\dot{\boldsymbol{r}}_1=\boldsymbol{v}_{1L}$ で標的粒子に入射したとする (図 8.6 参照)．標的粒子は静止しているので，その速度は $\dot{\boldsymbol{r}}_2=\boldsymbol{v}_{2L}=0$ である．このとき，この 2 粒子系の重心は速度 $\dot{\boldsymbol{R}}=(m_1\dot{\boldsymbol{r}}_1+m_2\dot{\boldsymbol{r}}_2)/(m_1+m_2)=m_1\boldsymbol{v}_{1L}/(m_1+m_2)$ で入射粒子と同じ方向に運動している．重心系に移るには，これと逆向きの速度 $-\dot{\boldsymbol{R}}$ でガリレイ変換を施し系の重心を静止させればよい．したがって，重心系での入射粒子，標的粒子の速度をそれぞれ $\boldsymbol{v}_1$，$\boldsymbol{v}_2$ とすると，これらは以下の式で与えられる．

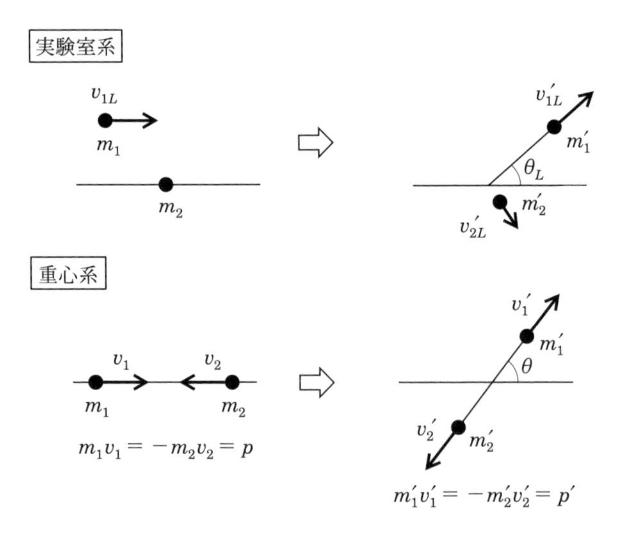

図 8.6　実験室系 (上) と重心系 (下) における運動学.

$$\boldsymbol{v}_1 = \boldsymbol{v}_{1L} - \dot{\boldsymbol{R}} = \frac{m_2}{m_1+m_2}\boldsymbol{v}_{1L}, \tag{8.8}$$

$$\boldsymbol{v}_2 = \boldsymbol{v}_{2L} - \dot{\boldsymbol{R}} = -\frac{m_1}{m_1+m_2}\boldsymbol{v}_{1L}. \tag{8.9}$$

この式よりただちに $m_1\boldsymbol{v}_1 = -m_2\boldsymbol{v}_2$ が導かれる．実験室系および重心系における全運動エネルギーをそれぞれ E_{lab}，E_{cm} とおくと，これらは

$$E_{\text{lab}} = \frac{1}{2}m_1\boldsymbol{v}_{1L}^2 + \frac{1}{2}m_2\boldsymbol{v}_{2L}^2, \tag{8.10}$$

$$E_{\text{cm}} = \frac{1}{2}m_1\boldsymbol{v}_1^2 + \frac{1}{2}m_2\boldsymbol{v}_2^2 \tag{8.11}$$

で与えられるが，式 (8.8) および式 (8.9) を用いると，これらの間には

$$E_{\text{cm}} = E_{\text{lab}} - \frac{1}{2}(m_1+m_2)\dot{\boldsymbol{R}}^2 = \frac{m_2}{m_1+m_2}E_{\text{lab}} \tag{8.12}$$

の関係があることがわかる．

散乱角度の変換も同様にガリレイ変換を用いて導くことができる．図 8.6 のように散乱後の 2 粒子の質量を m'_1，m'_2 とし，それぞれの速度を実験室系で $\boldsymbol{v}'_{1L}$，$\boldsymbol{v}'_{2L}$，重心系で $\boldsymbol{v}'_1$，$\boldsymbol{v}'_2$ とする．重心系での速度 $\boldsymbol{v}'_1$ は実験室系での速度 $\boldsymbol{v}'_{1L}$ と

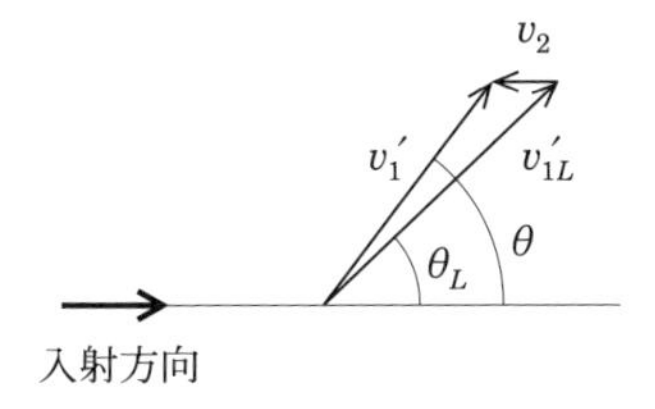

図 8.7 実験室系における散乱角 θ_L と実験室系における散乱角 θ の関係.

$\boldsymbol{v}_1' = \boldsymbol{v}_{1L}' - \dot{\boldsymbol{R}} = \boldsymbol{v}_{1L}' + \boldsymbol{v}_2$ という関係があるので，重心系での散乱角度 θ と実験室系での散乱角度 θ_L の間には図 8.7 のような関係がある．図より，

$$v_1'\cos\theta = v_{1L}'\cos\theta_L - v_2, \quad v_1'\sin\theta = v_{1L}'\sin\theta_L \tag{8.13}$$

の関係があるので，これより $\tan\theta_L$ が

$$\tan\theta_L = \frac{\sin\theta}{x + \cos\theta} \tag{8.14}$$

と求まる．ここで $x \equiv v_2/v_1'$ である．これを用いて立体角の間の変換も導ける．入射方向を z 軸にとり，散乱が入射方向に対して軸対称であるとすると，

$$\frac{d\Omega_L}{d\Omega} = \frac{d(\cos\theta_L)}{d(\cos\theta)} \tag{8.15}$$

である．ここで，$d\Omega_L$ および $d\Omega$ はそれぞれ実験室系および重心系における立体角である．式 (8.14) より

$$\cos\theta_L = \frac{x + \cos\theta}{\sqrt{x^2 + 2x\cos\theta + 1}} \tag{8.16}$$

となるので，これを $\cos\theta$ で微分することにより，

$$\frac{d\Omega_L}{d\Omega} = \frac{1 + x\cos\theta}{(x^2 + 2x\cos\theta + 1)^{3/2}} \tag{8.17}$$

を得る．$x = v_2/v_1'$ は散乱前後でのエネルギー保存則

$$\frac{1}{2}m_1 v_1^2 + \frac{1}{2}m_2 v_2^2 + m_1 c^2 + m_2 c^2 = \frac{1}{2}m_1'(v_1')^2 + \frac{1}{2}m_2'(v_2')^2 + m_1' c^2 + m_2' c^2 \tag{8.18}$$

および運動量保存則

$$m_1\boldsymbol{v}_1+m_2\boldsymbol{v}_2=m_1'\boldsymbol{v}_1'+m_2'\boldsymbol{v}_2'=0 \tag{8.19}$$

より

$$x\sim\sqrt{\frac{m_1m_1'}{m_2m_2'}\frac{E_{\rm cm}}{E_{\rm cm}+Q}} \tag{8.20}$$

となる．ただし，$Q\equiv(m_1+m_2-m_1'-m_2')c^2$ であり，$m_1c^2+m_2c^2$ に比べて $|Q|$ が十分小さいと仮定した．

8.3 ボルン近似

8.3.1 ボルン近似と散乱断面積

ここからいよいよ散乱の量子力学的取り扱いを行う．いま，入射粒子と標的粒子がポテンシャル $V(r)$ を通じて相互作用しているとする．ここで，$\boldsymbol{r}$ は 2 粒子間の相対運動の座標であり，ポテンシャルは $\boldsymbol{r}$ の大きさのみに依存するとする．3.6 節でみたように，このとき 2 粒子の運動は重心運動と相対運動に分離することができる．いま，重心固定系で散乱問題を考えることにし，相対運動のみに注目する．相対運動の波動関数を $\psi(\boldsymbol{r})$ とすると，解くべきシュレーディンガー方程式は

$$\left(-\frac{\hbar^2}{2\mu}\boldsymbol{\nabla}^2+V(r)-E\right)\psi(\boldsymbol{r})=0 \tag{8.21}$$

で与えられる．$\mu=m_1m_2/(m_1+m_2)$ は換算質量，$E=E_{\rm cm}$ は重心系におけるエネルギーである．

エネルギー E がポテンシャルの絶対値 $|V(r)|$ に比べて十分大きいとき，ポテンシャル $V(r)$ を摂動論を用いて近似的に取り扱うことができる．これが**ボルン近似**である．ポテンシャル $V(r)$ がないときのシュレーディンガー方程式の解は平面波 $\psi(\boldsymbol{r})=e^{i\boldsymbol{p}\cdot\boldsymbol{r}/\hbar}$ であり，散乱問題に対する量子力学ではポテンシャル V のために初期状態

$$\psi_i(\boldsymbol{r})=e^{i\boldsymbol{p}_i\cdot\boldsymbol{r}/\hbar} \tag{8.22}$$

から終状態

$$\psi_f(\boldsymbol{r}) = e^{i\boldsymbol{p}_f\cdot\boldsymbol{r}/\hbar} \tag{8.23}$$

に遷移したと考える．$\boldsymbol{p}_i, \boldsymbol{p}_f$ はそれぞれ散乱前後における相対運動量であり，ここでは弾性散乱を考えて $E=p_i^2/2\mu=p_f^2/2\mu$ とする．

平面波 $\psi(\boldsymbol{r})=e^{i\boldsymbol{p}\cdot\boldsymbol{r}/\hbar}$ は $|\psi(\boldsymbol{r})|^2=1$ であるので，これを全空間で積分すると発散し，波動関数は通常の意味では規格化できない．これは，平面波が一粒子の運動を表すのではなく粒子の流れを表しているためと解釈することができる．実際の散乱問題ではビームの広がりは有限であるが，その広がりは標的粒子に比べて圧倒的に大きく，ビームの端の効果は考えずに波動関数を平面波とすることが十分良い近似として成り立つ．

1.2 節で述べたように，波動関数を用いてビームのフラックスは

$$\boldsymbol{j} = \frac{\hbar}{2i\mu}(\psi^*\boldsymbol{\nabla}\psi - \psi\boldsymbol{\nabla}\psi^*) \tag{8.24}$$

と表される．平面波 $\psi(\boldsymbol{r})=e^{i\boldsymbol{p}\cdot\boldsymbol{r}/\hbar}$ の場合，フラックスは

$$\boldsymbol{j} = \frac{\boldsymbol{p}}{\mu} = \boldsymbol{v} \tag{8.25}$$

となり，$\rho=|\psi|^2=1$ に注意すると，古典的に求めたもの (式 (8.2)) と一致していることがわかる．

単位時間あたりの全遷移確率 R_{if} は，7.6 節で述べたフェルミの黄金則を用いて

$$R_{if} = \frac{2\pi}{\hbar}\int\frac{d\boldsymbol{p}_f}{(2\pi\hbar)^3}|\langle\psi_f|V|\psi_i\rangle|^2\delta(E_i - E_f) \tag{8.26}$$

のように求めることができる (7.6.4 節を参照のこと)．ここで，$E_i=p_i^2/2\mu$，$E_f=p_f^2/2\mu$ であり，弾性散乱の条件 $E_i=E_f$ がデルタ関数を通じて考慮されている．式 (8.22) および式 (8.23) を用いると，ポテンシャル V の行列要素は

$$\langle\psi_f|V|\psi_i\rangle = \int d\boldsymbol{r}\psi_f^*(\boldsymbol{r})V(r)\psi_i(\boldsymbol{r}) = \int d\boldsymbol{r}e^{i(\boldsymbol{p}_i-\boldsymbol{p}_f)\cdot\boldsymbol{r}/\hbar}V(r) \tag{8.27}$$

となる．$\boldsymbol{q}\equiv(\boldsymbol{p}_f-\boldsymbol{p}_i)/\hbar$ とおくと，これはポテンシャル $V(r)$ のフーリエ変換 $\tilde{V}(q)=\int d\boldsymbol{r}e^{-\boldsymbol{q}\cdot\boldsymbol{r}}V(r)$ に他ならない．$\boldsymbol{q}$ は**運動量移行** (momentum transfer) とよばれ，図 8.8 に示すように散乱角 θ と

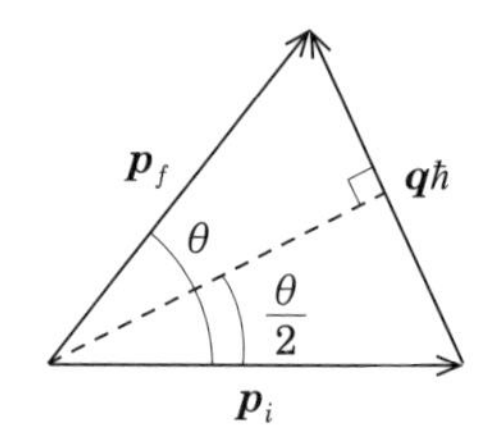

図 8.8 運動量移行 q と散乱角 θ の関係.

$$q\hbar = 2p_i \sin\frac{\theta}{2} \tag{8.28}$$

の関係がある．球対称ポテンシャルに対しては，$\tilde{V}(q)$ は

$$\tilde{V}(q) = 2\pi\int_{-1}^{1} d(\cos\theta)\int_0^\infty r^2 dr e^{-iqr\cos\theta}V(r) = 4\pi\int_0^\infty r^2 dr \frac{\sin qr}{qr}V(r) \tag{8.29}$$

のように計算できる．

散乱断面積を求めるために，さらに計算を進めよう．式 (8.26) の終状態の運動量に関する 3 次元積分を極座標を用いて表し，動径積分を実行すると

$$R_{if} = \frac{\mu p_i}{4\pi^2\hbar^4}\int d\Omega_{p_f}|\tilde{V}(q)|^2 \tag{8.30}$$

を得る．これを入射フラックス $j_{\rm in} = p_i/\mu$ で割ったものが散乱断面積である (式 (8.4))．すなわち，

$$\sigma = \frac{R_{if}}{j_{\rm in}} = \int d\Omega_{p_f}\frac{\mu^2}{4\pi^2\hbar^4}|\tilde{V}(q)|^2 \tag{8.31}$$

を得る．これを式 (8.6) と比べると，微分散乱断面積は

$$\frac{d\sigma}{d\Omega} = \frac{\mu^2}{4\pi^2\hbar^4}|\tilde{V}(q)|^2 \tag{8.32}$$

となる．

8.3.2 具体的な例 1：拡がりを持つ標的粒子と電子の散乱

ボルン近似の具体的な例として，電荷 $-e$ の電子と電荷密度 $e\rho(\boldsymbol{r})$ を持つ標的粒子の散乱を考えよう．このときのポテンシャルは

$$V(\boldsymbol{r}) = -e^2 \int \frac{\rho(\boldsymbol{r}')}{|\boldsymbol{r}-\boldsymbol{r}'|} d\boldsymbol{r}' \tag{8.33}$$

で与えられる．ポテンシャル $V(\boldsymbol{r})$ のフーリエ変換

$$\tilde{V}(\boldsymbol{q}) = \int d\boldsymbol{r}\, e^{-i\boldsymbol{q}\cdot\boldsymbol{r}} V(\boldsymbol{r}) \tag{8.34}$$

において部分積分を 2 回行い，ポアソン方程式 $\boldsymbol{\nabla}^2 V(r) = 4\pi e^2 \rho(\boldsymbol{r})$ を用いると

$$\tilde{V}(\boldsymbol{q}) = -\frac{4\pi e^2}{q^2} \int d\boldsymbol{r}\, e^{-i\boldsymbol{q}\cdot\boldsymbol{r}} \rho(\boldsymbol{r}) \equiv -\frac{4\pi e^2}{q^2} F(\boldsymbol{q}) \tag{8.35}$$

となる．

$$F(\boldsymbol{q}) \equiv \int d\boldsymbol{r}\, e^{-i\boldsymbol{q}\cdot\boldsymbol{r}} \rho(\boldsymbol{r}) \tag{8.36}$$

は標的粒子の密度分布 $\rho(\boldsymbol{r})$ のフーリエ変換であり，**形状因子**とよばれる．これを式 (8.32) に代入して式 (8.28) を用いると

$$\frac{d\sigma}{d\Omega} = \left(\frac{e^2}{4E \sin^2 \dfrac{\theta}{2}} \right)^2 |F(q)|^2 \tag{8.37}$$

を得る．もし標的粒子が点粒子であり，$\rho(\boldsymbol{r}) = Z\delta(\boldsymbol{r})$ で与えられるとすると

$$\frac{d\sigma}{d\Omega} = \left(\frac{Ze^2}{4E \sin^2 \dfrac{\theta}{2}} \right)^2 \tag{8.38}$$

となり，古典力学で求められたラザフォード散乱の断面積と一致する．

ところで，形状因子の式 (8.36) で q が小さいとして指数関数を q^2 のオーダーまで展開すると，

$$F(q) \sim Z - \frac{2\pi}{3} q^2 \int_0^\infty r^4 dr \rho(r) \tag{8.39}$$

となる．ここで，密度分布 $\rho(\boldsymbol{r})$ は球対称であることを仮定し，

$$\int d\boldsymbol{r} \rho(\boldsymbol{r}) = Z \tag{8.40}$$

を用いた (Ze は標的粒子の全電荷)．r^2 の平均値として

$$\langle r^2\rangle = \frac{\displaystyle\int d\boldsymbol{r} r^2 \rho(\boldsymbol{r})}{\displaystyle\int d\boldsymbol{r}\rho(\boldsymbol{r})} = \frac{1}{Z}\cdot 4\pi\int_0^\infty r^4 dr\rho(r) \tag{8.41}$$

を用いると，$F(q)$ は

$$F(q)\sim Z - \frac{q^2}{6}Z\langle r^2\rangle \tag{8.42}$$

と表せる．すなわち，運動量移行 q が小さいところ (散乱角 θ が小さいところ) の散乱を測定することにより，標的粒子の平均 2 乗半径 $\sqrt{\langle r^2\rangle}$ を知ることができる．実際に，陽子の半径はこのようにして実験的に測定された．

8.3.3　具体的な例 2：スクリーンされたクーロンポテンシャル (湯川ポテンシャル)

次に，スクリーンされたクーロンポテンシャル

$$V(r) = g\frac{e^{-\alpha r}}{r} \tag{8.43}$$

を考える．このポテンシャルは湯川ポテンシャルともよばれる．例えば，原子と原子核の散乱において，原子中の原子核と入射原子核の間のクーロンポテンシャルは遠方では原子の電子雲によってスクリーンされる．このときのポテンシャルが式 (8.43) で与えられる．このとき，$1/\alpha$ はスクリーン長とよばれる．

式 (8.29) を用いると，このポテンシャルのフーリエ変換は

$$\tilde{V}(q) = \frac{4\pi g}{q^2+\alpha^2} \tag{8.44}$$

と求められる．$\alpha=0$ のとき $\tilde{V}(q)=4\pi g/q^2$ となり，これは式 (8.35) で $g=-e^2$, $F(q)=1$ とおいたときの結果と一致する．

8.4　散乱振幅と散乱断面積

8.4.1　リップマン-シュウィンガー方程式

エネルギー E がポテンシャルの大きさ $|V(r)|$ と同程度のとき，摂動論 (ボルン

近似) を用いずにシュレーディンガー方程式をそのまま解く必要がある．そのときの一般的な解の性質を見るために，式 (8.21) を次のように書き換えよう．

$$\left(-\frac{\hbar^2}{2\mu}\boldsymbol{\nabla}^2-E\right)\psi(\boldsymbol{r})=-V(r)\psi(\boldsymbol{r}). \tag{8.45}$$

この方程式は形式的に以下の形に解くことができる．

$$\psi=\phi-\frac{1}{\hat{H}_0-E-i\eta}V\psi. \tag{8.46}$$

ここで，$\hat{H}_0=-\hbar^2\boldsymbol{\nabla}^2/2\mu$ であり，ϕ は $(\hat{H}_0-E)\phi=0$ を満たす解である．また，η は正の無限小量であり，波動関数の境界条件を与える (式 (8.56) を参照のこと．時間形式の定式化では，この η が因果律と関係する)．式 (8.46) は**リップマン-シュウィンガー方程式**とよばれ，$(\hat{H}_0-E-i\eta)G^{(+)}=1$ を満たすグリーン関数 $G^{(+)}=1/(\hat{H}_0-E-i\eta)$ を用いて逐次的に

$$\psi=\phi-G^{(+)}V(\phi-G^{(+)}V\psi)=\phi-G^{(+)}V\phi+G^{(+)}VG^{(+)}V\phi+\cdots \tag{8.47}$$

のように解ける．この式でポテンシャル V の 1 次までとったものが前節のボルン近似である．

リップマン-シュウィンガー方程式 (8.46) の両辺の座標表示をとると

$$\psi(\boldsymbol{r})=\phi(\boldsymbol{r})-\int d\boldsymbol{r}'G^{(+)}(\boldsymbol{r},\boldsymbol{r}')V(r')\psi(\boldsymbol{r}') \tag{8.48}$$

となる．ここで，グリーン関数の座標表示

$$G^{(+)}(\boldsymbol{r},\boldsymbol{r}')=\left\langle\boldsymbol{r}\left|\frac{1}{\hat{H}_0-E-i\eta}\right|\boldsymbol{r}'\right\rangle \tag{8.49}$$

を求めてみよう．$\hat{H}_0$ の固有状態を $|\boldsymbol{k}\rangle$ と書くと，$\langle\boldsymbol{r}|\boldsymbol{k}\rangle\propto e^{i\boldsymbol{k}\cdot\boldsymbol{r}}$ であり，

$$\hat{H}_0|\boldsymbol{k}\rangle=\frac{k^2\hbar^2}{2\mu}|\boldsymbol{k}\rangle \tag{8.50}$$

が満たされる．第 1 章で述べたように，状態ベクトル $|\boldsymbol{k}\rangle$ の規格化を

$$\langle\boldsymbol{r}|\boldsymbol{k}\rangle=\frac{1}{\sqrt{(2\pi)^3}}e^{i\boldsymbol{k}\cdot\boldsymbol{r}} \tag{8.51}$$

ととれば,

$$\int d\boldsymbol{k}|\boldsymbol{k}\rangle\langle\boldsymbol{k}|=1 \tag{8.52}$$

が満たされる．これらを用いると,

$$\begin{aligned}G^{(+)}(\boldsymbol{r},\boldsymbol{r}')&=\int\frac{d\boldsymbol{k}'}{(2\pi)^3}e^{i\boldsymbol{k}'\cdot\boldsymbol{r}}\frac{1}{\dfrac{k'^2\hbar^2}{2\mu}-\dfrac{k^2\hbar^2}{2\mu}-i\eta}e^{-i\boldsymbol{k}'\cdot\boldsymbol{r}'}\\&=\frac{2\mu}{\hbar^2}\frac{1}{(2\pi)^3}\int_0^\infty k'^2dk'\int d\hat{\boldsymbol{k}}e^{ik's\cos\theta}\frac{1}{k'^2-k^2-i\eta}\end{aligned} \tag{8.53}$$

を得る．ただし，$E=k^2\hbar^2/2\mu$ とおき，また，$\boldsymbol{s}\equiv\boldsymbol{r}-\boldsymbol{r}'$ を定義した．最後の式変形では，$2\mu\eta/\hbar^2$ をあらためて η とおいた．この式で角度積分を実行すると,

$$\begin{aligned}G^{(+)}(\boldsymbol{r},\boldsymbol{r}')&=\frac{1}{i}\frac{1}{(2\pi)^2}\frac{2\mu}{\hbar^2}\int_0^\infty dk'\frac{k'}{k'^2-k^2-i\eta}\left(\frac{e^{ik's}}{s}-\frac{e^{-ik's}}{s}\right)\\&=\frac{1}{i}\frac{1}{(2\pi)^2}\frac{2\mu}{\hbar^2}\int_{-\infty}^\infty dk'\frac{k'}{k'^2-k^2-i\eta}\frac{e^{ik's}}{s}\end{aligned} \tag{8.54}$$

を得る．残る k' の積分は複素積分のテクニックを用いて実行することができる．

$$\frac{k'}{k'^2-k^2-i\eta}=\frac{1}{2}\left(\frac{1}{k'+k+i\eta}+\frac{1}{k'-k-i\eta}\right) \tag{8.55}$$

であることに注意すると (ここでも $\eta/2k$ をあらためて η とおいた)，被積分関数は $k'=\pm(k+i\eta)$ に一位の極を持っている．そこで，図 8.9 に示す積分経路に沿って積分を評価すると,

$$G^{(+)}(\boldsymbol{r},\boldsymbol{r}')=\frac{1}{i}\frac{1}{(2\pi)^2}\cdot\frac{2\mu}{\hbar^2}\frac{1}{2}\cdot2\pi i\frac{e^{iks}}{s}=\frac{\mu}{2\pi\hbar^2}\frac{e^{iks}}{s}=\frac{\mu}{2\pi\hbar^2}\frac{e^{ik|\boldsymbol{r}-\boldsymbol{r}'|}}{|\boldsymbol{r}-\boldsymbol{r}'|} \tag{8.56}$$

を得る．すなわち，グリーン関数 $G^{(+)}$ は外向き波の境界条件を満たすものになっている．この結果を用いると，式 (8.48) は

$$\psi(\boldsymbol{r})=e^{i\boldsymbol{k}\cdot\boldsymbol{r}}-\frac{\mu}{2\pi\hbar^2}\int d\boldsymbol{r}'\frac{e^{ik|\boldsymbol{r}-\boldsymbol{r}'|}}{|\boldsymbol{r}-\boldsymbol{r}'|}V(r')\psi(\boldsymbol{r}') \tag{8.57}$$

と書き直すことができる．ここで，$\phi(\boldsymbol{r})=e^{i\boldsymbol{k}\cdot\boldsymbol{r}}$ とおいた．

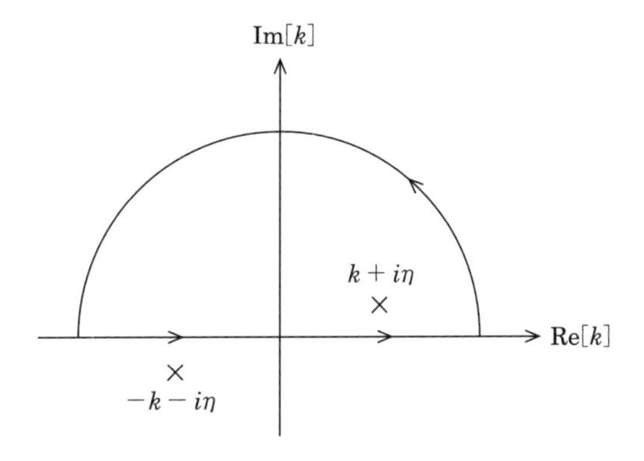

図 8.9 グリーン関数 (8.54) を求める際の複素 k' 平面上の積分経路.

8.4.2 散乱振幅

この章の初めに述べたように，散乱問題では波動関数の遠方での振る舞いが重要になる．そこで，式 (8.57) の $r \to \infty$ での振る舞いを議論しよう．$r \to \infty$ で

$$k|\boldsymbol{r}-\boldsymbol{r}'| = k\sqrt{r^2 - 2\boldsymbol{r}\cdot\boldsymbol{r}' + r'^2} \sim kr - k\frac{\boldsymbol{r}}{r}\cdot\boldsymbol{r}', \tag{8.58}$$

$$\frac{1}{|\boldsymbol{r}-\boldsymbol{r}'|} \sim \frac{1}{r} \tag{8.59}$$

に注意すると，式 (8.57) は

$$\psi(\boldsymbol{r}) \to e^{i\boldsymbol{k}\cdot\boldsymbol{r}} - \frac{\mu}{2\pi\hbar^2}\int d\boldsymbol{r}' e^{-i\boldsymbol{k}'\cdot\boldsymbol{r}'} V(r')\psi(\boldsymbol{r}')\frac{e^{ikr}}{r} \qquad (r \to \infty) \tag{8.60}$$

と書き直すことができる．ただし，$k\boldsymbol{r}/r \equiv \boldsymbol{k}'$ とおいた．

$$f(\theta) \equiv -\frac{\mu}{2\pi\hbar^2}\int d\boldsymbol{r}' e^{-i\boldsymbol{k}'\cdot\boldsymbol{r}'} V(r')\psi(\boldsymbol{r}') \tag{8.61}$$

を定義すると，この式は

$$\psi(\boldsymbol{r}) \to e^{i\boldsymbol{k}\cdot\boldsymbol{r}} + f(\theta)\frac{e^{ikr}}{r} \qquad (r \to \infty) \tag{8.62}$$

と書き直すことができる．ここで $f(\theta)$ は**散乱振幅**とよばれる．この式の第 1 項が入射波を表し，第 2 項が散乱波を表すと解釈することができる．散乱波は外向

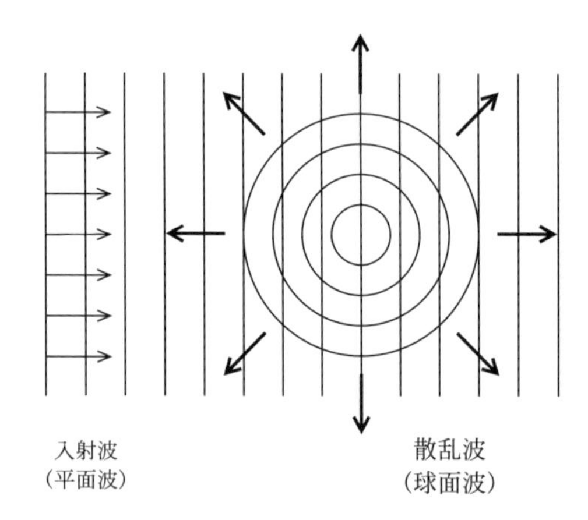

図 8.10　波動関数の遠方での振る舞い．式 (8.62) のように，入射平面波と外向きの散乱球面波の重ね合わせになっている．

き球面波であり，散乱振幅 $f(\theta)$ が散乱中心からの角度 θ 依存性を波動関数に与える．図 8.10 にその様子を図示した．この後すぐ説明するように，散乱の情報はすべて散乱振幅 $f(\theta)$ に含まれる．すなわち，量子散乱理論は，散乱振幅 $f(\theta)$ を求めることが本質的な目的であるということができる．

8.4.3　散乱断面積

散乱断面積を求めるために，式 (8.62) の第 2 項で表される散乱波

$$\psi_{\mathrm{sc}}(\boldsymbol{r}) = f(\theta)\frac{e^{ikr}}{r} \tag{8.63}$$

に対するフラックス

$$\boldsymbol{j}_{\mathbf{sc}} = \frac{\hbar}{2i\mu}(\psi_{\mathrm{sc}}^* \boldsymbol{\nabla}\psi_{\mathrm{sc}} - \psi_{\mathrm{sc}}\boldsymbol{\nabla}\psi_{\mathrm{sc}}^*) \tag{8.64}$$

を求めよう．その際，微分演算子 $\boldsymbol{\nabla}$ を式 (3.35) のように極座標で表しておくと都合がよい：

$$\boldsymbol{\nabla} = \frac{\partial}{\partial r}\boldsymbol{e}_r + \frac{1}{r}\frac{\partial}{\partial \theta}\boldsymbol{e}_\theta + \frac{1}{r\sin\theta}\frac{\partial}{\partial \varphi}\boldsymbol{e}_\varphi. \tag{8.65}$$

これを用いると，

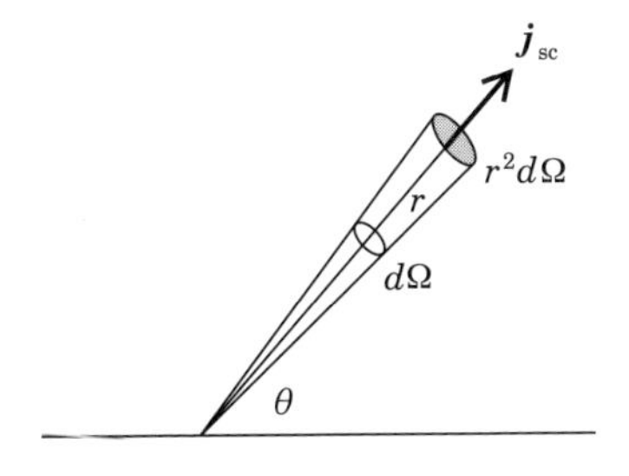

図 8.11 散乱波のフラックス．

$$\boldsymbol{j}_{\rm sc} = \frac{\hbar}{2i\mu}\left[f^*(\theta)\frac{e^{-ikr}}{r}\left\{f(\theta)\left(\frac{ik}{r}e^{ikr} - \frac{1}{r^2}e^{ikr}\right)\boldsymbol{e}_r + \frac{e^{ikr}}{r^2}f'(\theta)\boldsymbol{e}_\theta\right\} - \text{c.c.}\right] \tag{8.66}$$

を得る．ただし，c.c. は複素共役を表す．実際の散乱実験では，検出器の位置では $r \gg 1$ であるので，上の式で $1/r$ に比例する項に比べて $1/r^2$ に比例する項を無視すると，

$$\boldsymbol{j}_{\rm sc} \sim \frac{k\hbar}{\mu}\frac{|f(\theta)|^2}{r^2}\boldsymbol{e}_r \tag{8.67}$$

となる．図 8.11 に示すように，単位時間に立体角 $d\Omega$ に散乱される粒子数は

$$r^2 d\Omega \boldsymbol{j}_{\rm sc} \cdot \boldsymbol{e}_r = \frac{k\hbar}{\mu}|f(\theta)|^2 d\Omega \tag{8.68}$$

であるので，これを入射フラックス $j_{\rm in} = k\hbar/\mu$ で割ると，微分散乱断面積として

$$\frac{d\sigma}{d\Omega} = |f(\theta)|^2 \tag{8.69}$$

を得る．

ボルン近似は式 (8.61) で $\psi(\boldsymbol{r}')$ を非摂動波動関数 $\phi(\boldsymbol{r}') = e^{i\boldsymbol{k}\cdot\boldsymbol{r}'}$ に置き換えたものに相当する．それを用いて式 (8.69) を計算すると，式 (8.32) と同じものが得られることが確認できる．

8.4.4　光学定理：散乱波はどこから現れるのか？

式 (8.62) の第 1 項の入射波 $\psi_{\mathrm{in}}(\boldsymbol{r})=e^{i\boldsymbol{k}\cdot\boldsymbol{r}}$ に対するフラックスは，入射方向を z 軸にとると $\boldsymbol{j}_{\mathrm{in}}=(k\hbar/\mu)\boldsymbol{e}_z$ である．散乱中心から大きい半径 r の球を考えると，このフラックスは $k\hbar/\mu$ だけ球面に流れ込み，同じ量が球面から出ていく．すなわち，球面から出ていく正味のフラックスはゼロである．ポテンシャルがないときにはこのフラックスのみであるが，ポテンシャルがあるとここに散乱波のフラックスが加わる．前節でみたように，散乱波のフラックスは式 (8.67) で与えられ，これを球面全体で積分すると

$$\int_S dS\boldsymbol{j}_{\mathrm{sc}}\cdot\boldsymbol{e}_r=\int r^2 d\Omega\boldsymbol{j}_{\mathrm{sc}}\cdot\boldsymbol{e}_r=\frac{k\hbar}{\mu}\int d\Omega|f(\theta)|^2=\frac{k\hbar}{\mu}\sigma \tag{8.70}$$

となる．すなわち，この量のフラックスがそのまま球面から出ていくことになる．一見球に入った以上のフラックスが出ていてフラックスが全体として保存していないように見えるが，このフラックスの増加分はどのようにして現れたのであろうか？

ところで，シュレーディンガー方程式の解 $\psi(\boldsymbol{r})$ の全体を用いてフラックスを計算すると，全フラックスは保存し，

$$\int_S \boldsymbol{j}\cdot\boldsymbol{e}_r dS=0 \tag{8.71}$$

となる．これは次のように証明することができる．波動関数 ψ と ψ^* に対するシュレーディンガー方程式

$$-\frac{\hbar^2}{2\mu}\boldsymbol{\nabla}^2\psi+(V-E)\psi=0, \tag{8.72}$$

$$-\frac{\hbar^2}{2\mu}\boldsymbol{\nabla}^2\psi^*+(V-E)\psi^*=0 \tag{8.73}$$

の両辺に ψ^* および ψ を掛けて 2 つの方程式を引くと

$$-\frac{\hbar^2}{2\mu}(\psi^*\boldsymbol{\nabla}^2\psi-\psi\boldsymbol{\nabla}^2\psi^*)=0 \tag{8.74}$$

となるが，これは

$$\boldsymbol{\nabla}\cdot(\psi^*\boldsymbol{\nabla}\psi-\psi\boldsymbol{\nabla}\psi^*)=0 \tag{8.75}$$

と同値である．すなわち，

$$\boldsymbol{\nabla}\cdot\boldsymbol{j}=0 \tag{8.76}$$

である．ガウスの法則より

$$\int_V \boldsymbol{\nabla}\cdot\boldsymbol{j}d\boldsymbol{r}=\int_S \boldsymbol{j}\cdot\boldsymbol{n}dS \tag{8.77}$$

であるので ($\boldsymbol{n}$ は面上の法線ベクトル)，半径 r の球を考えると

$$\int \boldsymbol{j}\cdot\boldsymbol{e}_r r^2 d\boldsymbol{r}=0 \tag{8.78}$$

となり，球面に入る正味のフラックスはゼロになり，フラックスの保存則が成り立つはずである．

このフラックスの保存を考える際に，入射波と散乱波の干渉が重要な役割を果たす．式 (8.62) の波動関数全体を用いてフラックスを計算すると，r が大きいときに

$$\boldsymbol{j}=\frac{\hbar\boldsymbol{k}}{\mu}+\frac{k\hbar}{\mu}\boldsymbol{e}_r\frac{|f(\theta)|^2}{r^2}+\frac{k\hbar}{2\mu}\frac{1}{r}(\boldsymbol{e}_r+\boldsymbol{e}_z)[f^*(\theta)e^{-ikr(1-\cos\theta)}+f(\theta)e^{ikr(1-\cos\theta)}] \tag{8.79}$$

を得る．この第 3 項目が入射波と散乱波の干渉からくる項である．r が大きいとき，この項は $\cos\theta\sim 1$ の周りを除いて激しく振動し，角度積分をするとゼロになる．すなわち，式 (8.78) の左辺に対するこの項からの寄与を N_3 とすると，$\theta=0$ の周囲のみが積分に効くことになる．$\boldsymbol{e}_r\cdot\boldsymbol{e}_r=1$, $\boldsymbol{e}_r\cdot\boldsymbol{e}_z=\cos\theta$ であるので N_3 は

$$N_3=\frac{\hbar k}{2\mu r}2\pi r^2\int_{-1}^{1}d(\cos\theta)(1+\cos\theta)[f^*(\theta)e^{-ikr(1-\cos\theta)}+f(\theta)e^{ikr(1-\cos\theta)}] \tag{8.80}$$

のように表されるが，ここで部分積分を行うと

$$\begin{aligned}N_3=\frac{\hbar k}{2\mu}2\pi r\biggl\{&-\frac{1}{ikr}f(\theta)(1+\cos\theta)e^{ikr(1-\cos\theta)}\biggr|_{\cos\theta=-1}^{1}\\&+\frac{1}{ikr}\int_{-1}^{1}d(\cos\theta)\left[\frac{d}{d(\cos\theta)}f(\theta)(1+\cos\theta)\right]e^{ikr(1-\cos\theta)}+\text{c.c.}\biggr\}\end{aligned} \tag{8.81}$$

を得る．ここで，もう一度部分積分をすると，第2項は第1項にくらべて $O(1/r)$ だけ小さいことがわかる．この項を無視すると，

$$N_3 \sim -\frac{2\pi\hbar}{\mu}\cdot\frac{1}{i}(f(0)-f^*(0)) = -\frac{k\hbar}{\mu}\cdot\frac{4\pi}{k}\mathrm{Im}f(0) \tag{8.82}$$

を得る．ここで Im は虚部を表す．この N_3 が散乱波によるフラックスと相殺して全体としてフラックスが保存される．すなわち，

$$\sigma = \frac{4\pi}{k}\mathrm{Im}f(0) \tag{8.83}$$

が成り立つ．これを**光学定理**という．すなわち，入射波と散乱波の干渉により $\theta=0$ 方向でフラックスが N_3 だけ減り，その減った分が外向き球面波として球面上から出ていくというわけである．

8.5　部分波解析

8.5.1　部分波展開

任意の関数はルジャンドル多項式で展開できる．そこで，自由粒子の平面波解 $\psi(\boldsymbol{r}) = e^{i\boldsymbol{k}\cdot\boldsymbol{r}} = e^{ikr\cos\theta}$ を $\cos\theta$ に関して展開してみよう (ここで $\boldsymbol{k}$ の方向を z 軸にとる).

$$e^{ikr\cos\theta} = \sum_{l=0}^{\infty} a_l(r)P_l(\cos\theta) \tag{8.84}$$

とおき，ルジャンドル多項式に関する直交性

$$\int_{-1}^{1} P_l(x)P_{l'}(x)dx = \frac{2}{2l+1}\delta_{l,l'} \tag{8.85}$$

を用いると，展開係数 $a_l(r)$ は

$$a_l(r) = \frac{2l+1}{2}\int_{-1}^{1} d(\cos\theta)e^{ikr\cos\theta}P_l(\cos\theta) = (2l+1)i^l j_l(kr) \tag{8.86}$$

と求まる．ここで球ベッセル関数 $j_l(x)$ に対する

$$j_l(y) = \frac{1}{2i^l}\int_{-1}^{1} dx\, e^{iky}P_l(x) \tag{8.87}$$

という関係式を用いた．すなわち，平面波解は

$$e^{ikr\cos\theta}=\sum_{l=0}^{\infty}(2l+1)i^l j_l(kr)P_l(\cos\theta) \tag{8.88}$$

というように展開できる．これを**部分波展開**という．角度 θ がベクトル $\boldsymbol{k}$ と $\boldsymbol{r}$ の間の角であることを考慮すると，式 (8.88) は

$$e^{ikr\cos\theta}=\sum_{l=0}^{\infty}\sum_{m=-l}^{l}4\pi i^l j_l(kr)Y_{lm}(\hat{\boldsymbol{r}})Y_{lm}^*(\hat{\boldsymbol{k}}) \tag{8.89}$$

と書き直すことができる．ここで公式

$$P_l(\cos\gamma)=\frac{4\pi}{2l+1}\sum_{m=-l}^{m}Y_{lm}(\hat{\boldsymbol{r}})Y_{lm}^*(\hat{\boldsymbol{r}}') \tag{8.90}$$

を用いた (γ はベクトル $\boldsymbol{r}$ と $\boldsymbol{r}'$ の間の角)．これより，式 (8.88) で l は 2 粒子系の相対軌道角運動量，$j_l(kr)$ は相対運動の動径波動関数と解釈することができる．すなわち，平面波にはすべての角運動量 l (これを角運動量 l の**部分波**と呼ぶ) が混ざっていることになる．次章で取り上げる半古典近似では，角運動量 l は衝突係数 b を用いて $l=kb\hbar$ と書けるので，平面波はいろいろな衝突係数の運動が混ざっているということもできる．これがまさに図 8.10 に対応している．

図 8.12 に部分波展開の様子を示す．図 8.12 (a) が $e^{ikr\cos\theta}$ の実部がゼロになる点を $y=0$ の平面で kz と kx の関数として示したものである．図 8.12 (b) と図 8.12 (c) に式 (8.88) の右辺における $l=0$ と $l=2$ の寄与を示す．図 8.12 (d), (e), (f) はそれぞれ，式 (8.88) の和を $l=2,4,10$ までとったときの図である ($e^{ikr\cos\theta}$ の実部は偶数の l のみが寄与することに注意せよ)．l を増やしていくと徐々に平面波 (図 8.12 (a)) に近づくことがわかる．

8.5.2 部分波解析

高エネルギーの散乱ではボルン近似を用いて角運動量が陽に現れない議論ができた．一方で，低エネルギーでは l ごとに散乱の様子が大きく変わり得るため，各 l ごとに散乱を議論することが重要になる．それがこの節で取り上げる**部分波解析**である．この目的のために，平面波解 (8.88) の遠方における振る舞いを議論しよう．球ベッセル関数の漸近形

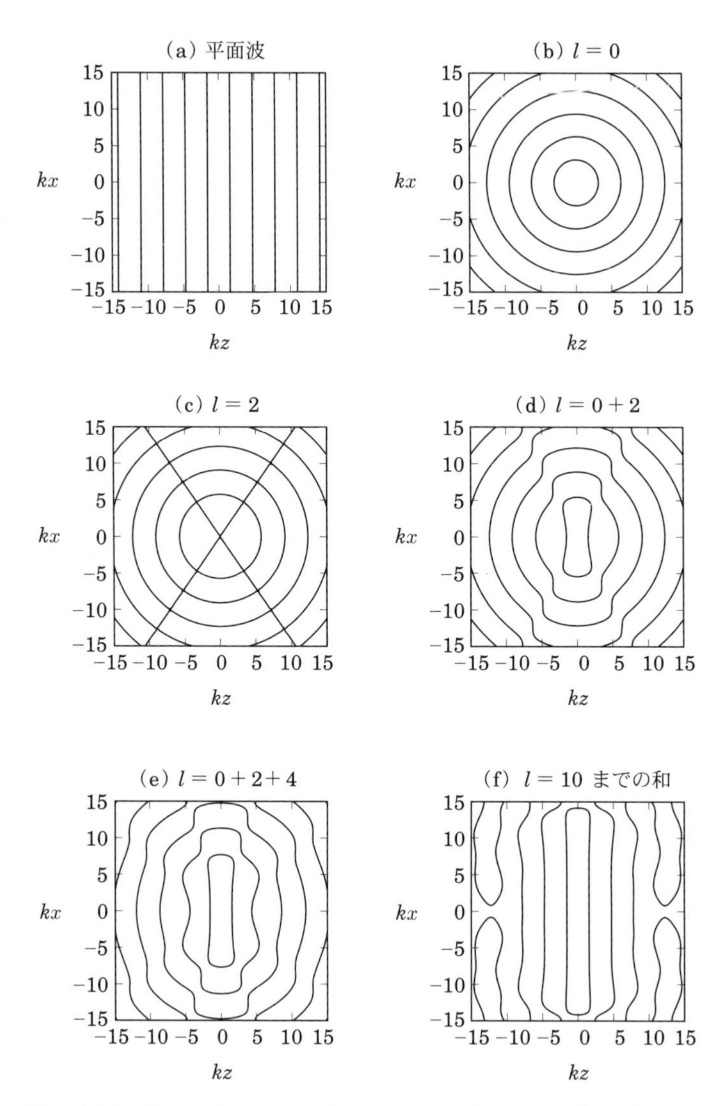

図 8.12 部分波展開の様子．$e^{ikr\cos\theta}$ の実部がゼロになる点を $y=0$ 面上で線でつないだもの．図 (a) は平面波 $e^{ikr\cos\theta}$，図 (b) および (c) はそれぞれ部分波 $l=0$ および $l=2$ の寄与を示す．図 (d), (e), および (f) はそれぞれ部分波の和を $l=2,4$ および 10 までとったときの結果を示す．

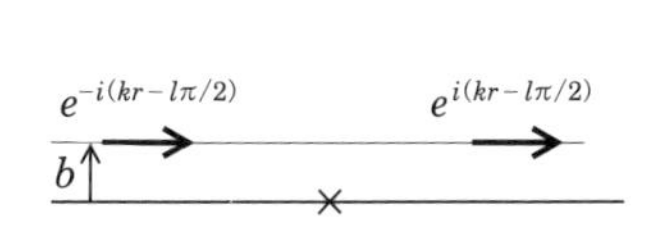

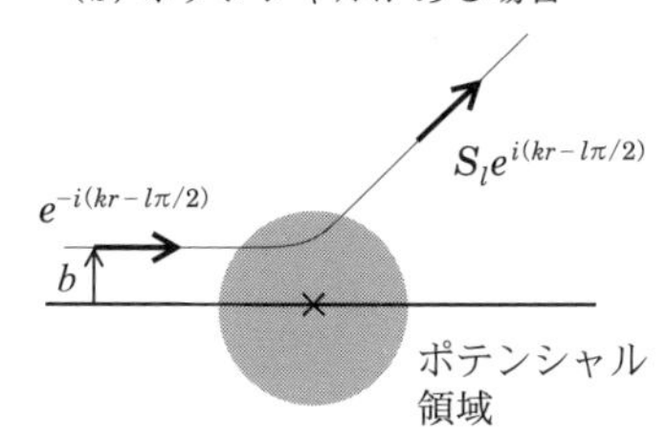

図 8.13　散乱問題における内向波および外向波．ここでは，波動で考える代わりに半古典論に基づき粒子の軌道を考えている．左図がポテンシャルがない場合，右図がポテンシャルがある場合を表す．b は衝突係数を表す．

$$j_l(kr) \to \frac{1}{kr}\sin\left(kr - \frac{l\pi}{2}\right) = \frac{1}{2ikr}[e^{i(kr-l\pi/2)} - e^{-i(kr-l\pi/2)}] \qquad (r\to\infty) \tag{8.91}$$

を用いると，平面波解は $r\to\infty$ で

$$e^{ikr\cos\theta} \to \frac{i}{2kr}\sum_{l=0}^{\infty}(2l+1)i^l[e^{-i(kr-l\pi/2)} - e^{i(kr-l\pi/2)}]P_l(\cos\theta) \tag{8.92}$$

となる．第 1 項が内向波，第 2 項が外向波を表す．次章で説明する半古典論の考えに基づき波動の代わりに粒子描像を用いて相対運動の軌道を考えると，この波動関数は図 8.13 の左図に対応する．

ポテンシャル $V(r)$ がある場合，相対波動関数は式 (8.46) から明らかのように平面波からずれる．しかし，ポテンシャル $V(r)$ が短距離ポテンシャルであるなら，$r\to\infty$ でポテンシャルは十分小さくなり自由粒子のように振る舞う．このとき，波動関数はポテンシャルがないときと同様に内向波と外向波の重ね合わせとして与えられる．したがって，波動関数の遠方での漸近形は

$$\psi(\boldsymbol{r}) \to \frac{i}{2kr}\sum_{l=0}^{\infty}(2l+1)i^l[e^{-i(kr-l\pi/2)} - S_l(E)e^{i(kr-l\pi/2)}]P_l(\cos\theta) \tag{8.93}$$

のようになる．ここで $S_l(E)$ は S **行列**とよばれる量で，ポテンシャルがあることを反映したものである．上の式で，内向波は式 (8.92) と同じものであり，外向波のみが因子 $S_l(E)$ の分だけ変更されている．これは，図 8.13 の右図の示すように，内向波が入射波，外向波がポテンシャル領域を通過した後の散乱波に対応

していることによる．ポテンシャル $V(r)$ が実数で，$r=|\boldsymbol{r}|$ のみに依存するのであれば，フラックスの保存より $|S_l(E)|=1$ となる．

式 (8.62) と対応させるために，式 (8.93) を以下のように書き直す．

$$\begin{aligned}\psi(\boldsymbol{r})\to&\frac{i}{2kr}\sum_{l=0}^{\infty}(2l+1)i^l[e^{-i(kr-l\pi/2)}-e^{i(kr-l\pi/2)}\\&+e^{i(kr-l\pi/2)}-S_l(E)e^{i(kr-l\pi/2)}]P_l(\cos\theta)\\&=e^{i\boldsymbol{k}\cdot\boldsymbol{r}}+\frac{i}{2kr}\sum_{l=0}^{\infty}(2l+1)i^le^{-il\pi/2}e^{ikr}(1-S_l(E))P_l(\cos\theta).\end{aligned}$$

ここで，式 (8.92) を用いた．$i^le^{-il\pi/2}=i^l(-i)^l=1$ であることに注意すると，

$$\psi(\boldsymbol{r})\to e^{i\boldsymbol{k}\cdot\boldsymbol{r}}+\left[\sum_{l=0}^{\infty}(2l+1)\frac{S_l(E)-1}{2ik}P_l(\cos\theta)\right]\frac{e^{ikr}}{r} \tag{8.94}$$

を得る．これと式 (8.62) を比べると，散乱振幅として

$$f(\theta)=\sum_{l=0}^{\infty}(2l+1)\frac{S_l(E)-1}{2ik}P_l(\cos\theta) \tag{8.95}$$

を得る．

これまで見たように，微分散乱断面積は $d\sigma/d\Omega=|f(\theta)|^2$ で与えられるが，ルジャンドル多項式の直交性 (式 (8.85)) を用いると，全断面積は

$$\sigma=\int d\Omega|f(\theta)|^2=\frac{\pi}{k^2}\sum_{l=0}^{\infty}|S_l(E)-1|^2 \tag{8.96}$$

と求まる．

位相のずれ

すでに述べたように，ポテンシャルが実で弾性散乱のみを考える場合，フラックスの保存より $|S_l(E)|=1$ である．そこで，S 行列を

$$S_l(E)=e^{2i\delta_l(E)} \tag{8.97}$$

と書くと，式 (8.93) において

$$\begin{aligned}e^{-i(kr-l\pi/2)}-S_l(E)e^{i(kr-l\pi/2)}&=e^{i\delta_l(E)}[e^{-i(kr-l\pi/2+\delta_l)}-e^{i(kr-l\pi/2+\delta_l)}]\\&=-2ie^{i\delta_l(E)}\sin\left(kr-\frac{l\pi}{2}+\delta_l(E)\right)\end{aligned} \tag{8.98}$$

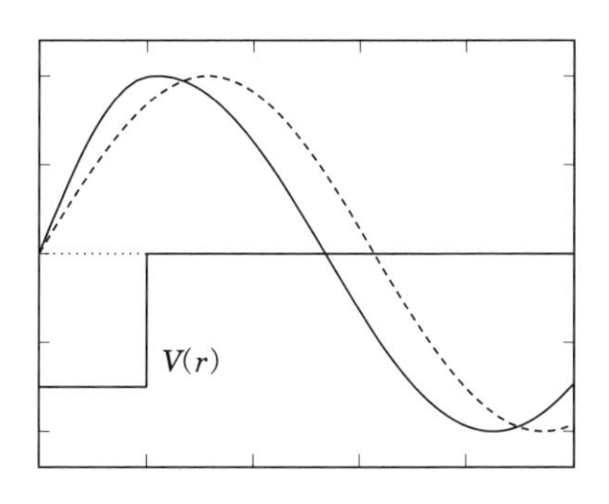

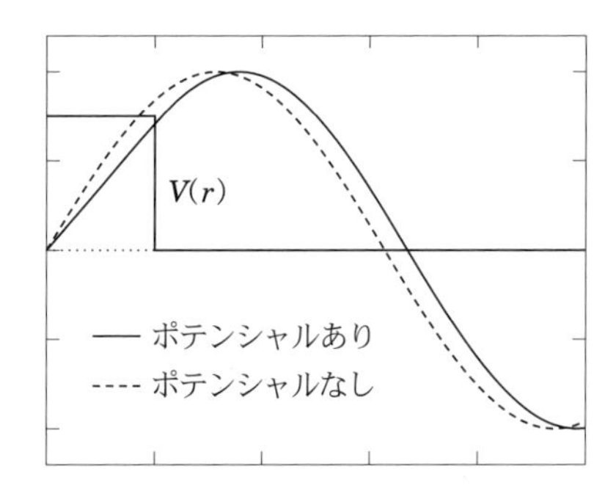

図 8.14 ポテンシャルがない場合 (破線) とある場合 (実線) の波動関数の比較．左図にポテンシャルが引力の場合，右図に斥力の場合を示す．

となる．ポテンシャルがない場合は $S_l(E)=1$，すなわち $\delta_l(E)=0$ であるので，この式はポテンシャルにより波動関数の遠方での位相が $\delta_l(E)$ だけずれたことを表す．このため，$\delta_l(E)$ のことを**位相のずれ (位相差)** とよぶ．

図 8.14 に示すように，ポテンシャルが引力であれば波動関数はポテンシャルの内側に引き寄せられ，位相のずれは正になる．一方，ポテンシャルが斥力であれば波動関数は外に押しやられ位相のずれは負になる．

ところで，球ベッセル関数の漸近形 (8.91) に現れる $-l\pi/2$ は遠心力ポテンシャル

$$V_{\rm cent}(r)=\frac{l(l+1)\hbar^2}{2\mu r^2} \tag{8.99}$$

による位相のずれである．遠心力ポテンシャルが斥力であるため，位相のずれは負になっている．

位相のずれを用いると，全散乱断面積 (8.96) は

$$\sigma=\frac{4\pi}{k^2}\sum_l(2l+1)\sin^2\delta_l \tag{8.100}$$

と表すことができる．一方，$\theta=0$ における散乱振幅 (8.95) は $P_l(1)=1$ を用いて

$$\begin{aligned}\mathrm{Im}\,f(\theta=0)&=-\sum_l(2l+1)\frac{\mathrm{Re}(e^{2i\delta_l}-1)}{2k}=\sum_l(2l+1)\frac{1-\cos(2\delta_l)}{2k}\\&=\frac{1}{k}\sum_l(2l+1)\sin^2\delta_l\end{aligned}$$

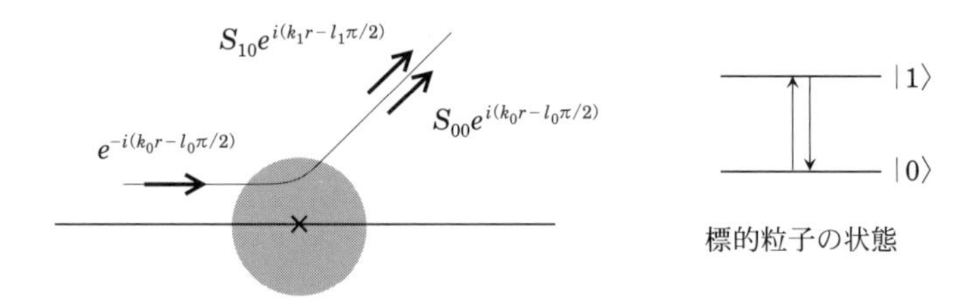

図 8.15 非弾性散乱がある場合の散乱問題．図 8.13 と同様に，波動の代わりに半古典論の考えに基づき相対運動の軌道を示している．ここでは，散乱前に基底状態 $|0\rangle$ にある標的粒子が，散乱の途中で励起状態 $|1\rangle$ に励起される場合を示している．

と表せ，光学定理 (8.83) が確かに成り立っているのがわかる．

なぜ S「行列」とよばれるのか

ところで，$S_l(E)$ はスカラー量であるのに，なぜ「行列」とよばれるのであろうか．これを説明するには，標的粒子 (または入射粒子，あるいはそのいずれも) が励起を起こす非弾性散乱を考える必要がある．これは，構成粒子が入射粒子と標的粒子の間でやりとりされる粒子移行反応であってもよい．いま，簡単のために，散乱が起こる前に基底状態 $|0\rangle$ にいた標的粒子が散乱の途中で基底状態から第一励起状態 $|1\rangle$ に励起される場合を考えよう．この場合，図 8.13 に対応して，無限遠方では，動径波動関数は基底状態に対する入射波 $e^{-i(k_0r-l_0\pi/2)}$，および基底状態と励起状態に対する外向波 $S_{00}e^{-i(k_0r-l_0\pi/2)}$ および $S_{10}e^{-i(k_1r-l_1\pi/2)}$ の重ね合わせで与えられる (図 8.15 を見よ)．ここで，励起の後，相対角運動量 l と相対運動の波数 k は励起する前のものとは一般に異なるとし，それを (l_0,k_0) と (l_1,k_1) で表した．

一般に S 行列は $S_{\alpha\alpha'}$ と表され，これは状態 α' で入射し状態 α で出ていく振幅に対応する．弾性散乱のみを考える場合は，必ず $\alpha=\alpha'=0$ であり，標記を簡単にするために "00" を省略したものがこれまで取り扱ってきた S 行列である．

光学ポテンシャルと吸収断面積

前節のように，非弾性散乱を取り扱う場合，フラックス保存の条件は

$$\sum_{\alpha}|S_{\alpha 0}|^2=1 \tag{8.101}$$

として与えられる．いま，弾性散乱だけに注目し他の状態は陽に見ないとすると，$|S_{00}|<1$ となり，フラックスがあたかも減少したように見える．これを表現するために，光学ポテンシャルがよく用いられる．これは，弾性散乱に対する有効ポテンシャルであり，以下のように実部と虚部の両方を持つ．

$$V_{\rm opt}(r)=V(r)-iW(r). \tag{8.102}$$

このとき，8.4.4 節と同様の計算を行うと，

$$\boldsymbol{\nabla}\cdot\boldsymbol{j}=-\frac{2}{\hbar}|\psi(\boldsymbol{r})|^2W(r) \tag{8.103}$$

となる．もし $W(r)>0$ なら

$$\int\boldsymbol{j}\cdot\boldsymbol{n}dS=\int_V\boldsymbol{\nabla}\cdot\boldsymbol{j}d\boldsymbol{r}<0 \tag{8.104}$$

となり，球面から出る正味のフラックスは負，すなわち，球面に入ったフラックスより小さい量のフラックスが球面から出ていく．ここで，消失した分のフラックスは非弾性散乱を表し，これを弾性散乱のフラックスと合わせるとフラックスが全体として保存されることになる．

式 (8.93) を用いて，どれだけのフラックスが吸収されるか見積もることができる．式 (8.93) の第 1 項を内向波

$$\begin{aligned}\psi_{\rm in}(\boldsymbol{r})&=\frac{i}{2k}\sum_l(2l+1)i^l\frac{e^{-i(kr-l\pi/2)}}{r}P_l(\cos\theta)\\&=\frac{i}{2kr}\sum_l(2l+1)(-1)^le^{-ikr}P_l(\cos\theta)\end{aligned} \tag{8.105}$$

としてこの波に対するフラックスを計算すると

$$\boldsymbol{j}_{\rm in}=\frac{k\hbar}{\mu}\frac{1}{r^2}\left|\frac{i}{2k}\sum_l(2l+1)(-1)^lP_l(\cos\theta)\right|^2\boldsymbol{e}_r \tag{8.106}$$

を得る．これを半径 r の球面上で面積分をすると，ルジャンドル多項式の直交性 (式 (8.85)) を用いて

$$j_{\rm in}^{\rm (net)}=\int r^2d\Omega\boldsymbol{j}_{\rm in}\cdot\boldsymbol{e}_r=\frac{k\hbar}{\mu}\frac{\pi}{k^2}\sum_l(2l+1) \tag{8.107}$$

(a) 内向波

$$\psi_{\text{in}}(\boldsymbol{r}) = \frac{i}{2k}\sum_l (2l+1)\, i^l\, \frac{e^{-i(kr-l\pi/2)}}{r}\, P_l(\cos\theta)$$

$$j_{\text{in}}^{(\text{net})} = \frac{k\hbar}{\mu}\frac{\pi}{k^2}\sum_l (2l+1)$$

(b) 外向波

$$\psi_{\text{out}}(\boldsymbol{r}) = \frac{i}{2k}\sum_l (2l+1)\, i^l S_l\, \frac{e^{i(kr-l\pi/2)}}{r}\, P_l(\cos\theta)$$

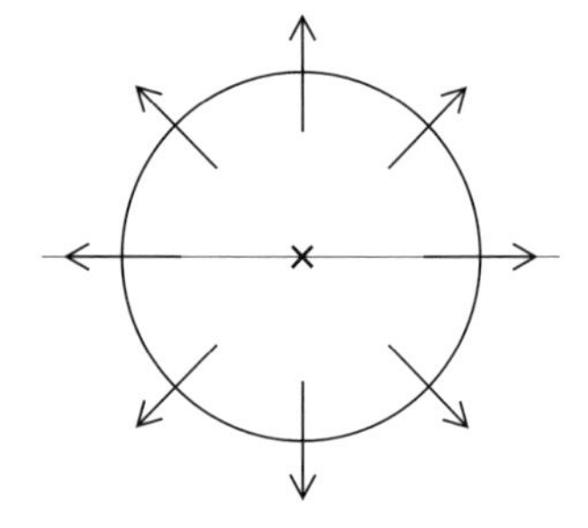

$$j_{\text{out}}^{(\text{net})} = \frac{k\hbar}{\mu}\frac{\pi}{k^2}\sum_l (2l+1)|S_l|^2$$

図 8.16 (a) 内向波のフラックスと (b) 外向波のフラックス.

となる.

同様に，式 (8.93) の第2項で表される外向波

$$\psi_{\text{out}}(\boldsymbol{r}) = \frac{i}{2k}\sum_l (2l+1) i^l S_l \frac{e^{i(kr-l\pi/2)}}{r} P_l(\cos\theta) \tag{8.108}$$

に対する正味のフラックスを計算すると，

$$j_{\text{out}}^{(\text{net})} = \frac{k\hbar}{\mu}\frac{\pi}{k^2}\sum_l (2l+1)|S_l|^2 \tag{8.109}$$

となる. $j_{\text{in}}^{(\text{net})}$ と $j_{\text{out}}^{(\text{net})}$ の差

$$\Delta j = j_{\text{in}}^{(\text{net})} - j_{\text{out}}^{(\text{net})} = \frac{k\hbar}{\mu}\frac{\pi}{k^2}\sum_l (2l+1)(1-|S_l|^2) \tag{8.110}$$

が失われた正味のフラックスであり (図 8.16 参照)，これはガウスの定理より式 (8.103) の $-\boldsymbol{\nabla}\cdot\boldsymbol{j}$ を全空間で積分したものと等しい. これを入射フラックス $j_{\text{inc}} = k\hbar/\mu$ で割ったものが**吸収断面積**

$$\sigma_{\text{abs}} = \frac{\Delta j}{j_{\text{inc}}} = \frac{\pi}{k^2}\sum_l (2l+1)(1-|S_l|^2) \tag{8.111}$$

である.

吸収断面積 (8.111) と全弾性散乱の断面積 (8.96) の和を全断面積 σ_{tot} と定義すると，

$$\sigma_{\text{tot}} = \sigma + \sigma_{\text{abs}} = \frac{2\pi}{k^2}\sum_l (2l+1)\left(1 - \frac{S_l + S_l^*}{2}\right) \tag{8.112}$$

と計算される．一方，式 (8.95) により，

$$\mathrm{Im} f(0) = \mathrm{Im}\sum_l (2l+1)\frac{S_l - 1}{2ik} = \frac{1}{2k}\sum_l (2l+1)\left(1 - \frac{S_l + S_l^*}{2}\right) \tag{8.113}$$

であるので，吸収がある場合でも (拡張された) 光学定理

$$\sigma_{\text{tot}} = \frac{4\pi}{k}\mathrm{Im} f(0) \tag{8.114}$$

が満たされていることがわかる．

影散乱 (かげさんらん)

吸収断面積の 1 つの例として影散乱を考えよう．これは，半径 R の完全吸収体のディスクによる散乱である．半古典近似では，角運動量 l と衝突係数 b の間には $l = kb$ という関係があり，完全吸収体の条件は

$$S_l = \begin{cases} 0 & (l \le kR) \\ 1 & (l > kR) \end{cases} \tag{8.115}$$

と同じである．このとき，吸収断面積は式 (8.111) により

$$\sigma_{\text{abs}} = \frac{\pi}{k^2}\sum_{l=0}^{kR}(2l+1) = \frac{\pi}{k^2}\cdot(kR)^2 = \pi R^2 \tag{8.116}$$

となる．これは，ディスクの幾何学的な大きさに等しい．

興味深いことに，弾性散乱の全断面積も式 (8.96) に従って計算すると，$\sigma = \pi R^2$ となり，ディスクの幾何学的な大きさに等しくなる．これはディスクの端による回折により散乱が起こったと解釈することができる．角度分布は，古典的にはディスクの影になるような前方角度に鋭いピークを持つ関数になる．これを**影散乱**という．これは，散乱振幅 (8.95) が

$$f(\theta) = -\sum_{l=0}^{kR}\frac{2l+1}{2ik}P_l(\cos\theta) \tag{8.117}$$

となり，$\theta \sim 0$ 付近では，$P_l(\cos\theta) \sim 1$ であるからすべての l が同位相でコヒーレントに足し合わされるためである．すなわち，影散乱は焦点現象の 1 つであると言える．ルジャンドル多項式に対する関係式

$$P_l(\cos\theta) \sim J_0(l\theta) \qquad (\theta \ll 1,\ l \gg 1) \tag{8.118}$$

を使うと ($J_0(x)$ はベッセル関数)，半古典近似では

$$f(\theta) \sim \frac{i}{2k}\sum_{l=0}^{kR}(2l+1)J_0(l\theta) \sim ik\int_0^R bdb\,J_0(kb\theta) \tag{8.119}$$

となるが，ここで，

$$\int xJ_0(x)dx = xJ_1(x) \tag{8.120}$$

という関係式を用いると，散乱振幅は

$$f(\theta) \sim \frac{iR}{\theta}J_1(kR\theta) \tag{8.121}$$

となる．これはフランホーファー振幅とよばれ，実際に $\theta=0$ に鋭いピークを持つ．

8.6　低エネルギー散乱と散乱長

部分波解析は，冷却された原子の散乱や天体中での原子核反応などのような低エネルギーにおける散乱で特に便利な方法になっている．これまで見たように，3 次元の波動関数 $\psi(\boldsymbol{r})$ を

$$\psi(\boldsymbol{r}) = \frac{u_l(r)}{r}Y_{lm}(\hat{\boldsymbol{r}}) \tag{8.122}$$

と書くと，動径関数 $u_l(r)$ は

$$\left(-\frac{\hbar^2}{2\mu}\frac{d^2}{dr^2} + V(r) + \frac{l(l+1)\hbar^2}{2\mu r^2} - E\right)u_l(r) = 0 \tag{8.123}$$

を満たす．低エネルギーの散乱を考える際に，この方程式の中の遠心力ポテンシャル

$$V_{\text{cent}}(r) = \frac{l(l+1)\hbar^2}{2\mu r^2} \tag{8.124}$$

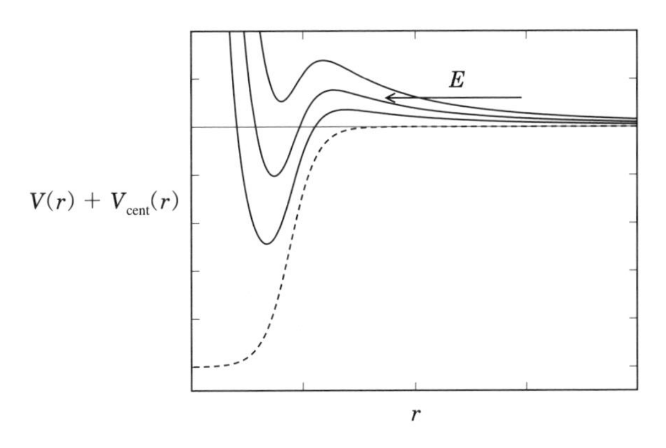

図 8.17 全ポテンシャル $V(r)+V_{\rm cent}(r)$ と入射エネルギー E の関係. 低いエネルギーでは，遠心力ポテンシャル $V_{\rm cent}(r)$ のために入射フラックスはポテンシャルのレンジまで到達することができない.

が重要な役割を果たす．図 8.17 にさまざまな l の場合の全ポテンシャル $V(r)+V_{\rm cent}(r)$ を示す．散乱が起きるためには，ポテンシャルのレンジまで入射フラックスが到達しなければならず，エネルギーが低い場合には大きい l はトンネル効果のために寄与が小さくなる．したがって，低エネルギー散乱では部分波解析が有効な手法になり，特に $E\sim0$ では s 波 $(l=0)$ のみが寄与することになる．また，これは，図 8.13 において，標的粒子から相互作用レンジ R の内側に入る部分波 $(b\leq R)$ のみが散乱に寄与することからもわかる．このとき，散乱に寄与する最大の角運動量は $l_{\rm max}=kR$ 程度となる．

以下では，井戸型ポテンシャル

$$V(r)=\begin{cases} -V_0 & (r\leq R) \\ 0 & (r>R) \end{cases} \tag{8.125}$$

によるゼロ・エネルギー $E\sim0$ 近傍での s 波散乱を考える．波動関数 $u_0(r)$ は A,B,C を定数として

$$u_0(r)=A\sin\tilde{k}r \qquad (r\leq R) \tag{8.126}$$

$$=B\sin kr+C\cos kr \qquad (r>R) \tag{8.127}$$

として与えられる．ただし，$k=\sqrt{2\mu E/\hbar^2}$ および $\tilde{k}=\sqrt{2\mu(E+V_0)/\hbar^2}$ である．

式 (8.127) の右辺が $\sin(kr+\delta)$ に比例しているとすると，

$$\sin(kr+\delta)=\sin kr\cos\delta+\cos kr\sin\delta=\cos\delta(\sin kr+\tan\delta\cos kr) \tag{8.128}$$

であるので，

$$\tan\delta=\frac{C}{B} \tag{8.129}$$

であることがわかる．これは，$r=R$ における波動関数の接続条件

$$A\sin\tilde{k}R=B\sin kR+C\cos kR, \tag{8.130}$$

$$A\tilde{k}\cos\tilde{k}R=Bk\cos kR-Ck\sin kR \tag{8.131}$$

より

$$\tan\delta=\frac{C}{B}=\frac{k\cos(kR)\sin(\tilde{k}R)-\tilde{k}\sin(kR)\cos(\tilde{k}R)}{\tilde{k}\cos(\tilde{k}R)\cos(kR)+k\sin(kR)\sin(\tilde{k}R)} \tag{8.132}$$

と求めることができる．ここで，$E\to 0$ の極限をとると，$\tilde{k}\to\tilde{k}_0\equiv\sqrt{2\mu V_0/\hbar^2}$ (定数) となることに注意して，

$$\tan\delta\sim\frac{\sin\tilde{k}_0R-\tilde{k}R\cos\tilde{k}_0R}{\tilde{k}_0\cos\tilde{k}_0R}\cdot k \tag{8.133}$$

を得る．すなわち，

$$k\cot\delta\sim\frac{\tilde{k}_0\cos\tilde{k}_0R}{\sin\tilde{k}_0R-\tilde{k}_0R\cos\tilde{k}_0R} \tag{8.134}$$

は定数であり，これを $-1/a$ とおく．すなわち，

$$k\cot\delta\sim-\frac{1}{a} \tag{8.135}$$

であり，a を**散乱長**と呼ぶ．井戸型ポテンシャルを用いると，一般に $\delta_l\propto k^{2l+1}$ となることを示すことができる．また，$\tilde{k}=\sqrt{\frac{2\mu}{\hbar^2}E+\frac{2\mu}{\hbar^2}V_0}=\sqrt{k^2+k_0^2}$ であるので，式 (8.132) で $k\to -k$ とすると $\tan\delta\to -\tan\delta$ となることがわかる．したがって，$k\cot\delta$ は

$$k\cot\delta\sim-\frac{1}{a}+\frac{1}{2}r_{\rm eff}k^2+\cdots \tag{8.136}$$

と展開することができ，このとき $r_{\rm eff}$ を**有効距離**と呼ぶ．この関係式は，井戸型ポテンシャルに限らず，他のポテンシャルでも同じような振る舞いをすることを示すことができる．すなわち，低エネルギー散乱は，a および $r_{\rm eff}$ の 2 つのパラメータのみで散乱をよく記述することができ，ポテンシャルの詳細には依らないことになる．逆に，ポテンシャルの詳細を知るためには，高エネルギー散乱が必要ということになる．

8.6.1 剛体球による散乱

散乱長の意味を理解するために，半径 a の剛体球による $l=0$ 散乱を考えよう．このときのポテンシャルは

$$V(r)=\begin{cases}\infty & (r<a)\\ 0 & (r\geq a)\end{cases} \tag{8.137}$$

で与えられる．波動関数は $r\geq a$ で $u(r)\propto\sin(kr+\delta)$ となるが，この波動関数が $r=a$ でゼロになるという条件から

$$\frac{k}{\delta}\sim-\frac{1}{a} \tag{8.138}$$

が導かれる．この左辺は $k/\delta\sim k\cot\delta$ であるから，この式は式 (8.135) そのものである．したがって，散乱長 a は剛体球の半径に相当すると解釈することができる．

8.6.2 散乱長および有効距離の意味

散乱長 a の意味をさらに議論するために，井戸型ポテンシャルによる散乱を考えると，$r\geq R$ で

$$u(r)\propto\sin(kr+\delta)\sim kr+\delta=k\left(r+\frac{\delta}{k}\right) \qquad (k\to 0) \tag{8.139}$$

となる．ここで，$k\to 0$ では位相のずれ δ が小さいとして sin 関数を展開した．一方，散乱長の定義により，

$$-\frac{1}{a}=k\cot\delta\sim\frac{k}{\delta} \qquad (k\to 0) \tag{8.140}$$

であるので，

$$u(r)\propto r-a \qquad (k\to 0) \tag{8.141}$$

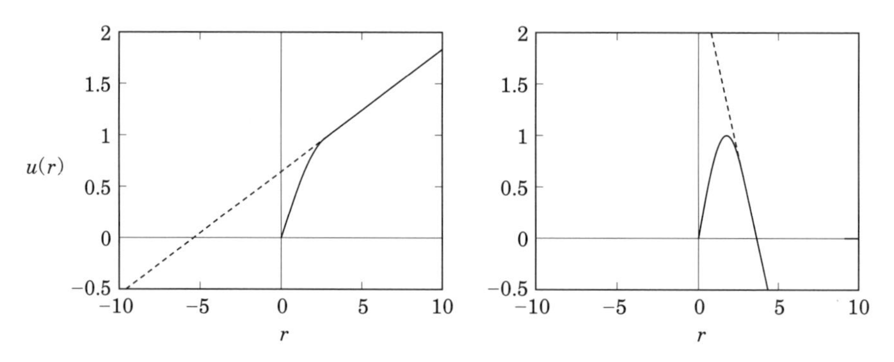

図 8.18　角運動量 $l=0$ における引力ポテンシャルによる低エネルギー散乱の動径波動関数 $u(r)$ と散乱長の関係．実線は波動関数 $u(r)$，破線はポテンシャルの領域外の波動関数を内側に外挿したものを示す．散乱長 a は破線と x 軸の交点の値である．左図が束縛状態がない場合，右図が束縛状態がある場合である．

となる．すなわち，$r \geq R$ の波動関数を $r < R$ の領域に外挿したとき，x 軸の交点の値が散乱長 a となる．

図 8.18 に引力ポテンシャルが浅くて束縛状態がない場合 (左図) とポテンシャルが十分深くて束縛状態がある場合 (右図) の波動関数を図示した．束縛状態がない場合は，波動関数の立ち上がりが比較的ゆっくりとしており，ポテンシャルの外側の領域の波動関数を外挿すると，散乱長が負になることがわかる．一方，束縛状態がある場合には，内部の波動関数には束縛状態の波動関数と同様にピークがあり，散乱長が正の値になる．

井戸型ポテンシャルでは，式 (8.134) により散乱長は

$$a = R\left(1 - \frac{\tan \tilde{k}_0 R}{\tilde{k}_0 R}\right), \qquad \tilde{k}_0 = \sqrt{\frac{2\mu V_0}{\hbar^2}} \tag{8.142}$$

となる．これを V_0 の関数として図 8.19 の上図に示す．下図には束縛状態のエネルギーを示す．ポテンシャルを $V_0 = 0$ から徐々に深くすると散乱長 a は負の値で $|a|$ が大きくなっていく．V_0 を深くしていくと，ある V_0 で束縛状態が出現するが，この直前では散乱長は負に発散している．この V_0 で散乱長は負から正に変化し，束縛エネルギーがゼロの極限で正に発散している．ポテンシャルの深さをさらに深くしていくと，束縛エネルギーが大きくなっていくとともに，散乱長も正の値で減少する．この現象は井戸型ポテンシャルに限らず他のポテンシャル

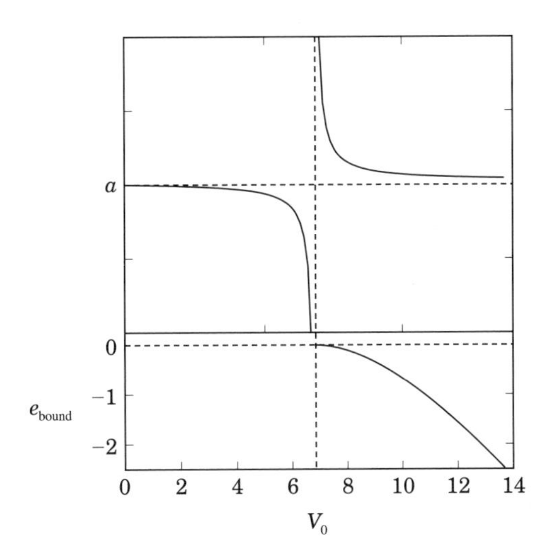

図 8.19 井戸型ポテンシャルによる散乱での散乱長 a (上図) および束縛状態のエネルギー (下図) とポテンシャルの深さ V_0 の関係．束縛状態のエネルギーがゼロになる極限で散乱長が発散する．

でも同様に見られる．特に，束縛状態のエネルギーがゼロになる点で散乱長が発散することはポテンシャルの詳細によらず普遍的な現象であり，この点を**ユニタリー極限**と呼び，冷却原子の物理などで重要な役割を果たしている．

井戸型ポテンシャルを用いると，有効距離は式 (8.132) の逆数を k について展開することにより

$$r_{\rm eff}=R\left(1-\frac{\tan(\tilde{k}_0R)-\tilde{k}_0R-\dfrac{1}{3}(\tilde{k}_0R)^3}{\tilde{k}_0R[\tan(\tilde{k}_0R)-\tilde{k}_0R]^2}\right) \tag{8.143}$$

と求まる．散乱長 a が発散するユニタリー極限では $\tan(\tilde{k}_0R)$ が発散し，このとき $r_{\rm eff}=R$ となる．すなわち，一般に有効距離 $r_{\rm eff}$ はポテンシャルの有効的なレンジを与える量と解釈することができる．

8.7　共鳴散乱

量子力学的な系には，束縛状態や散乱状態に加え，共鳴状態とよばれる特別な状態が存在する．束縛状態は外から摂動がはたらかない限り状態が変化しないが，共鳴状態は時間がたつと崩壊する準安定な状態である．共鳴状態は散乱を用いてプローブすることができる．これを理解するために，いま S 行列がある特定の角運動量 l で $E=E_R-i\Gamma/2$ に一位の極を持つとしよう．このとき，S 行列がユニタリー ($|S_l|=1$) であることに注意すると，

$$S_l(E)=e^{2i\delta_{\mathrm{bg}}(E)}\frac{E-E_R-i\Gamma/2}{E-E_R+i\Gamma/2}=e^{2i\delta_{\mathrm{bg}}(E)}\left(1-\frac{i\Gamma}{E-E_R+i\Gamma/2}\right) \tag{8.144}$$

と書ける．ここで，$\delta_{\mathrm{bg}}(E)$ は E のゆるやかな関数であり，バックグラウンド位相差とよばれる．C を実数として $E-E_R-i\Gamma/2=Ce^{i\delta_R(E)}$ とおくと，$E-E_R+i\Gamma/2=Ce^{-i\delta_R(E)}$ であり，したがって

$$S_l(E)=e^{2i(\delta_{\mathrm{bg}}(E)+\delta_R(E))} \tag{8.145}$$

を得る．すなわち，位相のずれ $\delta_l(E)$ はバックグラウンド位相差 $\delta_{\mathrm{bg}}(E)$ と $\delta_R(E)$ の和，

$$\delta_l(E)=\delta_{\mathrm{bg}}(E)+\delta_R(E) \tag{8.146}$$

となる．

$E-E_R-i\Gamma/2=Ce^{i\delta_R}=C(\cos\delta_R+i\sin\delta_R)$ より，$E-E_R=C\cos\delta_R$，$-\Gamma/2=C\sin\delta_R$ であるから，

$$\tan\delta_R(E)=\frac{-\Gamma/2}{E-E_R} \tag{8.147}$$

となり，したがって，

$$\delta_l(E)=\tan^{-1}\left(\frac{-\Gamma/2}{E-E_R}\right)+\delta_{\mathrm{bg}}(E) \tag{8.148}$$

を得る．これを**ブライト-ウィグナーの式**という．図 8.20 の左図に示すように，$\delta_R(E)$ は $E=E_R$ の近傍で 0 から π に立ち上がり，$E=E_R$ で $\delta_R=\pi/2$ となる．立ち上がりの幅を与えるのが Γ である．このような振る舞いを**共鳴現象**と呼

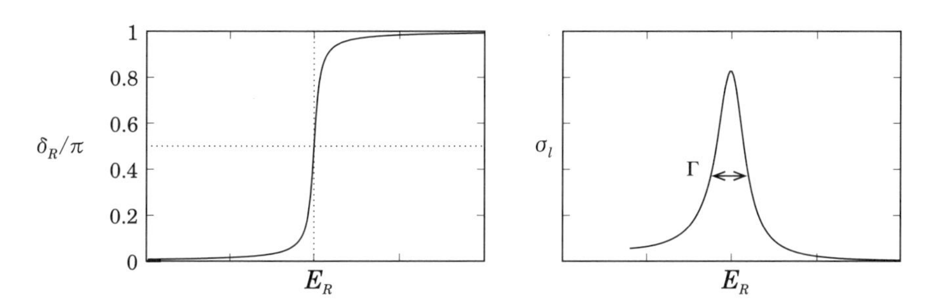

図 8.20 共鳴散乱における位相のずれ (左図) および散乱断面積 (右図) の振る舞い．E_R は共鳴のエネルギー，Γ は共鳴幅を表す．

び，δ_R を共鳴の位相差とよぶ．E_R，Γ はそれぞれ共鳴エネルギー，共鳴幅とよばれる．

いま，簡単のために $\delta_{\rm bg}(E)=0$ とすると，式 (8.100) より，角運動量 l からの散乱断面積への寄与は

$$\sigma_l = \frac{4\pi}{k^2}(2l+1)\sin^2\delta_l = \frac{4\pi}{k^2}(2l+1)\frac{1}{1+\cot^2\delta_l} \tag{8.149}$$

$$= \frac{4\pi}{k^2}(2l+1)\frac{\frac{\Gamma^2}{4}}{(E-E_R)^2+\frac{\Gamma^2}{4}} \tag{8.150}$$

となる．これも断面積に対するブライト-ウィグナーの式とよばれる．図 8.20 の右図に部分断面積 σ_l の振る舞いを示す．断面積は $E=E_R$ に半値幅が Γ のピークを持つ．このような断面積の振る舞いを**共鳴散乱**と呼ぶ

コラム◉共鳴状態の条件と位相のずれ

しばしば誤解されている点であるが，共鳴エネルギーは位相のずれ δ_l が $\pi/2$ を切るエネルギーではない．共鳴エネルギーは，位相のずれそのものではなく，その共鳴部分 δ_R が $\pi/2$ を切るエネルギーとして定義される．バックグラウンド位相差 $\delta_{\rm bg}(E)$ のために，共鳴のエネルギー E_R と位相のずれ δ_l が $\pi/2$ を切るエネルギーはしばしば大きくずれる．この様子を図 8.21 に図示した．共鳴幅 Γ が

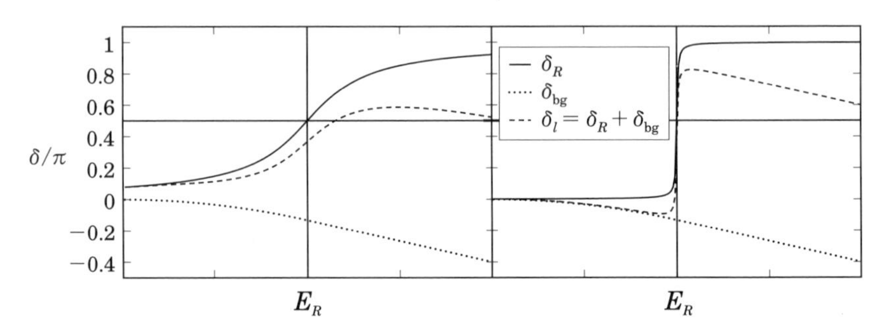

図 8.21　共鳴エネルギー付近での位相のずれの振る舞いの例．実線は位相のずれの共鳴部分 δ_R，点線はバックグラウンド位相差 $\delta_{\rm bg}$，破線は両者の和 $\delta_l=\delta_R+\delta_{\rm bg}$ を示す．左図は共鳴幅が大きい場合，右図は共鳴幅が小さい場合の例である．

小さい場合は δ_l が $\pi/2$ を切るエネルギーと δ_R が $\pi/2$ を切るエネルギーはほとんど差がないが，共鳴幅 Γ が大きい場合はその差が大きくなり得る．特に，ブライト-ウィグナーの式 (8.148) から $\Gamma=2/\delta'_R(E_R)$ が導かれるが，共鳴エネルギー E_R が正しく見積もれていないと，共鳴幅 Γ をこの式から計算すると現実とは大きく異なる値が得られてしまうことに注意が必要である．

8.7.1　$\delta_R=\pi/2$ で何が起こっているのか

共鳴のエネルギー $E=E_R$ で何が起こっているか見るために，動径波動関数 $u_l(r)$ の漸近形 (8.93)

$$u_l(r)\to e^{-i(kr-l\pi/2)}-S_l e^{i(kr-l\pi/2)} \tag{8.151}$$

を

$$u_l(r)\to(1-S_l)\cos(kr-l\pi/2)-i(1+S_l)\sin(kr-l\pi/2) \tag{8.152}$$

のように書き直そう．ここで，球ベッセル関数および球ノイマン関数の漸近形

$$j_l(x)\to\frac{1}{kr}\sin(x-l\pi/2), \tag{8.153}$$

$$n_l(x)\to-\frac{1}{kr}\cos(x-l\pi/2) \tag{8.154}$$

を用いると，この式は

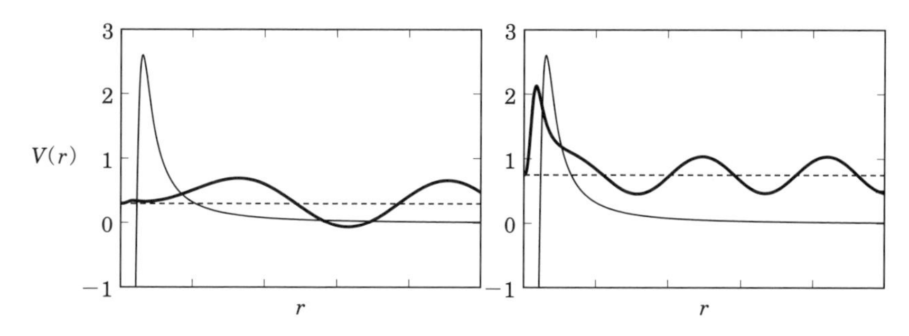

図 8.22 共鳴条件を満たす場合 (右図) と満たさない場合 (左図) の動径波動関数の振る舞い．細い実線はポテンシャルを表す．動径波動関数は，破線で表されるエネルギーの場所に太い実線で表されている．

$$u_l(r) \to -kr(1-S_l)n_l(kr) - ikr(1+S_l)j_l(kr) \tag{8.155}$$

と書くこともできる．いま，簡単のためにバックグラウンド位相差 $\delta_{\rm bg}$ がゼロとすると，$\delta_R=0$ または π のときには $S_l=1$ となり，$u_l(r)\to -2ikr\,j_l(kr)$ となる．一方，$\delta_R=\pi/2$ のときには $S_l=-1$ で $u_l(r)\to -2kr\,n_l(kr)$ となる．

ここで，球ベッセル関数 $j_l(x)$ は $x=0$ で正則な関数，球ノイマン関数 $n_l(x)$ は $x=0$ で発散する関数であることに注意すると，位相のずれが $\delta_R=0$ または π であるときの波動関数，および $\delta_R=\pi/2$ であるときの波動関数はそれぞれ図 8.22 の左図および右図のようになる．どちらの場合も，動径波動関数 $u_l(r)$ は原点で正則であるが，後者の場合は原点で発散する球ノイマン関数に接続することになるため，図 8.22 の右図のように振る舞う．この波動関数はポテンシャルの内側では束縛状態と類似の振る舞いをしている．

このようなことが起きるのは，ポテンシャルが障壁を持ち内側にポケットがある場合であり (これを**ポテンシャル共鳴**という)，これは次のように解釈することができる．もし，図 8.23 の左図の実線のようにポテンシャルを障壁の高さの位置で定数であるように変形すると，この変形されたポテンシャルは障壁の高さより低いエネルギーに束縛状態 (波動関数が遠方で指数関数的に減衰する状態) を持ち得る．共鳴状態は，散乱のエネルギーがこの束縛状態のエネルギーと近似的に一致したときに起き，このとき，波動関数は内側で束縛状態のように振る舞う．すなわち，共鳴状態は連続状態に埋め込まれた束縛状態のようなものと考えること

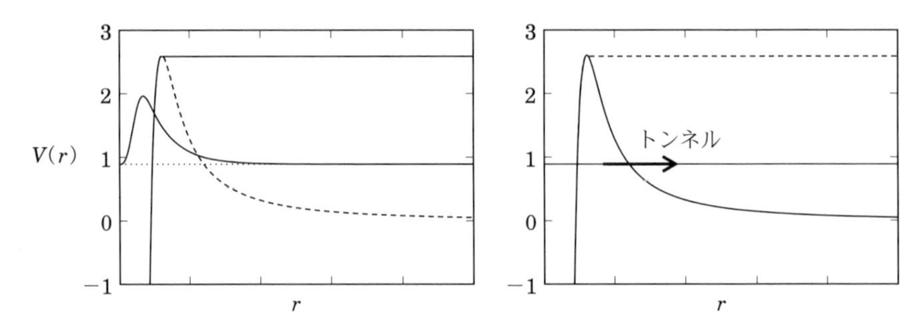

図 8.23 ポテンシャルを障壁の高さの位置で定数であるように変形した場合の「仮の」束縛状態 (左図) と実際のポテンシャル (右図). 左の図では, 変形されたポテンシャルが実線, 実際のポテンシャルが破線で表されている.「仮の」束縛状態の波動関数は点線で表された固有エネルギーの場所に細い実線でプロットされている. 右の図では, 変形されたポテンシャル, 実際のポテンシャルはそれぞれ破線と実線で示されている.

ができる.

共鳴状態は, また, 次のようにも解釈することができる. いま, ポテンシャルが図 8.23 の左図の実線のように変形されたときの束縛状態を考える. これを「仮の」束縛状態と呼ぶことにする. この「仮の」束縛状態は無限の寿命を持つが, 実際のポテンシャルは図 8.23 左図の点線であり, このときこの状態はトンネル効果でポテンシャルを透過し, 状態を変える. すなわち,「仮の」束縛状態は有限の寿命を持ち崩壊する. これがガモフが考えた原子核の α 崩壊の描像である. いま, この仮想的な状態が時刻 t で作られたとする. この状態がエネルギー固有値 $E=E_R-i\Gamma/2$ を持つとすると, 時刻 t においてこの状態が「仮の」束縛状態のまま留まる確率 (生き残り確率) は

$$P_{\rm suv}(t) \equiv |\langle\psi(0)|\psi(t)\rangle|^2 = |\langle\psi(0)|e^{-i(E_R-i\Gamma/2)t/\hbar}|\psi(0)\rangle|^2$$
$$= e^{-\Gamma t/\hbar}|\langle\psi(0)|\psi(0)\rangle|^2 \tag{8.156}$$

となる. すなわち, 共鳴の幅 Γ は共鳴状態の寿命 τ と $\tau=\hbar/\Gamma$ という関係があると解釈することができる.

この節では, S 行列が $E=E_R-i\Gamma/2$ に極を持つ場合を考えた. $E=E_R+i\Gamma/2$ の極は,「仮の」束縛状態がトンネル効果で崩壊するのではなく, 外側からフラックスが入り込んできて上の式で考えた生き残り確率が時間とともに増加する状態

に相当する．この状態は物理的な境界条件を満たしておらず，通常は考える必要はない．

8.7.2 バーチャル状態

前節のポテンシャル共鳴は，ポテンシャルに障壁が存在する場合に起きる．$l=0$ の場合には遠心力ポテンシャルがないので，ポテンシャル $V(r)$ が引力であればポテンシャル共鳴は起きない．しかしながら，この場合でも散乱断面積が大きくなる場合がある．陽子・中性子散乱の低エネルギーにおける散乱断面積の増大がよく知られた例である．式 (8.149) と式 (8.135) を組み合わせると，低エネルギーの s 波 $(l=0)$ 散乱の断面積は

$$\sigma_0 \sim 4\pi a^2 \tag{8.157}$$

となり，8.6.2 節で述べたユニタリー極限の近傍では散乱断面積が大きくなる．低エネルギーでは S 行列は，

$$S_0 = e^{2i\delta_0} = \frac{e^{i\delta_0}}{e^{-i\delta_0}} = \frac{\cot\delta_0 + i}{\cot\delta_0 - i} = \frac{-\dfrac{1}{a} + ik}{-\dfrac{1}{a} - ik} \tag{8.158}$$

と書け，複素運動量平面内で $k=i/a$ に極を持つ．8.6.2 節で見たように，ポテンシャルが束縛状態を持つときには $a>0$ であり，持たないときには $a<0$ である．$|a|$ が大きくなるのは，$a>0$ なら束縛が弱いときであり，$a<0$ ならぎりぎり束縛していないときである．後者を**バーチャル状態**と呼ぶ．この状態はポテンシャルの引力がもう少し強ければ束縛した状態であるが，ポテンシャルの引力がぎりぎりで足りずに非束縛になった状態である．

図 8.24 に複素運動量平面で弱束縛状態 (左図)，バーチャル状態 (中央)，共鳴状態 (右図) の違いを示す．共鳴状態の極は $k=\sqrt{2\mu(E_R - i\Gamma/2)/\hbar^2}$ に現れ，その虚部は負となる．いずれの場合も，極が実軸に近ければ，実軸上の現象である散乱状態に大きな影響を及ぼし，散乱断面積を大きくさせる．

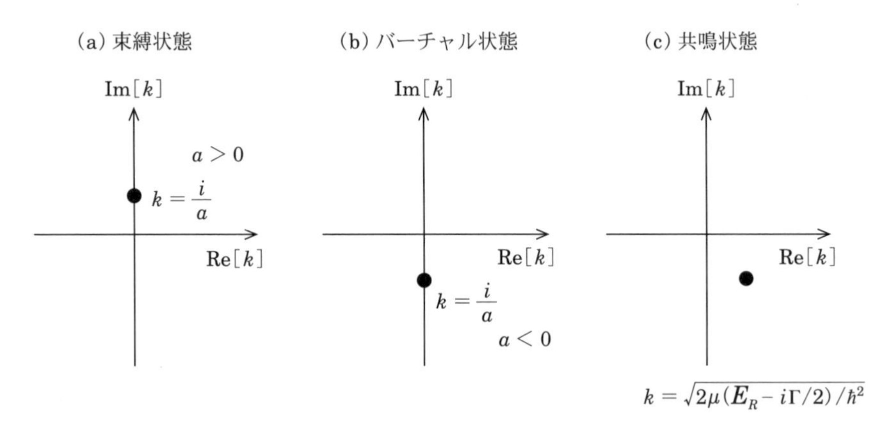

図 8.24 複素運動量平面における S 行列の極．束縛状態およびバーチャル状態は虚軸上 $k=i/a$ に極を持ち，$a>0$ の場合が束縛状態，$a<0$ の場合がバーチャル状態である．共鳴状態は $\mathrm{Re}[k]>0$, $\mathrm{Im}[k]<0$ に極を持つ．

8.8 同種粒子の散乱

8.2 節で述べたように，重心系では 2 つの粒子の運動量は常に逆向きを向いている．したがって，粒子 1 の入射方向に対して θ 方向に検出器を置くと，図 8.25 に示すように，この検出器には θ 方向に散乱された粒子 1 と，$\pi-\theta$ 方向に散乱された粒子 2 が入ってくる．粒子 1 と粒子 2 が異種粒子であれば，検出器は両者を区別することができ，粒子 1 が検出される事象のみを選択することができる．ところが，粒子 1 と粒子 2 が同種粒子であれば，量子力学では両者を原理的に区別することはできない．したがって，検出器は図 8.25 の左図の事象と右図の事象を原理的に区別することができない．このようなとき，量子力学では 2 つの事象の振幅を足してから 2 乗して確率を求める．これにより，古典力学とは本質的に異なる違う振る舞いが散乱断面積に現れる．

同種粒子の 2 粒子系の波動関数は粒子の入れ替えに対して対称または反対称になっている．波動関数が空間部分とスピン部分に分離されているとき，2 粒子の相対運動の座標を $\boldsymbol{r}$ として，空間部分の波動関数は以下のような漸近形を持つ．

$$\Psi_\pm(\boldsymbol{r})=\Psi(\boldsymbol{r})\pm\Psi(-\boldsymbol{r})\to(e^{i\boldsymbol{k}\cdot\boldsymbol{r}}\pm e^{-i\boldsymbol{k}\cdot\boldsymbol{r}})+[f(\theta)\pm f(\pi-\theta)]\frac{e^{ikr}}{r} \qquad (r\to\infty). \tag{8.159}$$

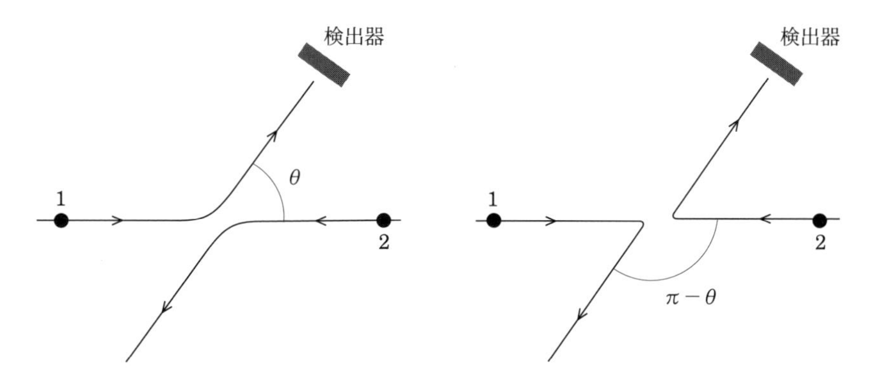

図 8.25 同種粒子の散乱問題．検出器は θ 方向に散乱された事象 (左図) と $\pi-\theta$ 方向に散乱された事象 (右図) を原理的に区別することができない．

ここで正符号は波動関数の空間部分が対称な場合，負符号は反対称な場合に相当する．この漸近形より散乱振幅を

$$f_{\pm}(\theta) \equiv f(\theta) \pm f(\pi-\theta) \tag{8.160}$$

と定義すると，散乱断面積は異種粒子の散乱の場合と同様に

$$\frac{d\sigma}{d\Omega} = |f_{\pm}(\theta)|^2 = |f(\theta)|^2 + |f(\pi-\theta)|^2 \pm 2\mathrm{Re}[f^*(\theta)f(\pi-\theta)] \tag{8.161}$$

となる．この最後の項が図 8.25 の 2 つのプロセスの干渉からくる項であり，この項が散乱断面積に特徴的な振動パターンを与える．また，この表式から明らかなように，散乱断面積は $\theta=\pi/2$ で対称になる．$P_l(\cos(\pi-\theta)) = P_l(-\cos\theta) = (-1)^l P_l(\cos\theta)$ であるから，部分波展開の式 (8.95) を用いて

$$f_{\pm}(\theta) = \sum_{l=0}^{\infty} (1 \pm (-1)^l)(2l+1) \frac{S_l(E)-1}{2ik} P_l(\cos\theta) \tag{8.162}$$

と書くこともできる．すなわち，$f_+(\theta)$ には偶数の角運動量のみが，$f_-(\theta)$ には奇数の角運動量のみが寄与している．

散乱粒子がスピン 0 のボゾンである場合，2 粒子系の全波動関数は粒子の入れ替えに対し対称になる．スピンが 0 であるのでスピン波動関数は考えなくてよく，波動関数の空間部分は粒子の入れ替えに対し常に対称となる．このとき，散乱断面積は

$$\frac{d\sigma}{d\Omega}=|f_+(\theta)|^2=|f(\theta)|^2+|f(\pi-\theta)|^2+2\mathrm{Re}[f^*(\theta)f(\pi-\theta)]$$

(スピン 0 の粒子の場合) (8.163)

となる．

散乱粒子がスピン 1/2 のフェルミオンである場合，2 粒子系の全波動関数は粒子の入れ替えに対し反対称になる．この全波動関数は，$\Psi(1,2)=\Psi(\boldsymbol{r}_1,\boldsymbol{r}_2)\chi_{\mathrm{spin}}$ と書け，合成スピンの大きさによって波動関数の空間部分の対称性が異なる．合成スピン S の大きさが 0 である場合，スピン波動関数は $\chi_{\mathrm{spin}}=(|\uparrow\downarrow\rangle-|\downarrow\uparrow\rangle)/\sqrt{2}$ であるから，全波動関数が粒子の入れ替えに対して反対称になるためには波動関数の空間部分は対称になる．したがって，散乱断面積は

$$\frac{d\sigma_s}{d\Omega}=|f_+(\theta)|^2 \qquad \text{(スピン 1/2 の粒子で合成スピン } S=0 \text{ の場合)} \qquad (8.164)$$

となる．一方，合成スピン S の大きさが 1 である場合，スピン波動関数は $\chi_{\mathrm{spin}}=|\uparrow\uparrow\rangle, (|\uparrow\downarrow\rangle-|\downarrow\uparrow\rangle)/\sqrt{2}\ ,|\downarrow\downarrow\rangle$ の 3 種類あるが，いずれも入れ替えに対し対称であり，したがって空間部分は反対称になる．このとき，散乱断面積は

$$\frac{d\sigma_t}{d\Omega}=|f_-(\theta)|^2 \qquad \text{(スピン 1/2 の粒子で合成スピン } S=1 \text{ の場合)} \qquad (8.165)$$

となる．もしそれぞれの粒子が上向きスピン状態と下向きスピン状態を同じ確率でとるとすると (これを「スピン偏極がない」という)，4 つの合成スピン状態のすべてが等確率で混ざっていることになる．このとき，4 つのうちの 1 つが $S=0$ の状態，3 つが $S=1$ の状態であり，散乱断面積は以下のようになる．

$$\begin{aligned}\frac{d\sigma}{d\Omega}&=\frac{3}{4}\frac{d\sigma_t}{d\Omega}+\frac{1}{4}\frac{d\sigma_s}{d\Omega}\\&=|f(\theta)|^2+|f(\pi-\theta)|^2-\mathrm{Re}[f^*(\theta)f(\pi-\theta)]\end{aligned}$$

(スピン 1/2 の粒子でスピン偏極がない場合). (8.166)

図 8.26 に同種原子核の反応の例として $^{12}\mathrm{C}+^{12}\mathrm{C}$ 反応 (左図) と $^{13}\mathrm{C}+^{13}\mathrm{C}$(右図) の弾性散乱の断面積の実験データを示す．$^{12}\mathrm{C}$ と $^{13}\mathrm{C}$ はそれぞれ基底状態のスピンが 0 および 1/2 の原子核である．したがって，前者の反応の断面積は式 (8.163) に従い，後者の反応の断面積は式 (8.166) に従う．両者とも断面積は $\theta=$

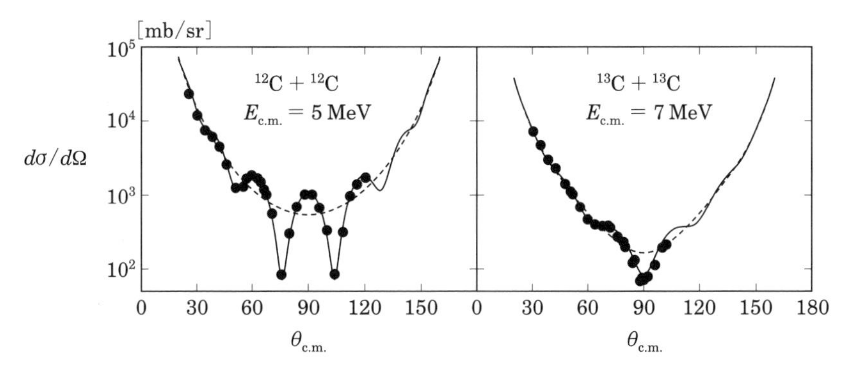

図 8.26 $^{12}C+{}^{12}C$ 反応 (左図) および $^{13}C+{}^{13}C$ 反応 (右図) の弾性散乱の角度分布の実験データ．前者は重心系のエネルギーが $E_{c.m.}=5$ MeV，後者は 7 MeV のときのものである．^{12}C および ^{13}C は基底状態においてスピン 0 および 1/2 を持つ原子核である．断面積の単位にある mb (ミリバーン) は 10^{-27} cm^2，sr は立体角ステラジアンを表す．破線は古典的な断面積 $|f(\theta)|^2+|f(\pi-\theta)|^2$，実線は干渉項を含めた量子力学的な断面積を表す．実験データ (黒点) は D.A. Bromley, J.A. Kuehner, and E. Almqvist, *Phys. Rev.* **123**, 878 (1961) および S. Trentalange, S.-C. Wu, J.L. Osborne, and C.A. Barnes, *Nucl. Phys.* **A483**, 406 (1988) を参照.

$\pi/2$ で対称となっており，式 (8.163) と (8.166) の中の干渉項のために特徴的な振動パターンを示している．さらに，入射エネルギーが異なるため直接の比較はできないものの，ボゾン系である $^{12}C+{}^{12}C$ 反応の方が干渉項が大きくなっている．また，$^{12}C+{}^{12}C$ では $\theta=\pi/2$ において干渉項が正の寄与を与えるのに対し，$^{13}C+{}^{13}C$ では負になっている．これらの特徴はすべて式 (8.163) および (8.166) と整合するものである．

コラム◉弾性的粒子移行反応

同種粒子の散乱と関連して，弾性的粒子移行反応を考えよう．これは，粒子 1 と粒子 2 の散乱で，粒子 1 に余剰粒子がついたような構造を持つ場合の散乱である．例えば，前節で取り上げた原子核反応の例だと，^{13}C 原子核は ^{12}C 原子核に余剰中性子が 1 つついた構造と考えることができる．粒子 1 と粒子 2 は異種粒子であるので，検出器は両者を区別することができる．ところが，図 8.27 にあるように，角度 θ 方向に弾性散乱される事象と，余剰粒子が粒子 2 から粒子 1 に移行

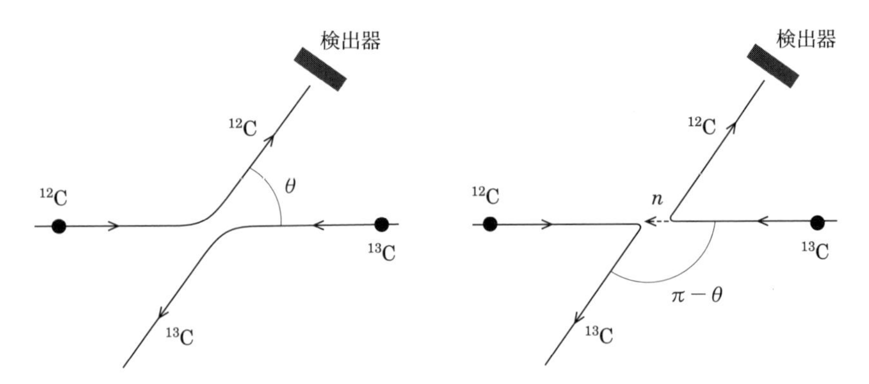

図 8.27　弾性的粒子移行反応．粒子 2 が粒子 1 に余剰粒子が加わった構造を持つ．この場合，検出器は左図の角度 θ 方向の弾性散乱と，右図で示される余剰粒子が移行して角度 $\pi-\theta$ 方向に散乱される事象を原理的に区別することができない．

して角度 $\pi-\theta$ 方向に散乱される事象はともに終状態が同じになり，検出器は両者を原理的に区別することができない．このとき，前節と同様に，散乱を記述する振幅は角度 θ に対する弾性散乱の振幅 $f_{\mathrm{el}}(\theta)$ と角度 $\pi-\theta$ に対する粒子移行過程の振幅 $f_{\mathrm{tr}}(\pi-\theta)$ の和となる．

$$f(\theta)=f_{\mathrm{el}}(\theta)+f_{\mathrm{tr}}(\pi-\theta). \tag{8.167}$$

散乱断面積はしたがって

$$\frac{d\sigma}{d\Omega}=|f(\theta)|^2=|f_{\mathrm{el}}(\theta)|^2+|f_{\mathrm{tr}}(\pi-\theta)|^2+2\mathrm{Re}[f_{\mathrm{el}}^*(\theta)f_{\mathrm{tr}}(\pi-\theta)] \tag{8.168}$$

となり，干渉項のために振動パターンを示す．

具体的な例として，図 8.28 に $^{12}\mathrm{C}+^{13}\mathrm{C}$ 反応の実験データを示す．比較のために，破線で弾性散乱過程のみを考慮したときの断面積 $|f_{\mathrm{el}}(\theta)|^2$ を示した．$|f_{\mathrm{el}}(\theta)|^2$ は散乱角度 θ の関数として単調に減少しているが，実験データは振動パターンを示している．この振動が中性子移行反応過程との干渉の現れに他ならない．

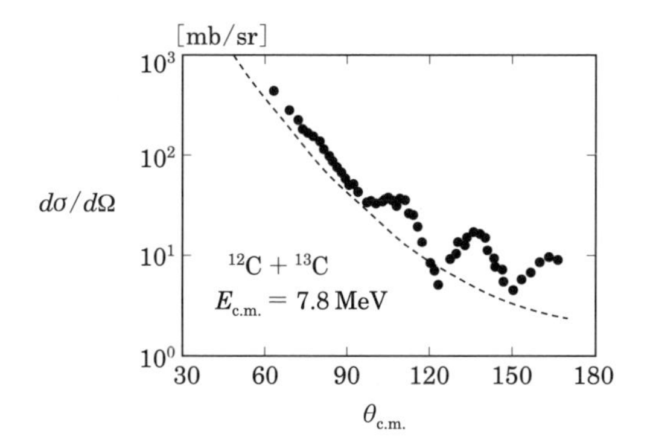

図 8.28 ^{12}C+^{13}C 反応の弾性散乱の角度分布の実験データ．破線は弾性散乱プロセスのみを考慮したときの角度分布 ($|f_{\rm el}(\theta)|^2$)．実験データ (黒点) は H.G. Bohrlen and W. von Oertzen, *Phys. Lett.* **37B**, 451 (1971) を参照.

8.9 クーロンポテンシャルによる散乱

8.9.1 クーロン波動関数

8.3.2 節でボルン近似を用いてクーロン相互作用 $V(r)=\dfrac{Z_1Z_2e^2}{r}$ による散乱問題を解いたが，この節では近似を導入せずにシュレーディンガー方程式

$$\left(-\frac{\hbar^2}{2\mu}\boldsymbol{\nabla}^2+\frac{Z_1Z_2e^2}{r}-E\right)\psi(\boldsymbol{r})=0 \tag{8.169}$$

を厳密に解くことを考えよう．ここでは散乱問題を考え，エネルギー E は正とする．クーロン相互作用は長距離ポテンシャルであり，r がいくら大きくなってもその影響を受け，波動関数は平面波になることはない.

この方程式を解くために，放物線座標

$$\xi=r(1-\cos\theta)=r-z, \tag{8.170}$$

$$\zeta=r(1+\cos\theta)=r+z \tag{8.171}$$

を導入する．この座標系が放物線座標とよばれるのは，例えば $y=0$ のとき

$$z=\frac{x^2}{2\xi}-\frac{\xi}{2}, \tag{8.172}$$

$$z=-\frac{x^2}{2\zeta}+\frac{\zeta}{2} \tag{8.173}$$

となり「$\xi=$ 一定」または「$\zeta=$ 一定」の曲線は (z,x) 平面内で放物線を描くことからもわかる．$\xi\zeta=r^2(1-\cos^2\theta)=r^2\sin^2\theta$ に注意すると，ラプラシアン $\boldsymbol{\nabla}^2$ は放物線座標を用いて

$$\boldsymbol{\nabla}^2=\frac{4}{\xi+\zeta}\left(\frac{\partial}{\partial\xi}\xi\frac{\partial}{\partial\xi}+\frac{\partial}{\partial\zeta}\zeta\frac{\partial}{\partial\zeta}\right)+\frac{1}{\xi\zeta}\frac{\partial^2}{\partial\phi^2} \tag{8.174}$$

と書けることがわかる．

いま，ビーム方向に z 軸をとると，散乱は z 軸のまわりに軸対称となり，波動関数は角度 ϕ に依存しない．したがって，式 (8.169) のシュレーディンガー方程式は

$$\left[-\frac{\hbar^2}{2\mu}\frac{4}{\xi+\zeta}\left(\frac{\partial}{\partial\xi}\xi\frac{\partial}{\partial\xi}+\frac{\partial}{\partial\zeta}\zeta\frac{\partial}{\partial\zeta}\right)+\frac{2Z_1Z_2e^2}{\xi+\zeta}-E\right]\psi(\xi,\zeta)=0 \tag{8.175}$$

と書き直すことができる．$E=k^2\hbar^2/2\mu$ および

$$\eta=\frac{Z_1Z_2e^2\mu}{k\hbar^2}=\frac{Z_1Z_2e^2}{\hbar v} \qquad (v=k\hbar/\mu) \tag{8.176}$$

を用いて (η はゾンマーフェルト・パラメータとよばれる) この方程式をさらに書き直すと，

$$\left[\left(\frac{\partial}{\partial\xi}\xi\frac{\partial}{\partial\xi}+\frac{\partial}{\partial\zeta}\zeta\frac{\partial}{\partial\zeta}\right)-k\eta+\frac{k^2}{4}(\xi+\zeta)\right]\psi(\xi,\zeta)=0 \tag{8.177}$$

となる．

$e^2\to0$ $(\eta\to0)$ の極限で波動関数は平面波 e^{ikz} になるので，この関数形を陽に書いて波動関数を

$$\psi(\xi,\zeta)=e^{ikz}\phi(\xi,\zeta)=e^{\frac{ik}{2}(-\xi+\zeta)}\phi(\xi,\zeta) \tag{8.178}$$

とおこう．この波動関数を方程式 (8.177) に代入して $\phi(\xi,\zeta)$ が従う方程式を求めると，

$$\left(\xi\frac{\partial^2\phi}{\partial\xi^2}+(1-ik\xi)\frac{\partial\phi}{\partial\xi}+\zeta\frac{\partial^2\phi}{\partial\zeta^2}+(1+ik\zeta)\frac{\partial\phi}{\partial\zeta}-k\eta\phi\right)=0 \tag{8.179}$$

を得る．この方程式は変数分離の手法で解くことができる．すなわち，

$$\phi(\xi,\zeta)=g(\xi)h(\zeta) \tag{8.180}$$

とおいてこれを方程式に代入し，辺々を $g(\xi)h(\zeta)$ で割ると

$$\frac{1}{g(\xi)}\left[\xi\frac{d^2g}{d\xi^2}+(1-ik\xi)\frac{dg}{d\xi}\right]+\frac{1}{h(\zeta)}\left[\zeta\frac{d^2h}{d\zeta^2}+(1+ik\zeta)\frac{dh}{d\zeta}\right]=k\eta \tag{8.181}$$

を得る．この左辺第 1 項を kC_ξ，第 2 項を kC_ζ とおくと

$$\left[\xi\frac{d^2}{d\xi^2}+(1-ik\xi)\frac{d}{d\xi}-kC_\xi\right]g(\xi)=0, \tag{8.182}$$

$$\left[\zeta\frac{d^2}{d\zeta^2}+(1+ik\zeta)\frac{d}{d\zeta}-kC_\zeta\right]h(\zeta)=0, \tag{8.183}$$

$$C_\xi+C_\zeta=\eta \tag{8.184}$$

となる．これらの方程式はいずれも

$$z\frac{d^2F(z)}{dz^2}+(b-z)\frac{dF(z)}{dz}-aF(z)=0 \tag{8.185}$$

と同じ形をしており，その解のうち $z=0$ で定数になるものは合流型超幾何関数

$$F(a,b,z)=\sum_{s=0}^{\infty}\frac{1}{\Gamma(1+s)}\frac{\Gamma(a+s)}{\Gamma(a)}\frac{\Gamma(b)}{\Gamma(b+s)}z^s \tag{8.186}$$

として与えられる．ここで $\Gamma(z)$ はガンマ関数である．

例えば，$z=ik\xi$ とすると，式 (8.182) は

$$\left(z\frac{d^2}{dz^2}+(1-z)\frac{d}{dz}+iC_\xi\right)g=0 \tag{8.187}$$

と書き直せるため，C を定数として

$$g(\xi)=CF(-iC_\xi,1,ik\xi) \tag{8.188}$$

となる．同様に，C' を定数として

$$h(\zeta)=C'F(iC_\zeta,1,-ik\zeta) \tag{8.189}$$

と表せる．

散乱問題で重要となる $|z|\to\infty$ の極限では，合流型超幾何関数 $F(a,b,z)$ は

$$
\begin{aligned}
F(a,b,z) &= \frac{\Gamma(b)}{\Gamma(b-a)}\sum_{n=0}^{\infty}\frac{\Gamma(n+a)}{\Gamma(a)}\frac{\Gamma(n+a-b+1)}{\Gamma(a-b+1)}\frac{(-z)^{-n-a}}{n!} \\
&\quad+\frac{\Gamma(b)}{\Gamma(a)}e^{z}\sum_{n=0}^{\infty}\frac{\Gamma(n+b-a)}{\Gamma(b-a)}\frac{\Gamma(n+1-a)}{\Gamma(1-a)}\frac{z^{-n+a-b}}{n!} \\
&\sim \frac{\Gamma(b)}{\Gamma(b-a)}(-z)^{-a}+\frac{\Gamma(b)}{\Gamma(a)}e^{z}z^{a-b}
\end{aligned}
\tag{8.190}
$$

のように振る舞うことが知られている．これにより，遠方では関数 $g(\xi)$ および $h(\zeta)$ は

$$
g(\xi)\sim C\left(\frac{1}{\Gamma(1+iC_\xi)}(-ik\xi)^{iC_\xi}+\frac{1}{\Gamma(-iC_\xi)}e^{ik\xi}(ik\xi)^{-iC_\xi-1}\right), \tag{8.191}
$$

$$
h(\zeta)\sim C\left(\frac{1}{\Gamma(1-iC_\zeta)}(ik\zeta)^{-iC_\zeta}+\frac{1}{\Gamma(iC_\zeta)}e^{-ik\zeta}(-ik\zeta)^{iC_\zeta-1}\right) \tag{8.192}
$$

となる．ここで，$\Gamma(1)=1$ を用いた．$e^{ikz}e^{ik\xi}=e^{ikr}$，$e^{ikz}e^{-ik\zeta}=e^{-ikr}$ であることに注意すると，$e^{ikz}g(\xi)$ は平面波と外向き球面波の重ね合わせ，$e^{ikz}h(\zeta)$ は平面波と内向き球面波の重ね合わせを表していることがわかる．内向き球面波は物理的境界条件に合わないため，関数 $h(\zeta)$ は ζ に依らない定数になっている必要がある．このとき，

$$
0=\left[\zeta\frac{d^2}{d\zeta^2}+(1+ik\zeta)\frac{d}{d\zeta}-kC_\zeta\right]h(\zeta)=-kC_\zeta h(\zeta) \tag{8.193}
$$

となるから，$C_\zeta=0$ を得る．したがって，式 (8.184) より $C_\xi=\eta$ となるから，結局，

$$
g(\xi)=CF(-i\eta,1,ik\xi) \tag{8.194}
$$

となり，

$$
\psi(\xi,\zeta)=Ce^{ikz}F(-i\eta,1,ik\xi) \tag{8.195}
$$

を得る．

散乱振幅

式 (8.190) でみたように，合流超幾何型関数 $F(-i\eta,1,ik\xi)$ の $|\xi|\to\infty$ での漸近形は

$$F(-i\eta,1/ik\xi)\sim\frac{1}{\Gamma(1+i\eta)}(-ik\xi)^{i\eta}+\frac{1}{\Gamma(-i\eta)}e^{ik\xi}(ik\xi)^{-i\eta-1} \tag{8.196}$$

であるが，$z^c=e^{c\ln z}=e^{c(\ln|z|+i\arg z)}$ に注意すると

$$(-ik\xi)^{i\eta}=\exp\left[i\eta\left(\ln k\xi-i\frac{\pi}{2}\right)\right]=\exp\left[i\eta\ln k\xi+\frac{\eta\pi}{2}\right], \tag{8.197}$$

$$\begin{aligned}(ik\xi)^{-i\eta-1}&=\exp\left[(-1-i\eta)\left(\ln k\xi+i\frac{\pi}{2}\right)\right]\\&=\frac{1}{k\xi}\exp\left[-i\eta\ln k\xi-i\frac{\pi}{2}+\frac{\eta\pi}{2}\right]\end{aligned} \tag{8.198}$$

であるから，

$$F(-i\eta,1/ik\xi)\sim\frac{1}{\Gamma(1+i\eta)}e^{i\eta\ln k\xi+\frac{\eta\pi}{2}}-\frac{i}{k\xi\Gamma(-i\eta)}e^{ik\xi-i\eta\ln k\xi+\frac{\eta\pi}{2}} \tag{8.199}$$

を得る．ここで，

$$e^{ikz}e^{ik\xi}=e^{ikr},$$

$$k\xi=kr(1-\cos\theta)=2kr\sin^2\frac{\theta}{2}$$

であるから，式 (8.195) の波動関数 $\psi(r,\theta)$ の漸近形として

$$\psi(r,\theta)=\frac{Ce^{\eta\pi/2}}{\Gamma(1+i\eta)}e^{i(kz+\eta\ln(r-z))}+\frac{Ce^{\eta\pi/2}}{\Gamma(-i\eta)}\frac{e^{ikr}}{r}e^{-i\eta\ln 2kr}\frac{e^{-i\eta\ln\sin^2\frac{\theta}{2}}}{2ik\sin^2\frac{\theta}{2}} \tag{8.200}$$

を得る．クーロン散乱の散乱振幅として

$$f_C(\theta)\equiv\frac{\Gamma(1+i\eta)}{\Gamma(-i\eta)}\frac{e^{-i\eta\ln\sin^2\frac{\theta}{2}}}{2ik\sin^2\frac{\theta}{2}} \tag{8.201}$$

を定義すると，この式は

$$\psi(r,\theta)\propto e^{i(kz+\eta\ln(r-z))}+f_C(\theta)\frac{e^{ikr-i\eta\ln 2kr}}{r} \tag{8.202}$$

と書き直すことができる．

ガンマ関数の性質 $\Gamma(1+z)=z\Gamma(z)$ を用いると $\Gamma(1-i\eta)=-i\eta\Gamma(-i\eta)$ となる．また，$\Gamma(1+i\eta)$ の積分表示

$$\Gamma(1+i\eta)=\int_0^\infty dte^{-t}t^{i\eta} \tag{8.203}$$

より $\Gamma(1-i\eta)=\Gamma(1+i\eta)^*$ であるから，

$$\frac{\Gamma(1+i\eta)}{\Gamma(1-i\eta)}=e^{2i\arg\Gamma(1+i\eta)} \tag{8.204}$$

となり，クーロン散乱の散乱振幅 $f_C(\theta)$ は

$$f_C(\theta)=-\frac{\eta}{2k\sin^2\dfrac{\theta}{2}}e^{-i\eta\ln\sin^2\frac{\theta}{2}+2i\sigma_0} \tag{8.205}$$

と書き直すことができる．ここで，$\sigma_0=\arg\Gamma(1+i\eta)$ を定義した．後にみるように，これは s 波のクーロン散乱におけるクーロン位相差を表す．

ラザフォード断面積

ポテンシャルが短距離力の場合に 8.4.3 節で行ったのと同様に，式 (8.202) の第 1 項および第 2 項に対するフラックスを計算してみよう．まず，第 1 項の入射波

$$\psi_{\text{in}}(r,\theta)=e^{i(kz+\eta\ln(r-z))} \tag{8.206}$$

から考える．入射フラックスの z 成分は

$$\boldsymbol{j}_{\text{in}}\cdot\boldsymbol{e}_z=\frac{\hbar}{2i\mu}\left(\psi_{\text{in}}^*\frac{\partial}{\partial z}\psi_{\text{in}}-\psi_{\text{in}}\frac{\partial}{\partial z}\psi_{\text{in}}^*\right)=\frac{\hbar}{\mu}\left(k-\frac{\eta}{r}\right) \tag{8.207}$$

となるが，$r\to\infty$ の極限で第 2 項は第 1 項に比べて無視することができる．すなわち，

$$\boldsymbol{j}_{\text{in}}\cdot\boldsymbol{e}_z\sim\frac{k\hbar}{\mu} \tag{8.208}$$

となる．同様に，入射フラックスの x 成分を求めると，

$$\boldsymbol{j}_{\text{in}}\cdot\boldsymbol{e}_x=\frac{\hbar}{\mu}\frac{\eta}{r-z}\frac{x}{r} \tag{8.209}$$

となるが，これは $\theta \sim 0$ を除き $r \to \infty$ において無視することができる．入射フラックスの y 成分も同様である．

次に散乱波

$$\psi_{\mathrm{sc}}(r,\theta) = f_C(\theta)\frac{e^{ikr - i\eta \ln 2kr}}{r} \tag{8.210}$$

に対するフラックスを求めると

$$\boldsymbol{j}_{\mathrm{sc}} \sim \frac{\hbar}{\mu}|f_C(\theta)|^2 \frac{1}{r^2}\left(k - \frac{\eta}{r}\right)\boldsymbol{e}_r \tag{8.211}$$

となるが，ここでも $r \to \infty$ の極限で第 2 項は第 1 項に比べて無視することができ，

$$\boldsymbol{j}_{\mathrm{sc}} \sim \frac{k\hbar}{\mu}|f_C(\theta)|^2 \frac{1}{r^2}\boldsymbol{e}_r \tag{8.212}$$

となる．

結局，散乱断面積は

$$\frac{d\sigma}{d\Omega} = |f_C(\theta)|^2 = \frac{\eta^2}{4k^2 \sin^4 \dfrac{\theta}{2}} = \left(\frac{Z_1 Z_2 e^2}{4E \sin^2 \dfrac{\theta}{2}}\right)^2 \tag{8.213}$$

となるが，これは式 (8.38) でボルン近似を用いて求めたラザフォード断面積と完全に一致している．また，古典力学で求めた断面積とも (たまたま) 一致したものになっている．

8.9.2 部分波展開

前節では 3 次元のシュレーディンガー方程式 (8.169) を直接解いたが，ポテンシャルが球対称であるため，角運動量 l ごとに解を求めることができる．すなわち，式 (8.122) の $u_l(r)$ は

$$\left(-\frac{\hbar^2}{2\mu}\frac{d^2}{dr^2} + \frac{Z_1 Z_2 e^2}{r} + \frac{l(l+1)\hbar^2}{2\mu r^2} - E\right)u_l(r) = 0 \tag{8.214}$$

を満たすが，$\rho = kr$ としてこの方程式を書き直すと

$$\frac{d^2 u_l(\rho)}{d\rho^2} + \left(1 - \frac{2\eta}{\rho} - \frac{l(l+1)}{\rho^2}\right)u_l(\rho) = 0 \tag{8.215}$$

となる．ここで η は式 (8.176) で与えられるゾンマーフェルト・パラメータである．$z=2i\rho$ として，$l(l+1)=\left(l+\frac{1}{2}\right)^2-\frac{1}{4}$ に注意すると，この方程式はさらに

$$\left[\frac{d^2}{dz^2}+\left(-\frac{1}{4}+\frac{i\eta}{z}+\frac{\left(\frac{1}{4}-(l+1/2)^2\right)}{z^2}\right)\right]u_z(z)=0 \tag{8.216}$$

と書き直すことができる．

この解はホイッタカー関数を用いて表すことができる．ホイッタカー関数は

$$\frac{d^2w(z)}{dz^2}+\left(-\frac{1}{4}+\frac{\kappa}{z}+\frac{\left(\frac{1}{4}-\mu^2\right)}{z^2}\right)w(z)=0 \tag{8.217}$$

を満たす関数であり，$z=0$ で正則な解は

$$w(z)=e^{-z/2}z^{\mu+1/2}M\left(\frac{1}{2}+\mu-\kappa,1+2\mu,z\right) \tag{8.218}$$

で与えられる．ここで，$M(a,b,z)$ は

$$(a)_n\equiv a(a+1)\cdots(a+n-1), \tag{8.219}$$

$$(a)_0=1 \tag{8.220}$$

として

$$M(a,b,z)=\sum_{n=0}^{\infty}\frac{(a)_n}{(b)_n}\frac{z^n}{n!}=1+\frac{a}{b}z+\cdots \tag{8.221}$$

で定義される．

これにより，C を定数として

$$\begin{aligned}u_l(\rho)&=Cz^{l+1}e^{-z/2}M(l+1-i\eta,2l+2,z)\\&=C(2i\rho)^{l+1}e^{-i\rho}M(l+1-i\eta,2l+2,2i\rho)\end{aligned} \tag{8.222}$$

となる．

関数 $M(a,b,z)$ の $|z|\to\infty$ での振る舞いは

$$M(a,b,z)\sim\Gamma(b)\left(\frac{e^z z^{a-b}}{\Gamma(a)}+\frac{(-z)^{-a}}{\Gamma(b-a)}\right)\qquad |z|\to\infty \tag{8.223}$$

で与えられることが知られている．したがって，波動関数 $u_l(\rho)$ の $\rho\to\infty$ における漸近形は

$$u_l(\rho)\to C(2i\rho)^{l+1}e^{-i\rho}\Gamma(2l+2)\left(\frac{e^{2i\rho}(2i\rho)^{-l-1-i\eta}}{\Gamma(l+1-i\eta)}+\frac{(-2i\rho)^{-l-1+i\eta}}{\Gamma(l+1+i\eta)}\right) \tag{8.224}$$

となる．

$$\Gamma(l+1+i\eta)\equiv|\Gamma(l+1+i\eta)|e^{i\sigma_l},\quad \sigma_l\equiv\arg\Gamma(l+1+i\eta) \tag{8.225}$$

とおき，

$$\Gamma(l+1-i\eta)=\Gamma(l+1+i\eta)^*=|\Gamma(l+1+i\eta)|e^{-i\sigma_l} \tag{8.226}$$

に注意するとこの式は

$$u_l(\rho)\to C\frac{\Gamma(2l+2)}{|\Gamma(l+1+i\eta)|}[e^{i\rho}(2i\rho)^{-i\eta}e^{i\sigma_l}+e^{-i\rho}(-1)^{-l-1+i\eta}(2i\rho)^{i\eta}e^{-i\sigma_l}] \tag{8.227}$$

と書き直すことができる．さらに，

$$i^{-i\eta}=(e^{i\pi/2})^{-i\eta}=e^{\pi\eta/2}, \tag{8.228}$$

$$(2\rho)^{-i\eta}=(e^{\ln 2\rho})^{-i\eta}=e^{-i\eta\ln 2\rho}, \tag{8.229}$$

$$(-i)^{i\eta}=(e^{-i\pi/2})^{i\eta}=e^{\pi\eta/2}, \tag{8.230}$$

$$(2\rho)^{i\eta}=e^{i\eta\ln 2\rho}, \tag{8.231}$$

$$(-1)^{-l-1}=e^{i\pi(-l-1)}=e^{-i\pi}e^{-il\pi}=-e^{-il\pi}=-e^{il\pi} \tag{8.232}$$

を用いると，

$$u_l(\rho)\to C\frac{\Gamma(2l+2)}{|\Gamma(l+1+i\eta)|}e^{\pi\eta/2}e^{il\pi/2}[e^{i\rho-i\eta\ln 2\rho+i\sigma_l-il\pi/2}-e^{-i\rho+i\eta\ln 2\rho-i\sigma_l+il\pi/2}] \tag{8.233}$$

となる．したがって，定数 C を適当にとれば，

$$u_l(\rho)\equiv F_l(\rho)\to\sin(\rho-\eta\ln 2\rho+\sigma_l-l\pi/2)\qquad(\rho\to\infty) \tag{8.234}$$

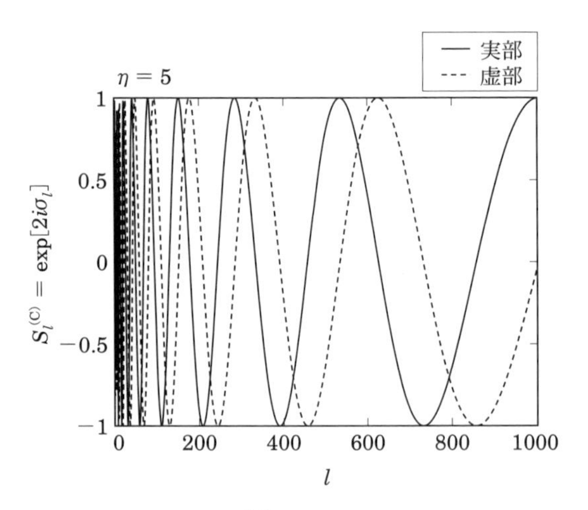

図 8.29 クーロン散乱に対する S 行列 $S_l^{(\mathrm{C})}=e^{2i\sigma_l}$ の振る舞い．実線，破線はそれぞれ実部 (real part)，虚部 (imaginary part) を表す．ゾンマーフェルト・パラメータは $\eta=5$ にとった．角運動量 l を大きくしても S 行列は 1 にならず，クーロン散乱の散乱振幅 (8.235) は有限の l では収束しない．

となる．これは電荷 e^2 がゼロの場合には球ベッセル関数に kr をかけた $krj_l(kr)$ に相当するものであり，原点で正則になっている．また，この式より σ_l が角運動量 l のクーロン散乱の位相のずれに相当するものであることがわかる．ただし，クーロン散乱では部分波展開

$$f_C(\theta)=\sum_{l=0}^{\infty}(2l+1)\frac{e^{2i\sigma_l}-1}{2ik}P_l(\cos\theta) \tag{8.235}$$

は有限の l では収束せず，l の和を無限に取る必要がある (図 8.29 を参照のこと).

式 (8.234) に線形独立な解 $G_l(\rho)$ は無限遠で

$$G_l(\rho)\to\cos(\rho-\eta\ln 2\rho+\sigma_l-l\pi/2) \qquad (\rho\to\infty) \tag{8.236}$$

のように振る舞う．$G_l(\rho)$ は電荷がゼロのとき球ノイマン関数の解 $-krn_l(kr)$ に相当し，原点で発散する．また，$F_l(\rho)$ と $G_l(\rho)$ の線形結合をとると外向きクーロン波および内向きクーロン波の解を作ることもでき，次の式で与えられる．

$$H_l^{(\pm)}(\rho)\equiv G_l(\rho)\pm iF_l(\rho)\to\exp[\pm i(\rho-\eta\ln 2\rho+\sigma_l-l\pi/2)] \qquad (\rho\to\infty). \tag{8.237}$$

8.9.3 短距離ポテンシャル＋クーロンポテンシャルによる散乱

最後に，ポテンシャルが短距離ポテンシャル $V_{\rm sr}(r)$ とクーロンポテンシャル $V_C(r)$ の和として $V(r)=V_{\rm sr}(r)+V_C(r)$ と与えられるとしよう．このとき，このポテンシャルによる位相のずれは，短距離ポテンシャル $V_{\rm sr}(r)$ による位相のずれ $\delta_l^{(\rm sr)}$ とクーロンポテンシャル $V_C(r)$ による位相のずれ σ_l の和として

$$\delta_l=\delta_l^{(\rm sr)}+\sigma_l \tag{8.238}$$

となる．したがって，S 行列は短距離ポテンシャルによる S 行列 $S_l^{(\rm sr)}=e^{2i\delta_l^{(\rm sr)}}$ とクーロンポテンシャルによる S 行列 $S_l^{(C)}=e^{2i\sigma_l}$ の積

$$S_l=S_l^{(\rm sr)}S_l^{(C)} \tag{8.239}$$

で与えられる．前節で述べたように，この S 行列を用いて計算される散乱振幅の部分波展開

$$f(\theta)=\sum_{l=0}^{\infty}(2l+1)\frac{S_l-1}{2ik}P_l(\cos\theta) \tag{8.240}$$

は収束せず，l の和を無限に取らないとならない．ところが，以下のような工夫をすると級数を有限の l で収束させることができる．このために，散乱振幅を

$$\begin{aligned}f(\theta)&=\sum_{l=0}^{\infty}(2l+1)\frac{S_l^{(C)}-1+S_l-S_l^{(C)}}{2ik}P_l(\cos\theta)\\&=f_C(\theta)+\sum_{l=0}^{\infty}(2l+1)\frac{S_l^{(\rm sr)}-1}{2ik}e^{2i\sigma_l}P_l(\cos\theta)\end{aligned}$$

のように書きなおす．この第 2 項目を短距離ポテンシャルによる散乱振幅 $f_{\rm sr}(\theta)$ とすると，これは低エネルギーでは小さい l で収束する．また，クーロンポテンシャルによる散乱振幅 $f_C(\theta)$ は式 (8.205) で与えられ，部分波展開を使わずに解析的に書き下すことができる．短距離ポテンシャルによる S 行列は，動径波動関数を

$$u_l(r)\to H_l^{(-)}(kr)-S_l^{(\rm sr)}H_l^{(+)}(kr) \tag{8.241}$$

のようにクーロン波動関数に接続することによって求めることができる．

ところで，ラザフォード断面積 (8.213) は $\theta = 0$ で発散するため，クーロンポテンシャルがある場合には，全弾性散乱断面積

$$\sigma = \int d\Omega |f(\theta)|^2 = \int d\Omega |f_C(\theta) + f_{\rm sr}(\theta)|^2 \tag{8.242}$$

は発散する．したがって，光学定理 (8.114)

$$\sigma + \sigma_{\rm abs} = \frac{4\pi}{k} {\rm Im} f(0) = \frac{4\pi}{k} {\rm Im}(f_C(0) + f_{\rm sr}(0)) \tag{8.243}$$

の両辺は発散する．しかしながら，クーロンポテンシャルのみがある場合に，全ラザフォード断面積

$$\sigma_C = \int d\Omega |f_C(\theta)|^2 \tag{8.244}$$

に対して光学定理

$$\sigma_C = \frac{4\pi}{k} {\rm Im} f_C(0) \tag{8.245}$$

が成り立つので，式 (8.243) からこの式を引くと

$$\sigma_{\rm abs} = \sigma_C - \sigma + \frac{4\pi}{k} {\rm Im} f_{\rm sr}(0) = \int d\Omega \left(\frac{d\sigma_C}{d\Omega} - \frac{d\sigma}{d\Omega} \right) + \frac{4\pi}{k} {\rm Im} f_{\rm sr}(0) \tag{8.246}$$

を得る．この式の両辺は発散がない量であり，これを SOD (sum of difference) という．この関係式を用いると弾性散乱の断面積から吸収断面積 $\sigma_{\rm abs}$ を求めることができる．

演習問題

問題 8.1

(1) 標的粒子の密度分布 $\rho(\boldsymbol{r})$ が階段関数 $\theta(x)$ を用いて

$$\rho(r) = \rho_0 \theta(R - r); \qquad \rho_0 = \frac{Z}{\frac{4\pi}{3} R^3} \tag{8.247}$$

で与えられる場合，$\langle r^2 \rangle$ の平均値 (8.41) を求めよ．

(2) この場合に形状因子 $F(q)$ [式 (8.36)] を求めよ．

(3) 求めた形状因子 $F(q)$ を q について展開し，式 (8.42) が成り立っていることを確かめよ．

問題 8.2

シュレーディンガー方程式 (8.123) の解として $r\to\infty$ で $u_l(r)\to C\sin(kr-l\pi/2+\delta_l)$ となるものを考える．この方程式と $\tilde{j}_l(\rho)\equiv\rho j_l(\rho)$ に対する方程式

$$\left(\frac{d^2}{d\rho^2}+1-\frac{l(l+1)}{\rho^2}\right)\tilde{j}_l(\rho)=0 \tag{8.248}$$

を連立させることにより，

$$C\sin\delta_l=-\frac{2\mu}{k\hbar^2}\int_0^\infty dr\,\tilde{j}_l(kr)V(r)u_l(r) \tag{8.249}$$

となることを示せ．その際，$\tilde{j}_l(\rho)$ の漸近形 $\tilde{j}_l(\rho)\to\sin(\rho-l\pi/2)$ $(\rho\to\infty)$ を用いよ．式 (8.249) の右辺の $u_l(r)$ を $C\tilde{j}_l(kr)$ に置きかえたものがボルン近似に相当する．

問題 8.3

ボルン近似による散乱振幅 (式 (8.61))

$$\begin{aligned}
f_{\rm Born}(q)&=-\frac{\mu}{2\pi\hbar^2}\int d\boldsymbol{r}\,e^{-i\boldsymbol{k}'\cdot\boldsymbol{r}}V(r)e^{i\boldsymbol{k}\cdot\boldsymbol{r}}\\
&=-\frac{\mu}{2\pi\hbar^2}\int d\boldsymbol{r}\,e^{-i\boldsymbol{q}\cdot\boldsymbol{r}}V(r)\\
&=\frac{2\mu}{\hbar^2}\int_0^\infty r^2dr\,\frac{\sin qr}{qr}V(r)
\end{aligned} \tag{8.250}$$

を用いて，

$$rV(r)=-\frac{\hbar^2}{\pi\mu}\int_0^\infty dq\,q f_{\rm Born}(q)\sin qr \tag{8.251}$$

となることを示せ．ここで，

$$\int_0^\infty dq\sin(qr)\sin(qr')=\frac{\pi}{2}\delta(r-r') \tag{8.252}$$

となることを用いよ．

問題 8.4

井戸型ポテンシャル $V(r)=-V_0\theta(R-r)$ がゼロに近いエネルギー $-E_b\sim 0$ に $l=0$ の束縛状態を持つとする．このとき，ポテンシャル内部の動径波動関数を $R(r)=u(r)/r$ とおくと，$u(r)$ は $\sin\tilde{k}'r$ に比例する．ただし，$\tilde{k}'=\sqrt{\frac{2\mu}{\hbar^2}(V_0-E_b)}\sim\sqrt{\frac{2\mu}{\hbar^2}}V_0$ である．式 (8.142) において $\tilde{k}_0\sim\tilde{k}'$ とおいたとき，散乱長 a が近似的に $a\sim\tilde{\kappa}^{-1}$; $\tilde{\kappa}=\sqrt{\frac{2\mu}{\hbar^2}E_b}$ となることを示せ．

問題 8.5

井戸型ポテンシャル $V(r)=-V_0\theta(R-r)$ による s 波散乱を考える．ポテンシャル内部 $(r\leq R)$ で吸収が強いとして，$r\leq R$ の波動関数を $u(r)=Ae^{-iKr}$ $(K=\sqrt{2\mu(E+V_0)/\hbar^2})$ と置いたとき，S 行列を求めよ．また，エネルギー E が小さく，s 波のみが吸収断面積に寄与するものとして吸収断面積を求め，それが近似的に $1/k=\sqrt{\hbar^2/(2\mu E)}$ (したがって $1/v$) に比例することを示せ．

問題 8.6

シュレーディンガー方程式 (8.21) の解として，$\psi(\boldsymbol{r})=e^{i\boldsymbol{k}\cdot\boldsymbol{r}}\phi(\boldsymbol{r})=e^{ikz}\phi(\boldsymbol{r})$ の形を考えよう．ここで，散乱問題の境界条件より $z\to-\infty$ で $\phi(\boldsymbol{r})\to 1$ である．エネルギーが高いときには，関数 $\phi(\boldsymbol{r})$ は座標 $\boldsymbol{r}$ のゆるやかな関数となる．この場合に，$\boldsymbol{\nabla}^2\phi(\boldsymbol{r})$ が無視できるとして，$\phi(\boldsymbol{r})$ の従う方程式を導き，それを解け．また，その波動関数を用いて散乱振幅 (8.61) を求めよ．この近似を**アイコナール近似**という．

第9章

半古典近似 (WKB近似)

9.1 WKB 波動関数

この章では，量子力学の半古典近似を取り上げる．この近似はしばしばWKB近似 (Wentzel-Kramers-Brillouin 近似) ともよばれる．半古典近似は，我々の実生活でなじみの深い古典力学とミクロな粒子の状態や運動を記述する量子力学の橋渡しをする．この近似を用いると，シュレーディンガー方程式の近似解が比較的簡単に求まり，解の物理的解釈や直感的理解，または，解の定性的な振る舞いに関する議論が容易になる．後の 9.4 節で議論する，量子トンネル効果におけるポテンシャル透過確率に対する粒子の質量の依存性などがその典型的な例である．また，WKB 近似は厳密な解を定量的にも再現することがしばしばあり，原子核物理学におけるアルファ崩壊，物性物理学におけるブロッホ電子の輸送現象，宇宙物理学におけるブラックホールの問題など，物理学や化学の広い領域におけるさまざまな現象に適用されている．

9.1.1 1次元シュレーディンガー方程式に対する WKB 近似

まず，以下のシュレーディンガー方程式で記述される 1 次元問題を考える．

$$\frac{d^2}{dx^2}\psi(x)+k(x)^2\psi(x)=0. \tag{9.1}$$

ここで，局所的波数 $k(x)$ は

$$k(x)=\sqrt{\frac{2m}{\hbar^2}(E-V(x))} \tag{9.2}$$

で与えられる．ただし，m は粒子の質量，E はエネルギー，$V(x)$ はポテンシャルである．

もしポテンシャル $V(x)$ が定数であれば，$k(x)$ は定数 k となり，シュレーディンガー方程式 (9.1) の解は $\psi(x) \propto e^{\pm ikx}$ で与えられる．そこで，一般の場合にも解が

$$\psi(x) = \exp\left(i\int^x \eta(x')dx'\right) \tag{9.3}$$

で与えられることを仮定しよう．もし $\eta(x) = k(x)$ ならば，この形は $e^{\pm ikx}$ の単純な拡張であるが，ここでは高次の補正項も考えて一般に $\eta(x)$ とする．

この波動関数をシュレーディンガー方程式 (9.1) に代入して整理すると，

$$\eta(x)^2 = k(x)^2 + i\eta'(x) \tag{9.4}$$

を得る．ここで，$\eta(x)$ が x のゆっくりとした関数であり，$|\eta'(x)| \ll |\eta(x)|^2$ が成り立つと仮定する．これを半古典近似 (WKB 近似) という．このとき，式 (9.4) の右辺の第2項を無視した解を $\eta_0(x)$ とおくと，

$$\eta_0(x)^2 \sim k(x)^2, \tag{9.5}$$

すなわち $\eta_0(x) = \pm k(x)$ となる．これを式 (9.4) の第2項に代入することにより，一次の補正を含めた解として

$$\begin{aligned}\eta(x)^2 &\sim \eta_0(x)^2 + i\eta_0'(x) \\ &= k(x)^2 \pm ik'(x) = k(x)^2\left(1 \pm i\frac{k'(x)}{k(x)^2}\right)\end{aligned} \tag{9.6}$$

を得る．これより，

$$\eta(x) \sim \pm k(x)\left(1 \pm \frac{i}{2}\frac{k'(x)}{k(x)^2}\right) = \pm k(x) + \frac{i}{2}\frac{k'(x)}{k(x)} \tag{9.7}$$

となるが，

$$\exp\left(i\int^x dx' \frac{i}{2}\frac{k'(x')}{k(x')}\right) \propto e^{-\frac{1}{2}\ln k(x)} = \frac{1}{\sqrt{k(x)}} \tag{9.8}$$

であることに注意すると，WKB 近似の波動関数の一般解として，

$$\psi(x)=\frac{C_1}{\sqrt{k(x)}}\exp\left(i\int^x dx'k(x')\right)+\frac{C_2}{\sqrt{k(x)}}\exp\left(-i\int^x dx'k(x')\right) \tag{9.9}$$

を得る．ただし，C_1，C_2 は定数であり，この波動関数は進行波を表す．

古典的に許されない領域 $(E<V(x))$ では，$k(x)=i\gamma(x)$ とおくと，$\tilde{C}_1$，$\tilde{C}_2$ を定数として波動関数は

$$\psi(x)=\frac{\tilde{C}_1}{\sqrt{\gamma(x)}}\exp\left(-\int^x dx'\gamma(x')\right)+\frac{\tilde{C}_2}{\sqrt{\gamma(x)}}\exp\left(\int^x dx'\gamma(x')\right) \tag{9.10}$$

となる．この波動関数は古典的に許されない領域において指数関数的に増大または減少する波動関数を表す．

ところで，局所運動量 $p(x)=k(x)\hbar$ は古典的なハミルトニアン $H_{\rm cl}=\dfrac{p^2}{2m}+V(x)$ から古典的な運動方程式 $\dot{p}=-V'(x)$, $m\dot{x}=p$ を解くことによっても求めることができる．すなわち，半古典近似を用いると，量子力学的な波動関数を古典軌道を用いて表すことができる．前章の散乱問題の例で見たように，この特徴を用いると多くの場合に量子力学の直感的理解がしやすくなることになる．

9.1.2 別の導出法

WKB 波動関数 (9.9) は次のようにしても導くことができる．いま，波動関数の形として

$$\psi(x)=e^{iS(x)/\hbar} \tag{9.11}$$

を仮定しよう．これをシュレーディンガー方程式に代入すると，

$$i\hbar S''(x)-(S'(x))^2=-p(x)^2 \tag{9.12}$$

を得る．ただし，$k(x)=p(x)/\hbar$ とおいた．

この方程式を $S(x)$ の $\hbar$ による展開

$$S(x)=S_0(x)+\hbar S_1(x)+\cdots \tag{9.13}$$

の形で解く．式 (9.12) において $\hbar^0$ のオーダーから

$$(S_0'(x))^2=p(x)^2 \tag{9.14}$$

が得られ，これを解くと

$$S_0(x)=\pm\int^x dx'p(x') \tag{9.15}$$

が得られる．$\hbar^1$ のオーダーからは

$$i\hbar S_0''(x)-2S_0'(x)S_1'(x)=0 \tag{9.16}$$

が得られるが，これより

$$S_1'(x)=\frac{i}{2}\frac{S_0''(x)}{S_0'(x)}=\frac{i}{2}(\ln|S_0'(x)|)' \tag{9.17}$$

であるから，

$$S_1(x)=\frac{i}{2}(\ln|S_0'(x)|)+\text{定数} \tag{9.18}$$

となる．

このように求めた $S_0(x)$ および $S_1(x)$ より，式 (9.9) と同じ形の WKB 波動関数が導かれる．

9.1.3 WKB 近似の妥当性

式 (9.5) を用いると，WKB 波動関数を導いたときの条件 $|\eta'(x)|\ll|\eta(x)|^2$ は $|k'(x)|\ll|k(x)|^2$ と言い直すことができる．粒子のド・ブロイ波長が $\lambda(x)=1/k(x)$ で与えられるので，これは

$$\left|\frac{d\lambda(x)}{dx}\right|\ll 1 \tag{9.19}$$

と同じである．すなわち，波長の変化量が非常にゆるやかな場合に WKB 近似が成り立つことになる．

また，

$$k'(x)=\frac{\frac{2m}{\hbar^2}V'(x)}{2k(x)}=\frac{m}{\hbar^2}\lambda(x)V'(x) \tag{9.20}$$

に注意すると，条件 $|k'(x)|\ll|k(x)|^2$ は

$$|\lambda(x)V'(x)|\ll\frac{k(x)^2\hbar^2}{m}=\frac{p(x)^2}{m} \tag{9.21}$$

と書き直すこともできる．すなわち，一波長内でのポテンシャルの変化が局所運

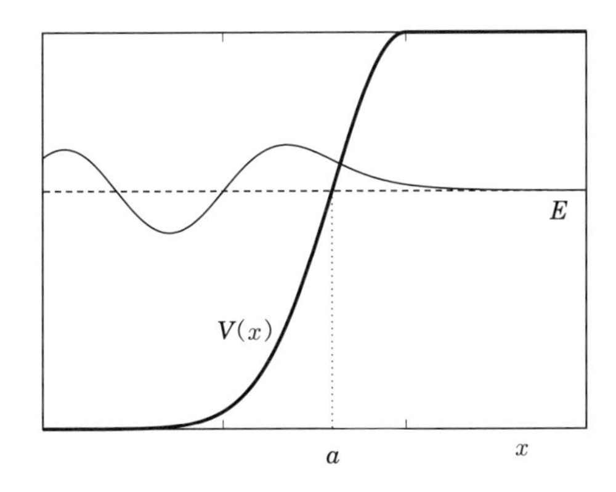

図 9.1 古典的転回点 a．この点において $E=V(x)$ となる．この図では，$x<a$ が $E>V(x)$ となる古典的に許される領域であり，$x>a$ が $E<V(x)$ となる古典的に許されない領域になる．

動エネルギーに比べて十分小さい場合に WKB 近似が成り立つ．この条件は，エネルギー E が大きい場合や質量 m が大きい場合に満たされる．

9.2 WKB 接続公式

古典力学では，$E=V(x)$ となる点において粒子の古典的な速度がゼロになり，粒子はポテンシャルによって反射される．このような点は古典的転回点とよばれるが，古典的転回点のまわりでは WKB 近似が成立する条件 $|k'(x)|\ll|k(x)|^2$ が満足されず，WKB 近似は破綻する．これは，WKB 波動関数 (9.9) において，$1/\sqrt{k(x)}$ が古典的転回点で発散することからもわかる．しかしながら，古典的転回点をうまく避けることによって WKB 近似を有効な近似にすることができる．それがこの節で説明する WKB 接続公式である．いま，図 9.1 のようにポテンシャルの左側から入射してきた波動関数が古典的転回点 $x=a$ においてポテンシャルの右側 (古典的に許されない領域) に入りこむ状況を考える．$x\gg a$ において WKB 近似を用いて指数関数的に減少する波動関数を

$$\psi(x)\sim\frac{C}{2\sqrt{\gamma(x)}}\exp\left(-\int_a^x\gamma(x')dx'\right)\qquad(x\gg a)\tag{9.22}$$

と書いておく (後の便宜上，指数関数の前の係数の分母に 2 という因子をかけている)．一方，$x\ll a$ においては，右向き進行波と左向き進行波の重ね合わせとして

$$\psi(x) \sim \frac{1}{\sqrt{k(x)}} \left\{ C_1 \exp\left(i \int_a^x k(x')dx' \right) + C_2 \exp\left(-i \int_a^x k(x')dx' \right) \right\} \quad (x \ll a) \tag{9.23}$$

と書く．WKB 接続公式は，これらの定数 C, C_1, C_2 の間の関係を与える．

9.2.1　エアリー関数の方法

WKB 接続公式はエアリー関数を用いる方法と解析接続の方法の 2 通りの方法のいずれかで導出することができる．エアリー関数の方法の基本的な考え方は以下の通りである．いま，$x=a$ のまわりでポテンシャル $V(x)$ を展開すると，

$$V(x) \sim V(a) + F_0 \cdot (x-a) = E + F_0 \cdot (x-a) \tag{9.24}$$

となる．ここで，$F_0 = V'(a)$ であり，また，古典的転回点の定義 $E = V(a)$ を用いた．これをシュレーディンガー方程式に代入すると，

$$\frac{d^2}{dx^2}\psi(x) - \frac{2m}{\hbar^2} F_0 \cdot (x-a)\psi(x) = 0 \tag{9.25}$$

となる．ここで，

$$z \equiv \left(\frac{2m}{\hbar^2} F_0 \right)^{1/3} (x-a) \tag{9.26}$$

とおき，この方程式を書き直すと

$$\frac{d^2}{dz^2}\psi(z) - z\psi(z) = 0 \tag{9.27}$$

となる．この方程式の解はエアリー関数として知られている．エアリー関数のうち，$z \to \infty$ で指数関数的に減衰するものを $\mathrm{Ai}(z)$ と書き，それは積分表示で

$$\mathrm{Ai}(z) = \frac{1}{\pi} \int_0^\infty \cos\left(\frac{t^3}{3} + zt \right) dt \tag{9.28}$$

と表される．$z \to \infty$ における漸近形は

$$\mathrm{Ai}(-z) \to \frac{1}{\sqrt{\pi} z^{1/4}} \cos\left(\frac{2}{3} z^{3/2} - \frac{\pi}{4} \right), \tag{9.29}$$

$$\mathrm{Ai}(z) \to \frac{1}{2\sqrt{\pi} z^{1/4}} \exp\left(-\frac{2}{3} z^{3/2} \right) \tag{9.30}$$

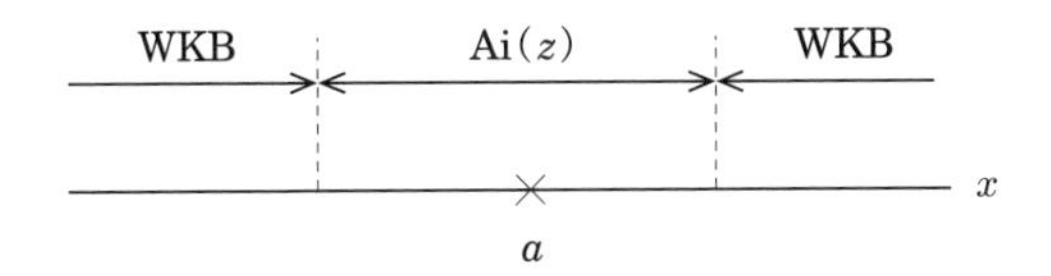

図 9.2 エアリー関数を用いた WKB 接続公式の導出法の概念図．転回点 $x=a$ のまわりでポテンシャルを線形近似すると波動関数はエアリー関数で与えられる．エアリー関数の漸近形に一致するように WKB 波動関数の定数を決めると，転回点の右側と左側の波動関数の関係が導かれる．

である．ここで，

$$
\begin{aligned}
\frac{2}{3}|z|^{3/2} &= \frac{2}{3}\left(\frac{2m}{\hbar^2}F_0\right)^{1/2}|x-a|^{3/2} \\
&= \int_a^x dx' \sqrt{\frac{2m}{\hbar^2}F_0|x'-a|} = \int_a^x dx' \sqrt{\frac{2m}{\hbar^2}|E-V(x')|}
\end{aligned}
\tag{9.31}
$$

となることに注意し，図 9.2 に示すように，エアリー関数 $\mathrm{Ai}(z)$ の漸近形と WKB 波動関数が一致するように，係数 C, C_1, C_2 を決めると，

$$
\psi(x) = \begin{cases} \dfrac{C}{2\sqrt{\gamma(x)}} \exp\left(-\displaystyle\int_a^x \gamma(x')dx'\right) & (x>a) \\ \dfrac{C}{\sqrt{k(x)}} \cos\left(\displaystyle\int_x^a k(x')dx' - \dfrac{\pi}{4}\right) & (x<a) \end{cases}
\tag{9.32}
$$

を得る．

9.2.2 解析接続の方法

WKB 接続公式は，転回点 $x=a$ を避けるように座標 x を複素平面に拡張し，波動関数を解析接続することによっても導出することができる．いま，$x>a$ の領域の波動関数を式 (9.22) で与えておく．$x=a$ の近傍ではポテンシャル $V(x)$ に対して式 (9.24) が成り立つので，

$$
\gamma(x) \sim \sqrt{\frac{2mF_0}{\hbar^2}(x-a)} \equiv \beta(x-a)^{1/2} \qquad \left(\beta \equiv \sqrt{\frac{2mF_0}{\hbar^2}}\right)
\tag{9.33}
$$

となり，この波動関数は

$$
\psi(x) \sim \frac{C}{2\beta^{1/2}(x-a)^{1/4}} \exp\left(-\beta\int_a^x (x'-a)^{1/2}dx'\right)
\tag{9.34}
$$

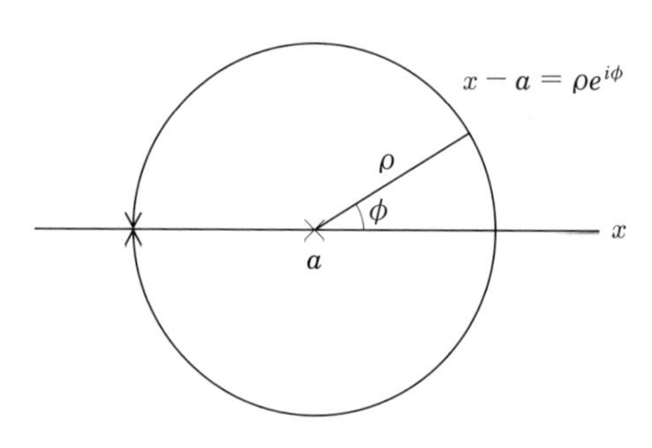

図 9.3 転回点 $x=a$ のまわりで波動関数を解析接続するための経路．座標 x は複素平面に拡張され，$x-a$ を $\rho e^{i\phi}$ とおく．上半面を通る経路では位相 ϕ は 0 から π まで変化し，下半面を通る経路では 0 から $-\pi$ まで変化する．

となる．

ここで，図 9.3 に示すように $x-a=\rho e^{i\phi}$ とおき，この波動関数を $x<a$ の領域に解析接続する．その際，図 9.3 の上半面の経路を取ると，位相 ϕ は 0 から π まで変化する．このとき，

$$(x-a)^{1/4} \to (a-x)^{1/4} e^{i\pi/4}, \tag{9.35}$$

$$(x-a)^{1/2} \to (a-x)^{1/2} e^{i\pi/2} = i(a-x)^{1/2} \tag{9.36}$$

となるので，波動関数は

$$\begin{aligned}\psi(x) &\to \frac{Ce^{-i\pi/4}}{2\beta^{1/2}(a-x)^{1/4}} \exp\left(-i\beta \int_a^x (a-x')^{1/2} dx'\right) \\ &\sim \frac{Ce^{-i\pi/4}}{2\sqrt{k(x)}} \exp\left(-i \int_a^x k(x') dx'\right)\end{aligned} \tag{9.37}$$

と変化する．

同様に，下半面の経路を取ると，位相 ϕ は 0 から $-\pi$ まで変化し，波動関数は

$$\psi(x) = \frac{Ce^{i\pi/4}}{2\sqrt{k(x)}} \exp\left(i \int_a^x k(x') dx'\right) \tag{9.38}$$

と変化する．

式 (9.37) と (9.38) の線形結合をとったものが領域 $x<a$ における波動関数であり，それは式 (9.32) に一致する．

9.2.3 一般の場合の WKB 接続公式

これまで，粒子が転回点の左側から入射する場合に接続公式を導出した．粒子が転回点の右側から入射する場合にも同様に接続公式を求めると，一般に，指数関数的に減衰する関数に対し，

$$\frac{C}{2\sqrt{\gamma(x)}}\exp\left(-\left|\int_a^x \gamma(x')dx'\right|\right) \qquad (E<V(x))$$
$$\longleftrightarrow \frac{C}{\sqrt{k(x)}}\cos\left(\left|\int_a^x k(x')dx'\right|-\frac{\pi}{4}\right) \qquad (E>V(x)) \tag{9.39}$$

が成り立つ．

指数関数的に増大する関数に対しても同様に

$$\frac{D}{\sqrt{\gamma(x)}}\exp\left(+\left|\int_a^x \gamma(x')dx'\right|\right) \qquad (E<V(x))$$
$$\longleftrightarrow -\frac{D}{\sqrt{k(x)}}\sin\left(\left|\int_a^x k(x')dx'\right|-\frac{\pi}{4}\right) \qquad (E>V(x)) \tag{9.40}$$

が成り立つ (左辺の分母に係数 2 がつかないことに注意せよ).

9.2.4 具体的な例に対する WKB 近似と数値解の比較

具体的に WKB 近似の妥当性を見るために，図 9.4 に階段型ポテンシャル

$$V(x)=\frac{V_0}{1+e^{-x/a}} \tag{9.41}$$

に対してシュレーディンガー方程式を数値的に解いて求めた波動関数 (破線) と WKB 近似による波動関数 (実線) の比較を示す．WKB 波動関数は C を定数として

$$\psi_{\mathrm{WKB}}(x)=\begin{cases}\dfrac{C}{\sqrt{k(x)}}\sin\left(\displaystyle\int_x^a k(r')dr'+\frac{\pi}{4}\right) & (x<a)\\[2ex] \dfrac{C}{2\sqrt{\gamma(r)}}\exp\left(-\displaystyle\int_a^x \gamma(r')dr'\right) & (x>a)\end{cases} \tag{9.42}$$

として求めた．図に示す計算は，$m/V_0=200$, $a=2\times\sqrt{\dfrac{\hbar^2}{mV_0}}$, $E/V_0=1/5$ としたときの結果である．WKB 近似は古典的転回点 $x=a$ の近傍を除いてシュレー

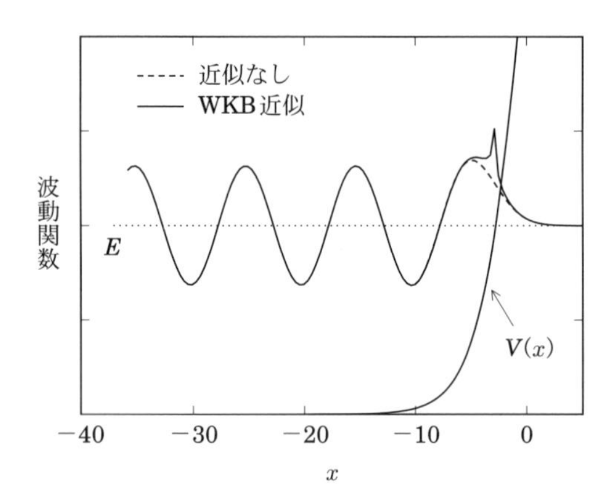

図 9.4　式 (9.41) で与えられるポテンシャルに対するシュレーディンガー方程式の解 (破線) と WKB 近似による波動関数 (実線) の比較．パラメータは $m/V_0=200$, $a=2\times\sqrt{\dfrac{\hbar^2}{mV_0}}$, $E/V_0=1/5$ とした．横軸の x は $\sqrt{\dfrac{\hbar^2}{mV_0}}$ を単位として測ったものである．

ディンガー方程式の数値解をよく再現しているのがわかる．

9.3　ボーア-ゾンマーフェルトの量子化条件

この節では WKB 接続公式を適用してボーア-ゾンマーフェルトの量子化条件を導いてみる．この目的のために，図 9.5 に示すような引力ポテンシャル $V(x)$ の束縛状態を考える．エネルギーを E として，古典的転回点を a および b とおく．ここで，$a>b$ とする．これらの転回点を境界にして領域 I：$x<b$，領域 II：$b\leq x\leq a$，領域 III：$x>a$ のように x の領域を分ける．

領域 I における波動関数として，指数関数的に減衰する次の WKB 波動関数を考える．

$$\psi_{\mathrm{I}}(x)=\frac{1}{\sqrt{\gamma(x)}}\exp\left(-\int_x^b \gamma(x')dx'\right) \qquad (x<b). \tag{9.43}$$

この波動関数を WKB 接続公式を用いて領域 II に接続すると

$$\psi_{\mathrm{II}}(x)=\frac{2}{\sqrt{k(x)}}\cos\left(\int_b^x k(x')dx'-\frac{\pi}{4}\right) \qquad (b\leq x\leq a) \tag{9.44}$$

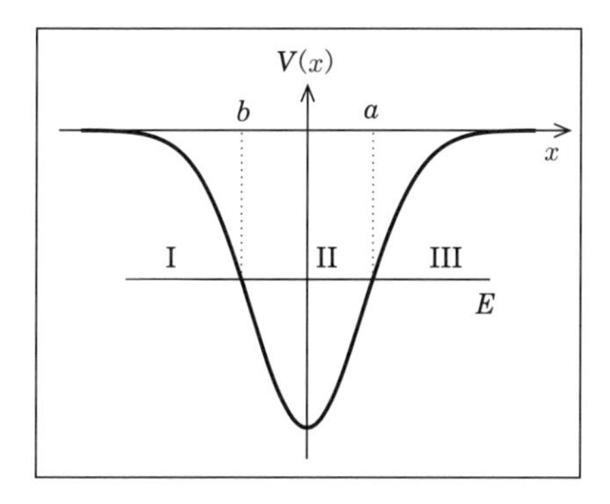

図 9.5 束縛状態に対するボーア-ゾンマーフェルトの量子化条件．引力ポテンシャル $V(x)$ に対するエネルギー E (<0) を持つ束縛状態を考える．古典的転回点を $x=a,b$ とする $(a>b)$．座標 x に関して 3 つの領域に分け，$x<b$ を領域 I，$b\leq x\leq a$ を領域 II，$x>a$ を領域 III とおく．

を得る．

$$\int_b^x k(x')dx' = \int_b^a k(x')dx' - \int_x^a k(x')dx' \tag{9.45}$$

に注意すると，この波動関数は

$$\begin{aligned}
\psi_{\mathrm{II}}(x) &= \frac{2}{\sqrt{k(x)}}\cos\left(\int_b^a k(x')dx'\right)\cos\left(\int_x^a k(x')dx' + \frac{\pi}{4}\right) \\
&\quad + \frac{2}{\sqrt{k(x)}}\sin\left(\int_b^a k(x')dx'\right)\sin\left(\int_x^a k(x')dx' + \frac{\pi}{4}\right) \\
&= -\frac{2}{\sqrt{k(x)}}\cos\left(\int_b^a k(x')dx'\right)\sin\left(\int_x^a k(x')dx' - \frac{\pi}{4}\right) \\
&\quad + \frac{2}{\sqrt{k(x)}}\sin\left(\int_b^a k(x')dx'\right)\cos\left(\int_x^a k(x')dx' - \frac{\pi}{4}\right)
\end{aligned} \tag{9.46}$$

と書き直すことができる．ここで，$\cos\theta = -\sin(\theta - \pi/2)$ および $\sin\theta = \cos(\theta - \pi/2)$ を用いた．

この波動関数をさらに領域 III に接続すると，

$$\begin{aligned}
\psi_{\mathrm{III}}(x) &= \frac{2}{\sqrt{\gamma(x)}}\cos\left(\int_b^a k(x')dx'\right)\exp\left(\int_a^x \gamma(x')dx'\right) \\
&\quad + \frac{1}{\sqrt{\gamma(x)}}\sin\left(\int_b^a k(x')dx'\right)\exp\left(-\int_a^x \gamma(x')dx'\right) \qquad (x>a)
\end{aligned} \tag{9.47}$$

を得る．この波動関数が $x\to\infty$ で指数関数的に減衰するためには，第 1 項がゼロになる必要がある．これより量子化条件として

$$\cos\left(\int_b^a k(x')dx'\right)=0, \tag{9.48}$$

すなわち

$$\int_b^a k(x')dx'=\left(n+\frac{1}{2}\right)\pi \qquad (n=0,1,\cdots) \tag{9.49}$$

を得る．

$k(x)=p(x)/\hbar$ であるから，$b\to a\to b$ という周回経路に沿って積分を実行すると，

$$\oint p(x)dx=\left(n+\frac{1}{2}\right)\cdot 2\pi\hbar=\left(n+\frac{1}{2}\right)h \tag{9.50}$$

となる．これはボーア-ゾンマーフェルトの量子化条件とよばれる．

9.4　1 次元トンネル問題

次にポテンシャル障壁の量子トンネル効果による透過の問題を考えよう．前節と同様，古典的転回点を a,b $(a>b)$ とし，図 9.6 のように空間を 3 つの領域に分ける．ポテンシャルの左側から粒子が入射し，それが右側に透過する場合を考える．このとき，図 9.6 の領域 III の波動関数は外向波のみとなるので，WKB 近似を用いて

$$\psi_{\rm III}(x)=\frac{iC}{\sqrt{k(x)}}\exp\left(i\int_a^x dx'k(x')-i\frac{\pi}{4}\right) \tag{9.51}$$

とおく．ここで波動関数の位相は後の便宜を考慮して決めた．この波動関数は，

$$\psi_{\rm III}(x)=\frac{iC}{\sqrt{k(x)}}\left\{\cos\left(\int_a^x dx'k(x')-\frac{\pi}{4}\right)+i\sin\left(\int_a^x dx'k(x')-\frac{\pi}{4}\right)\right\} \tag{9.52}$$

と書き直せるので，これを領域 II に接続すると

$$\psi_{\rm II}(x)=\frac{C}{\sqrt{\gamma(x)}}\exp\left(\int_x^a dx'\gamma(x')\right)+\frac{iC}{\sqrt{\gamma(x)}}\exp\left(-\int_x^a dx'\gamma(x')\right) \tag{9.53}$$

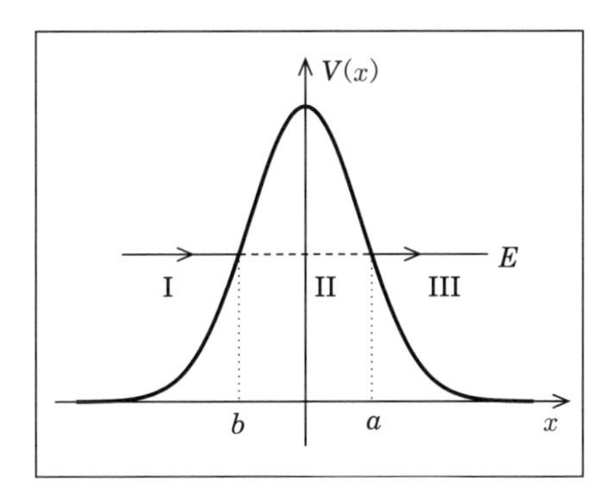

図 9.6　ポテンシャル障壁 $V(x)$ に対する量子トンネル効果の問題．エネルギー E を持つ粒子が障壁の左側から入射し右側に透過するとする．図 9.5 と同様に，古典的転回点を $x=a,b$ とし $(a>b)$，$x<b$ を領域 I，$b\leq x\leq a$ を領域 II，$x>a$ を領域 III とおく．

となる．第 1 項は x が小さくなるにつれ指数関数的に大きくなる関数，第 2 項は指数関数的に小さくなる関数であるため，$x=b$ においては第 2 項は第 1 項に比べ無視することができる．この波動関数を

$$\psi_{\mathrm{II}}(x)\sim\frac{C}{\sqrt{\gamma(x)}}\exp\left(\int_b^a dx'\gamma(x')-\int_b^x dx'\gamma(x')\right) \tag{9.54}$$

と書き直し，領域 I に接続すると

$$\begin{aligned}\psi_{\mathrm{I}}(x)&=\frac{2C}{\sqrt{k(x)}}\exp\left(\int_b^a dx'\gamma(x')\right)\cos\left(\int_x^b dx'k(x')-\frac{\pi}{4}\right)\\&=\frac{C}{\sqrt{k(x)}}\exp\left(\int_b^a dx'\gamma(x')\right)\left\{\exp\left(i\int_x^b dx'k(x')-i\frac{\pi}{4}\right)\right.\\&\quad\left.+\exp\left(-i\int_x^b dx'k(x')+i\frac{\pi}{4}\right)\right\}\end{aligned} \tag{9.55}$$

を得る．この波動関数の第 1 項が入射波，第 2 項が反射波を表す．入射波と透過波，すなわち $\psi_{\mathrm{I}}(x)$ の第 1 項と $\psi_{\mathrm{III}}(x)$ の振幅の比の 2 乗が透過確率であるから，透過確率は

$$P(E)=\exp\left(-2\int_b^a dx\,\gamma(x)\right)=\exp\left(-2\int_b^a dx\sqrt{\frac{2m}{\hbar^2}(V(x)-E)}\right) \tag{9.56}$$

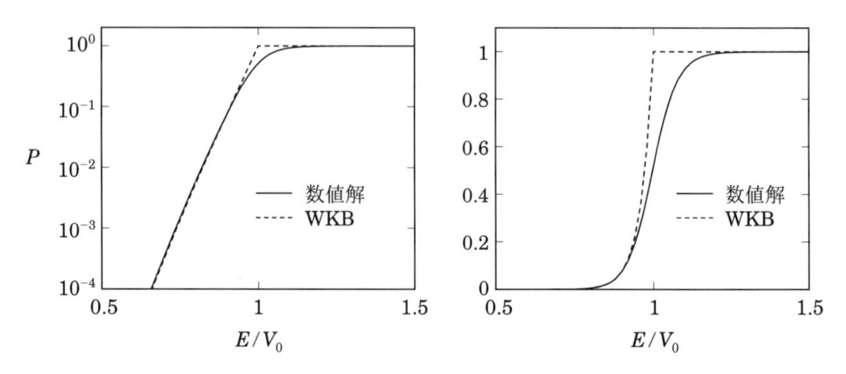

図 9.7 式 (9.57) で与えられるガウス関数障壁に対する透過確率の比較．実線はシュレーディンガー方程式を数値的に解いたもの，破線は WKB 近似によるものを表す．右図は線形スケールのグラフ，左図は対数プロットをとったものである．

と求まる．この式より，トンネル確率がエネルギー E の関数として指数関数的に振る舞うこと，質量 m が大きいほどトンネル確率は小さくなることが見てとれる．

図 9.7 は具体的なポテンシャルの例でシュレーディンガー方程式を数値的に解いたものと WKB 近似によるポテンシャル透過確率を比較したものである．ここで，用いたポテンシャルは

$$V(x) = V_0 e^{-\frac{x^2}{2\sigma^2}} \tag{9.57}$$

というガウス関数型のものである．エネルギーはすべて V_0 との比で測り，また，$m/V_0 = 200$，$\sigma = 4 \times \sqrt{\dfrac{\hbar^2}{mV_0}}$ にとった．右図は透過確率を線形スケールでプロットしたもの，左図は対数プロットをとったものである．$E \ll V_0$ において WKB 近似がよく成り立っているのがわかる．

コラム◉一様近似

図 9.7 を見ると，WKB 近似による透過確率は $E \sim V_0$ でシュレーディンガー方程式の数値解を再現していない．これは，WKB 接続公式を導出した際にエアリー関数の漸近形を用いたことと関係する．$E \sim V_0$ では 2 つの転回点 a，b が近

くに存在し，図 9.2 でエアリー関数の漸近形が成り立つ前に次の転回点が現れてしまう．このときに，2 つの転回点は独立に取り扱えず，両者をまとめて扱う必要がある．これを行うのが一様近似である．この近似を施すと，透過の確率は

$$P(E)=\frac{1}{1+\exp\left(2\int_b^a dx\gamma(x)\right)} \tag{9.58}$$

と変形される．

$E \ll V_0$ では分母の指数関数が 1 に比べて圧倒的に大きくなり，透過確率は式 (9.56) に帰着する．$E=V_0$ では $a=b$ となり，この式は $P=0.5$ を与える．これは図 9.7 に示されたシュレーディンガー方程式の数値解を近似的に再現する．直感的には $E=V_0$ のときには障壁の位置で粒子の運動エネルギーはゼロになり，ポテンシャルの右に動く場合と左に動く場合が等確率で現れるためと理解できる．

一様近似の式は，2 つの転回点の間を複数回往復する経路からくる寄与をすべて足しあげたものととらえることもできる．エネルギーが障壁の高さに比べて十分低ければ，透過確率がもともと小さいためにそのような寄与は無視できる．しかし，エネルギーが障壁近傍になると，それらが同程度の寄与を与え得る．

一様近似の式は $E>V_0$ の領域でも適用可能である．この場合，古典的転回点 a，b は複素平面内に現れ，これらの点を結ぶ複素積分を実行することになる (積分の値は積分経路の取り方に依らない)．このような計算を行うと，WKB 近似がよく成り立つ条件の下では，すべてのエネルギー領域にわたってシュレーディンガー方程式の数値解を再現することになる．

コラム◉ 2 次関数ポテンシャルと WKB 近似

2 次関数のポテンシャル障壁

$$V(x)=V_0-\frac{1}{2}m\omega^2x^2 \tag{9.59}$$

に対して一様近似の式 (9.58) を適用すると，

$$P(E)=\frac{1}{1+\exp\left(\frac{2\pi}{\hbar\omega}(V_0-E)\right)} \tag{9.60}$$

を得る．これは，シュレーディンガー方程式を解いたものと完全一致する．(演習問題 9.1 も見よ)．すなわち，2 次関数のポテンシャルに関しては WKB 近似と正確な解が厳密に一致する．

これは量子力学の経路積分による定式化を用いると理解することができる．経路積分の詳細な説明は他の教科書に譲るが，経路積分では，ある点 x_0 から別の点 x_1 に遷移する振幅を求める際，これら 2 つの点をつなぐ経路に沿った作用積分を指数関数の肩にのせ，すべての可能な経路からの寄与を足し合わせる．半古典近似はそれを停留位相近似を用いて評価したものに相当する．すなわち，作用積分に変分原理を適用すると古典軌道が得られるが，停留位相近似を用いて古典軌道の周りのゆらぎ (古典軌道からのずれ) を 2 次のオーダーまで考慮したものが半古典近似に他ならない．このとき，x の軌道として $x(t)+x_{\rm cl}(t)+\delta x(t)$ とおき ($x_{\rm cl}(t)$ は古典軌道)，$\delta x(t)$ の 2 次のオーダーまで評価する．すなわち，

$$V(x_{\rm cl}+\delta x)\sim V(x_{\rm cl})+V'(x_{\rm cl})\delta x+\frac{1}{2}V''(x_{\rm cl})(\delta x)^2 \tag{9.61}$$

とし，$(\delta x)^3$ のオーダーを無視する．ポテンシャルが 2 次関数で与えられる場合には，3 次以上の微分が厳密にゼロになるため，この近似は正確な解を与えることになる．

9.5 3次元系におけるWKB近似

9.5.1 動径波動関数とランガーの補正

この節では，前節まで説明した WKB 近似がより現実的な 3 次元の系にどのように適用できるかをみる．第 3 章で述べたように，3 次元の波動関数を

$$\psi(\boldsymbol{r})=\frac{u_l(r)}{r}Y_{lm}(\hat{\boldsymbol{r}}) \tag{9.62}$$

と表すと，ポテンシャル V が球対称な場合，動径波動関数 $u_l(r)$ は以下の方程式を満たす．

$$\left(-\frac{\hbar^2}{2m}\frac{d^2}{dr^2}+\frac{l(l+1)\hbar^2}{2mr^2}+V(r)-E\right)u_l(r)=0. \tag{9.63}$$

これは，

$$V_{\rm eff}(r)\equiv\frac{l(l+1)\hbar^2}{2mr^2}+V(r) \tag{9.64}$$

とおくと，変数 r が負の値をとらないこと，および，波動関数 $u_l(r)$ が原点で $u_l(0)=0$ になるということを除いて 1 次元のシュレーディンガー方程式 (9.1) と同じ形をしている．したがって，$V_{\rm eff}(a)=E$ を満たす転回点 a が原点から十分離れている場合には 1 次元の場合の WKB 近似と同様に，$r>a$ で

$$\begin{aligned}u_l(r)&=\frac{C}{\sqrt{\tilde{k}(r)}}\cos\left(\int_a^r\tilde{k}(r')dr'-\frac{\pi}{4}\right)\\&=\frac{C}{\sqrt{\tilde{k}(r)}}\sin\left(\int_a^r\tilde{k}(r')dr'+\frac{\pi}{4}\right)\qquad(r>a)\end{aligned} \tag{9.65}$$

および $r<a$ で

$$u_l(r)=\frac{C}{2\sqrt{\tilde{\gamma}(r)}}\exp\left(-\int_r^a\tilde{\gamma}(r')dr'\right)\qquad(r<a) \tag{9.66}$$

とおけるかもしれない．ここで，

$$\tilde{k}(r)\equiv\sqrt{\frac{2m}{\hbar^2}(E-V_{\rm eff}(r))},\qquad\tilde{\gamma}(r)\equiv\sqrt{\frac{2m}{\hbar^2}(V_{\rm eff}(r)-E)} \tag{9.67}$$

である．

ここで，この波動関数の原点の近傍 $r\sim0$ での振る舞いを見てみよう．$r\sim0$ では，$\tilde{\gamma}(r)$ の根号の中で遠心力ポテンシャル $\dfrac{l(l+1)\hbar^2}{2mr^2}$ がポテンシャル $V(r)$ やエネルギー E に比べて圧倒的に大きくなる (ここで，ポテンシャル $V(r)$ は $\lim_{r\to0}r^2V(r)=0$ を満たすものとする)．このとき，

$$\tilde{\gamma}(r)\sim\frac{\sqrt{l(l+1)}}{r} \tag{9.68}$$

となるから，波動関数は

$$u_l(r) \propto r^{1/2} \exp\left(-\int_r^\delta \frac{\sqrt{l(l+1)}}{r'} dr'\right) \propto r^{1/2} e^{\sqrt{l(l+1)}\ln r} = r^{\sqrt{l(l+1)}+1/2} \tag{9.69}$$

となる．ここで δ は式 (9.68) が成り立つような小さな値である．ところが，この波動関数は，第3章で導出した，原点近傍で r^{l+1} に比例するという条件 (式 (3.87) を参照) を満たしていない．そこで，ランガー (Langer) は $V_{\rm eff}(r)$ の中の $l(l+1)$ を $(l+1/2)^2$ に置き換えるということを提案した．そのようにすると，WKB 波動関数は原点近傍で $u_l(r) \propto r^{\sqrt{(l+1/2)^2}+1/2} = r^{l+1}$ のように振る舞い，シュレーディンガー方程式を解いたものと一致する．この補正を**ランガーの補正**という (より数学的な導出は演習問題 9.3 を見よ).

すなわち，3次元系における WKB 波動関数は，

$$u_l(r) = \begin{cases} \dfrac{C}{\sqrt{k(r)}} \sin\left(\displaystyle\int_a^r k(r')dr' + \frac{\pi}{4}\right) & (r > a) \\ \dfrac{C}{2\sqrt{\gamma(r)}} \exp\left(-\displaystyle\int_r^a \gamma(r')dr'\right) & (r < a), \end{cases} \tag{9.70}$$

$$k(r) = \sqrt{\frac{2m}{\hbar^2}\left(E - V(r) - \frac{(l+1/2)^2\hbar^2}{2mr^2}\right)}, \tag{9.71}$$

$$\gamma(r) = \sqrt{\frac{2m}{\hbar^2}\left(V(r) + \frac{(l+1/2)^2\hbar^2}{2mr^2} - E\right)} \tag{9.72}$$

で与えられる．演習問題 9.3 で見るように，ランガーの補正を行うと古典的転回点 a が原点に近い場合でも WKB 近似を用いることができる．

9.5.2 位相差に対する WKB 近似

$r > a$ における WKB 波動関数 (9.70) は

$$u_l(r) = \frac{C}{\sqrt{k(r)}} \sin\left(\int_a^r (k(r') - k)dr' + kr - ka + \frac{\pi}{4}\right) \tag{9.73}$$

のように書き直すことができる．これと $r \to \infty$ における散乱波動関数の式 (式 (8.98) を見よ)

$$u_l(r) = \frac{C}{\sqrt{k}} \sin\left(kr - \frac{l\pi}{2} + \delta_l\right) \qquad (r \to \infty) \tag{9.74}$$

を比較することにより位相のずれ δ_l に対する WKB 近似の表式を導くことができる．それを行うと

$$\delta_l = \int_a^\infty (k(r') - k)dr' - ka + \frac{\pi}{2}(l + 1/2) \tag{9.75}$$

を得る．

この式はまた次のように書き直すこともできる．いま，ポテンシャルがないときの転回点を a_0 と書くと，

$$\frac{(l+1/2)^2\hbar^2}{2ma_0^2} = E = \frac{k^2\hbar^2}{2m} \tag{9.76}$$

より $a_0 = (l+1/2)/k$ を得る．このときの $k(r)$ を $k_0(r)$ と書くと，$k_0(r)$ を $r = a_0$ から r まで積分したものは

$$\begin{aligned}\int_{a_0}^r k_0(r')dr' &= \int_{(l+1/2)/k}^r \sqrt{\frac{2m}{\hbar^2}\left(E - \frac{(l+1/2)^2\hbar^2}{2mr'^2}\right)}dr' \\ &= \int_{l+1/2}^{kr} \sqrt{1 - \frac{(l+1/2)^2}{k^2r'^2}} d(kr')\end{aligned} \tag{9.77}$$

となる．ここで，積分公式

$$\int dx \frac{\sqrt{x^2 - \alpha^2}}{x} = \sqrt{x^2 - \alpha^2} + \alpha\left|\sin^{-1}\frac{\alpha}{x}\right| \tag{9.78}$$

を用いると，

$$\begin{aligned}\int_{a_0}^r k_0(r')dr' &= \sqrt{(kr)^2 - (l+1/2)^2} + (l+1/2)\sin^{-1}\frac{l+1/2}{kr} - (l+1/2)\frac{\pi}{2} \\ &\to kr - (l+1/2)\frac{\pi}{2} \qquad (r \to \infty)\end{aligned} \tag{9.79}$$

を得る．したがって，位相のずれは

$$\delta_l = \lim_{r\to\infty}\left[\int_a^r k(r')dr' - \int_{a_0}^r k_0(r')dr'\right] \tag{9.80}$$

と表すことができる．

コラム◉位相のずれに対する摂動的取り扱い

式 (9.80) の表式を用いると，ポテンシャル $V(r)$ が小さい場合の位相のずれに対する近似的な式を得ることができる．局所波数 $k(r)$ をポテンシャルが小さいとしてその一次のオーダーまで展開すると

$$k(r) \sim k_0(r) - \frac{m}{\hbar^2}\frac{V(r)}{k_0(r)} \tag{9.81}$$

となる．$a \sim a_0$ と近似すると，式 (9.80) より位相のずれは

$$\delta_l \sim -\frac{m}{\hbar^2}\int_{a_0}^{\infty}\frac{V(r)}{k_0(r)}dr \tag{9.82}$$

となる．ここで，角運動量 l に対する自由粒子の古典軌道 $r_0(t)$ を導入し，$k_0(r)\hbar = p_0(r) = m\dfrac{dr(t)}{dt}$ とおくと，位相のずれは

$$\delta_l \sim -\frac{m}{\hbar}\int_{a_0}^{\infty}\frac{V(r)}{m\frac{dr}{dt}}dr = -\frac{1}{2\hbar}\int_{-\infty}^{\infty}V(r_0(t))dt \tag{9.83}$$

となる．ここで，自由粒子は $t=-\infty$ で $r=\infty$ にあり，それが $t=0$ で $r=a$ に至り，$t=\infty$ で再び $r=\infty$ になるとして，r に関する積分を t に関する積分に変えた．最後の式で分母の 2 は $r=a$ に至るまでの軌道と $r=a$ に至った後の軌道の 2 つの寄与を足したことによる．

演習問題

問題 9.1

調和振動子ポテンシャル $V(x) = \dfrac{1}{2}m\omega^2 x^2$ に対しボーア-ゾンマーフェルトの量子化条件を用いてエネルギー固有値を求めよ．

問題 9.2

(a) 式 (9.63) で $r=e^{\xi}$, $u_l(r)=g(\xi)e^{\xi/2}$ という置き換えをしたとき，$g(\xi)$ の従う方程式を導け.

(b) 前問のような変換を行うと，$r=0$ が $\xi=-\infty$ に対応し，ξ は $-\infty\leq\xi\leq\infty$ の範囲で定義される．また，$r=0$ における遠心力ポテンシャルの発散は $\xi=-\infty$ に現れ，1 次元問題と完全に同等な扱いを行うことができるようになる．前問で求めた方程式に WKB 接続公式を適用し，ξ および $g(\xi)$ から r と $u_l(r)$ に逆変換を行ったときに式 (9.70)-(9.72) が得られることを示せ.

問題 9.3

図 9.8 の実線で与えられる 1 次元ポテンシャルに $x=\infty$ から質量 m の粒子が左向きに入射したとする．図の破線は，ポテンシャル障壁の位置でポテンシャルが一定値 V_0 をとるようにポテンシャルを変形したものである．入射エネルギーが $0<E<V_0$ の範囲にあるときに，図に示すように古典的転回点を a,b,c とする．$x<a$ における波動関数を WKB 近似を用いて

$$\psi(x)=\frac{1}{\sqrt{\gamma(x)}}\exp\left[-\int_x^a\gamma(x')dx'\right] \qquad (x<a) \tag{9.84}$$

と書いたとするする．ただし,

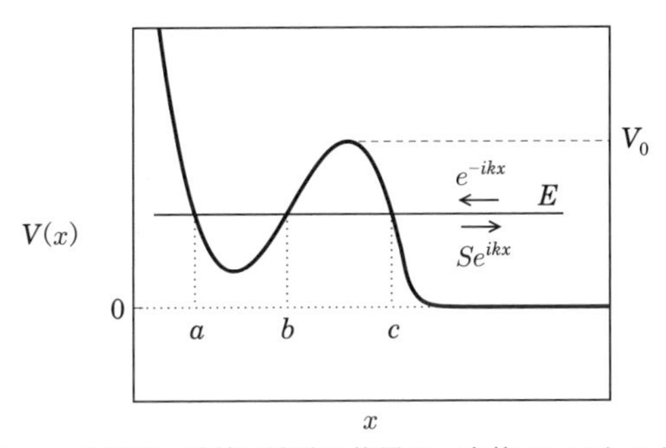

図 9.8 1 次元ポテンシャル障壁．破線は障壁の位置で一定値 V_0 になるようにポテンシャルを変形したものである．$0<E<V_0$ のエネルギーに対して，a, b, c は $E=V(x)$ となる古典的転回点を示す.

$$\gamma(x)=\sqrt{\frac{2m}{\hbar^2}(V(x)-E)} \tag{9.85}$$

である．この波動関数を WKB 接続公式を用いて転回点で接続することにより $x>c$ の領域の波動関数を求め，それを

$$\psi(x)\propto\sin(kx+\delta) \tag{9.86}$$

と比較することにより位相のずれ δ を求めよ．ただし，入射エネルギー E は，破線のポテンシャルの束縛状態のエネルギーから十分離れているとする．また，

$$\exp\left(\int_b^c dx\gamma(x)\right)\gg\exp\left(-\int_b^c dx\gamma(x)\right) \tag{9.87}$$

として $\exp\left(-\int_b^c dx\gamma(x)\right)$ に比例する項を無視してよい．

問題 9.4

前問で求めた位相のずれを δ_{bg} と書くことにする．エネルギーが破線のポテンシャルの束縛状態のエネルギーと一致する場合の位相のずれ δ を求めて，$\delta=\delta_{\mathrm{bg}}+\pi/2$ となることを示せ．(これが共鳴の条件に他ならない．)

演習問題解答

第 1 章

問題 1.1

$$1=\int_{-\infty}^{\infty}dx|\psi(x)|^2=N^2\int_{-\infty}^{\infty}dx e^{-x^2/a^2}=N^2a\sqrt{\pi} \tag{A.1}$$

であるので，$N=1/\sqrt{a\sqrt{\pi}}$ となる．これを用いると

$$\langle x\rangle=\int_{-\infty}^{\infty}dx x|\psi(x)|^2=\frac{1}{a\sqrt{\pi}}\int_{-\infty}^{\infty}dx x e^{-x^2/a^2}=0, \tag{A.2}$$

$$\langle x^2\rangle=\int_{-\infty}^{\infty}dx x^2|\psi(x)|^2=\frac{1}{a\sqrt{\pi}}\int_{-\infty}^{\infty}dx x^2 e^{-x^2/a^2}=\frac{a^2}{2} \tag{A.3}$$

となる．

問題 1.2

$$\frac{d}{dx}\psi(x)=-\frac{1}{\sqrt{a\sqrt{\pi}}}\frac{x}{a^2}e^{-x^2/2a^2}, \tag{A.4}$$

$$\frac{d^2}{dx^2}\psi(x)=\frac{1}{\sqrt{a\sqrt{\pi}}}\left(-\frac{1}{a^2}+\frac{x^2}{a^4}\right)e^{-x^2/2a^2} \tag{A.5}$$

であるから，

$$\langle p\rangle=-\frac{\hbar}{i}\frac{1}{a\sqrt{\pi}}\int_{-\infty}^{\infty}dx\frac{x}{a^2}e^{-x^2/a^2}=0, \tag{A.6}$$

$$\langle p^2\rangle=-\hbar^2\frac{1}{a\sqrt{\pi}}\int_{-\infty}^{\infty}dx\left(-\frac{1}{a^2}+\frac{x^2}{a^4}\right)e^{-x^2/a^2}=\frac{\hbar^2}{2a^2} \tag{A.7}$$

となる．これより，$\Delta x=\sqrt{a^2/2}$, $\Delta p=\sqrt{\hbar^2/2a^2}$ となるから，$(\Delta x)(\Delta p)=\hbar/2$ となる．

問題 1.3

式 (1.115) をフーリエ逆変換すると，

$$\tilde{\psi}(p)=\frac{N}{\sqrt{2\pi\hbar}}\int_{-\infty}^{\infty}dx e^{-ipx/\hbar}e^{-x^2/2a^2} \tag{A.8}$$

$$=\frac{N}{\sqrt{2\pi\hbar}}\int_{-\infty}^{\infty}dx e^{-\frac{1}{2a^2}(x+ia^2p/\hbar)^2}e^{-a^2p^2/2\hbar^2} \tag{A.9}$$

$$= \sqrt{\frac{a}{\hbar\sqrt{\pi}}} e^{-a^2p^2/2\hbar^2} \tag{A.10}$$

となる．これを用いて，

$$\langle p \rangle = \int_{-\infty}^{\infty} dpp|\tilde{\psi}(p)|^2 = \frac{a}{\hbar\sqrt{\pi}} \int_{-\infty}^{\infty} dppe^{-a^2p^2/\hbar^2} = 0, \tag{A.11}$$

$$\langle p^2 \rangle = \int_{-\infty}^{\infty} dpp^2|\tilde{\psi}(p)|^2 = \frac{a}{\hbar\sqrt{\pi}} \int_{-\infty}^{\infty} dpp^2 e^{-a^2p^2/\hbar^2} = \frac{\hbar^2}{2a^2} \tag{A.12}$$

となり，前問と同じ答えが得られる．

問題 1.4

（1） $[\hat{A}+\hat{B},\hat{C}]=[\hat{A},\hat{C}]+[\hat{B},\hat{C}]$

（2） $[c\hat{A},\hat{B}]=c[\hat{A},\hat{B}]$

（3） $[\hat{A},\hat{B}\hat{C}]=\hat{A}\hat{B}\hat{C}-\hat{B}\hat{C}\hat{A}=\hat{B}[\hat{A},\hat{C}]+[\hat{A},\hat{B}]\hat{C}$

（4） $[\hat{A}\hat{B},\hat{C}]=\hat{A}[\hat{B},\hat{C}]+[\hat{A},\hat{C}]\hat{B}$

（5） $[\hat{A},\hat{A}^n]=\hat{A}\hat{A}^n-\hat{A}^n\hat{A}=\hat{A}^{n+1}-\hat{A}^{n+1}=0$

（6） $f(\hat{A})=\sum_{n=0}^{\infty}\frac{f^{(n)}(0)}{n!}\hat{A}^n$ と展開すると，前問の $[\hat{A},\hat{A}^n]=0$ より $[\hat{A},f(\hat{A})]=0$ となる．

（7） $\hat{x}f(\hat{p})\tilde{\psi}(p) = i\hbar\frac{\partial}{\partial\hat{p}}f(\hat{p})\tilde{\psi}(p) = i\hbar\frac{df(\hat{p})}{d\hat{p}}\tilde{\psi}(p) + i\hbar f(\hat{p})\frac{\partial}{\partial p}\tilde{\psi}(p)$ であるので，$[\hat{x},f(\hat{p})]=i\hbar\frac{df(\hat{p})}{d\hat{p}}$ となる．

（8） 同様に，$[\hat{p},g(\hat{x})]=\frac{\hbar}{i}\frac{dg(\hat{x})}{d\hat{x}}$ を得る．

問題 1.5

$$f(\hat{p})=\sum_{n=0}^{\infty}\left.\frac{d^nf(\hat{p})}{d\hat{p}^n}\right|_{\hat{p}=0}\hat{p}^n$$

と展開すると，

$$f(\hat{p})^\dagger=\sum_{n=0}^{\infty}\left.\frac{d^nf(\hat{p})}{d\hat{p}^n}\right|_{\hat{p}=0}(\hat{p}^n)^\dagger$$

となるが，$(\hat{p}^n)^\dagger=\hat{p}^n$ であるので，$f(\hat{p})^\dagger=f(\hat{p})$ となる．$g(\hat{x})$ も同様に $g(\hat{x})^\dagger=g(\hat{x})$ を

示すことができる.

問題 1.6

$$e^{-\lambda\hat{A}}\hat{B}e^{\lambda\hat{A}}=\left(1-\lambda\hat{A}+\frac{\lambda^2}{2}\hat{A}^2+\cdots\right)\hat{B}\left(1+\lambda\hat{A}+\frac{\lambda^2}{2}\hat{A}^2+\cdots\right)$$
$$=\hat{B}-\lambda[\hat{A},\hat{B}]+\frac{\lambda^2}{2}[\hat{A},[\hat{A},\hat{B}]]+\cdots=\hat{B}-\lambda[\hat{A},\hat{B}]. \quad (A.13)$$

問題 1.7

$F(\lambda)$ の両辺を λ で微分すると

$$\frac{dF(\lambda)}{d\lambda}=\hat{A}e^{\lambda\hat{A}}e^{\lambda\hat{B}}+e^{\lambda\hat{A}}\hat{B}e^{\lambda\hat{B}}$$

であるが, $e^{\lambda\hat{A}}\hat{B}=\hat{B}e^{\lambda\hat{A}}+\lambda[\hat{A},\hat{B}]e^{\lambda\hat{A}}$ であるので,

$$\frac{dF(\lambda)}{d\lambda}=(\hat{A}+\hat{B}+\lambda[\hat{A},\hat{B}])e^{\lambda\hat{A}}e^{\lambda\hat{B}}=(\hat{A}+\hat{B}+\lambda[\hat{A},\hat{B}])F(\lambda)$$

となる. これを解くと

$$F(\lambda)=e^{\lambda(\hat{A}+\hat{B})+\frac{\lambda^2}{2}[\hat{A},\hat{B}]}$$

となるが, ここで $\lambda=1$ とおくと $e^{\hat{A}}e^{\hat{B}}=e^{\hat{A}+\hat{B}+\frac{1}{2}[\hat{A},\hat{B}]}$ となる.

問題 1.8

$\hat{\boldsymbol{p}}=-i\hbar\boldsymbol{\nabla}$ を用いると

$$e^{i\boldsymbol{a}\cdot\hat{\boldsymbol{p}}/\hbar}\psi(\boldsymbol{r})=\sum_{n=0}^{\infty}\frac{1}{n!}(\boldsymbol{a}\cdot\boldsymbol{\nabla})^n\psi(\boldsymbol{r})$$

となるが, これは関数 $\psi(\boldsymbol{r}+\boldsymbol{a})$ を座標 $\boldsymbol{r}$ のまわりでテイラー展開したものに他ならない. したがって, $e^{i\boldsymbol{a}\cdot\hat{\boldsymbol{p}}/\hbar}\psi(\boldsymbol{r})=\psi(\boldsymbol{r}+\boldsymbol{a})$ となる.

第2章

問題 2.1

ポテンシャルの幅が広がると, ポテンシャルの引力部分が増えるのでエネルギー固有値は小さくなる. これは, ポテンシャルの幅が広がると, 不確定性関係のために運動量が小さくなるため, というようにも理解できる. 無限井戸型ポテンシャルでは, 式 (2.23)

より $k_n \propto 1/a$ であるので，a が大きくなると k_n が小さくなることが式の上でもわかる(有限井戸型ポテンシャルの場合も定性的には同じである).

問題 2.2

$k=\sqrt{2mE/\hbar^2}$, $\kappa=\sqrt{2m(V_0-E)/\hbar^2}$ として波動関数を

$$\phi(x)=\begin{cases} e^{ikx}+Re^{-ikx} & x<0 \\ Ae^{-\kappa x} & x\geq 0 \end{cases} \tag{A.14}$$

とおく．$x=0$ における接続条件は

$$1+R=A, \quad ik-ikR=-\kappa A \tag{A.15}$$

となり，これより R および A を求めると

$$R=\frac{ik+\kappa}{ik-\kappa}, \quad A=\frac{2ik}{ik-\kappa} \tag{A.16}$$

となる．$|R|^2=1$ となっていることに注意せよ.

問題 2.3

$k'=\sqrt{2m(E-V_0)/\hbar^2}$ として波動関数を

$$\phi(x)=\begin{cases} e^{ikx}+Re^{-ikx} & x<0 \\ Te^{ik'x} & x\geq 0 \end{cases} \tag{A.17}$$

とおくと，接続条件より

$$R=\frac{k-k'}{k+k'}, \quad T=\frac{2k}{k+k'} \tag{A.18}$$

を得る．$x<0$ におけるフラックスは $j_<=\dfrac{k\hbar}{m}(1-|R|^2)$，$x\geq 0$ におけるフラックスは $j_>=\dfrac{k'\hbar}{m}|T|^2$ であるが，R と T の表式を代入すると $j_<=j_>$ となりフラックスが保存していることがわかる.

問題 2.4

波動関数を

$$\phi(x)=\begin{cases} e^{ikx}+Re^{-ikx} & x<0 \\ Te^{ikx} & x\geq 0 \end{cases} \tag{A.19}$$

とおくと，デルタ関数型ポテンシャルの場合の接続条件より

$$1+R=T, \quad ikT-ik(1-R)=\frac{2m}{\hbar^2}gT \tag{A.20}$$

となる．これを解くと，

$$T=\frac{ik\hbar^2}{ik\hbar^2-mg}, \quad R=\frac{mg}{ik\hbar^2-mg} \tag{A.21}$$

となる．$|T|^2+|R|^2$ にこれらの表式を代入すると，フラックスの保存則 $|T|^2+|R|^2=1$ が確かめられる．

問題 2.5

ベイカー-キャンベル-ハウスドルフの公式より

$$e^{\alpha a^\dagger-\alpha^* a}=e^{\alpha a^\dagger}e^{-\alpha^* a}e^{-\frac{1}{2}[\alpha a^\dagger,-\alpha^* a]}=e^{\alpha a^\dagger}e^{-\alpha^* a}e^{-\frac{1}{2}|\alpha|^2} \tag{A.22}$$

となる．この演算子が調和振動子の基底状態 $|0\rangle$ に作用すると，$a|0\rangle=0$ を用いて

$$|\alpha\rangle=e^{\alpha a^\dagger-\alpha^* a}|0\rangle=e^{-\frac{1}{2}|\alpha|^2}e^{\alpha a^\dagger}|0\rangle \tag{A.23}$$

となる．ここで，

$$e^{\alpha a^\dagger}|0\rangle=\sum_{n=0}^{\infty}\frac{\alpha^n}{n!}(a^\dagger)^n|0\rangle=|0\rangle+\sum_{n=1}^{\infty}\frac{\alpha^n}{\sqrt{n!}}|n\rangle \tag{A.24}$$

と展開し，式 (2.109) を用いると，

$$a|\alpha\rangle=e^{-\frac{1}{2}|\alpha|^2}\sum_{n=1}^{\infty}\frac{\alpha^n}{\sqrt{(n-1)!}}|n-1\rangle=\alpha e^{-\frac{1}{2}|\alpha|^2}\sum_{n=0}^{\infty}\frac{\alpha^n}{\sqrt{n!}}|n\rangle \tag{A.25}$$

となり，$a|\alpha\rangle=\alpha|\alpha\rangle$ となっていることが確かめられる．

第3章

問題 3.1

$$\frac{\partial}{\partial\theta}\left(\sin\theta\frac{\partial}{\partial\theta}\right)\sin\theta=\cos^2\theta-\sin^2\theta=1-2\sin^2\theta \tag{A.26}$$

および

$$\frac{\partial^2}{\partial\varphi^2}e^{\pm i\varphi}=-e^{\pm i\varphi} \tag{A.27}$$

を用いると，

$$\left(-\frac{1}{\sin\theta}\frac{\partial}{\partial\theta}\left(\sin\theta\frac{\partial}{\partial\theta}\right)-\frac{1}{\sin^2\theta}\frac{\partial^2}{\partial\varphi^2}\right)(\sin\theta e^{\pm i\varphi})=2(\sin\theta e^{\pm i\varphi}) \tag{A.28}$$

となる．同様に，

$$\left(-\frac{1}{\sin\theta}\frac{\partial}{\partial\theta}\left(\sin\theta\frac{\partial}{\partial\theta}\right)-\frac{1}{\sin^2\theta}\frac{\partial^2}{\partial\varphi^2}\right)(3\cos^2\theta-1)=6(3\cos^2\theta-1) \tag{A.29}$$

を示すことができる．

問題 3.2

$$\int d\hat{\boldsymbol{r}}|Y_{20}(\theta,\varphi)|^2=2\pi\int_{-1}^{1}d(\cos\theta)\frac{5}{16\pi}(3\cos^2\theta-1)^2=1. \tag{A.30}$$

問題 3.3

$$\begin{aligned}[\boldsymbol{p}^2,L_z]&=[p_x^2+p_y^2+p_z^2,xp_y-yp_x]=[p_x^2,x]p_y-[p_y^2,y]p_x\\&=-2i\hbar p_xp_y+2i\hbar p_yp_x=0.\end{aligned} \tag{A.31}$$

問題 3.4

$$[L_+,L_z]=[L_x+iL_y,L_z]=-i\hbar L_y+i\cdot i\hbar L_x=-\hbar L_+ \tag{A.32}$$

となる．同様に，$[L_-,L_z]=\hbar L_-$ である．
また，$[\boldsymbol{L}^2,L_x]=[\boldsymbol{L}^2,L_y]=0$ であるから，$[\boldsymbol{L}^2,L_\pm]=0$ となる．

問題 3.5

$S(\xi)=\sum_{n=0}^{\infty}a_x\xi^n$ より

$$\xi\frac{d^2S}{d\xi^2}=\sum_{n=0}^{\infty}n(n-1)a_n\xi^{n-1}=\sum_{n=0}^{\infty}n(n+1)a_{n+1}\xi^n, \tag{A.33}$$

$$\frac{dS}{d\xi}=\sum_{n=0}^{\infty}na_n\xi^{n-1}=\sum_{n=0}^{\infty}(n+1)a_{n+1}\xi^n \tag{A.34}$$

であるから，$S(\xi)=\sum_{n=0}^{\infty}a_x\xi^n$ を式 (3.108) に代入すると

$$\sum_{n=1}^{\infty}\left[n(n+1)a_{n+1}+\left(l+\frac{3}{2}\right)(n+1)a_{n+1}-na_n+\frac{1}{4}(\varepsilon-2l-3)a_n\right]\xi^2=0 \tag{A.35}$$

となる．これより

$$a_{n+1}=\frac{\frac{1}{4}(\varepsilon-2l-3-4n)}{\left(l+\frac{3}{2}+n\right)(n+1)}a_n \tag{A.36}$$

となるが，和が有限で打ち切られるためには，どこかの n で $\varepsilon-2l-3-4n=0$ となり $a_{n+1}=0$ になる必要がある．これはソニン多項式の条件から導いた条件式と一致している．

問題 3.6

$$\langle r^2\rangle=4\pi\int_0^\infty r^2drr^2|\phi(\boldsymbol{r})|^2=4\pi\left(\frac{m\omega}{\pi\hbar}\right)^{3/2}\int_0^\infty r^4dre^{-m\omega r^2/\hbar} \tag{A.37}$$

であるが，

$$\int_0^\infty r^4e^{-\alpha r^2}dr=\frac{3\sqrt{\pi}}{8}\alpha^{-5/2} \tag{A.38}$$

を用いると

$$\langle r^2\rangle=\frac{3}{2}\frac{\hbar}{m\omega} \tag{A.39}$$

を得る．

ポテンシャルの期待値は

$$\langle V(r)\rangle=\frac{1}{2}m\omega^2\langle r^2\rangle=\frac{3}{4}\hbar\omega \tag{A.40}$$

となる．

問題 3.7

$$E=\langle T\rangle+\frac{1}{2}m\omega^2\langle r^2\rangle=\langle T\rangle+\frac{3}{4}\hbar\omega \tag{A.41}$$

であるが，基底状態のエネルギーは $E=3\hbar\omega/2$ であるから

$$\langle T\rangle=\frac{3}{4}\hbar\omega \tag{A.42}$$

となり，ポテンシャルの期待値と等しくなる．これは**ビリアル定理**の帰結である．

問題 3.8

$\boldsymbol{A}=(0,Bx,0)$ ととったとき，ハミルトニアンは

$$H=\frac{1}{2\mu}(\boldsymbol{p}+e\boldsymbol{A})^2=\frac{1}{2\mu}(p_x^2+p_y^2+p_z^2+2eBxp_y+e^2B^2x^2) \tag{A.43}$$

となる．これを波動関数 $\phi(\boldsymbol{r})=e^{iky}\phi(x)$ に作用すると

$$\left(-\frac{\hbar^2}{2\mu}\frac{d^2}{dx^2}+\frac{k^2\hbar^2}{2\mu}+\frac{eB}{\mu}k\hbar x+\frac{e^2B^2}{2\mu}x^2\right)\phi(x)=E\phi(x) \tag{A.44}$$

を得る．この式を整理すると

$$\left(-\frac{\hbar^2}{2\mu}\frac{d^2}{dx^2}+\frac{e^2B^2}{2\mu}\left(x+\frac{k\hbar}{eB}\right)^2\right)\phi(x)=E\phi(x) \tag{A.45}$$

となるが，これは $x_0=k\hbar/eB$ だけ x 方向にシフトした角振動数 $\omega=eB/\mu$ の 1 次元調和振動子の問題と等価である．したがって，エネルギー固有値は

$$E_n=\left(n+\frac{1}{2}\right)\hbar\omega \qquad (n=0,1,2,\cdots) \tag{A.46}$$

で与えられ，波動関数は

$$\phi(\boldsymbol{r})=e^{iky}\phi_n(x+x_0)=e^{ieBx_0y/\hbar}\phi_n(x+x_0) \tag{A.47}$$

となる．ここで $\phi_n(x)$ は 1 次元調和振動子の固有波動関数である．エネルギー固有値は k の値によらず，離散化される．すなわち，一様磁場のために，連続スペクトルが離散的スペクトルに変化した．この離散準位を**ランダウ準位**といい，量子ホール効果などで重要な役割を果たす．

第 4 章

問題 4.1

$$S_xS_y=\frac{\hbar^2}{4}\begin{pmatrix}0&1\\1&0\end{pmatrix}\begin{pmatrix}0&-i\\i&0\end{pmatrix}=\frac{\hbar^2}{4}\begin{pmatrix}i&0\\0&-i\end{pmatrix}, \tag{A.48}$$

$$S_yS_x=\frac{\hbar^2}{4}\begin{pmatrix}0&-i\\i&0\end{pmatrix}\begin{pmatrix}0&1\\1&0\end{pmatrix}=\frac{\hbar^2}{4}\begin{pmatrix}-i&0\\0&i\end{pmatrix} \tag{A.49}$$

であるので，

$$S_xS_y-S_yS_x=\frac{i\hbar^2}{2}\begin{pmatrix}1&0\\0&-1\end{pmatrix}=i\hbar\cdot\frac{\hbar}{2}\begin{pmatrix}1&0\\0&-1\end{pmatrix} \tag{A.50}$$

となり，交換関係 $[S_x,S_y]=i\hbar S_z$ が満たされている．

問題 4.2

アダマール行列 H と座標を移動する演算子 S を順次状態ベクトルに作用させる．初期状態を

$$|\psi_0\rangle=\alpha|x=0,0\rangle+\beta|x=0,1\rangle \tag{A.51}$$

と書くと，

$$H|\psi_0\rangle=\frac{1}{\sqrt{2}}(\alpha+\beta)|x=0,0\rangle+\frac{1}{\sqrt{2}}(\alpha-\beta)|x=0,1\rangle,$$
$$SH|\psi_0\rangle=\frac{1}{\sqrt{2}}(\alpha+\beta)|x=-1,0\rangle+\frac{1}{\sqrt{2}}(\alpha-\beta)|x=1,1\rangle$$

となる．これを繰り返すと，

$$(SH)^2|\psi_0\rangle=\frac{1}{2}(\alpha+\beta)(|-2,0\rangle+|0,1\rangle)+\frac{1}{2}(\alpha-\beta)|0,0\rangle-|2,1\rangle),$$
$$\begin{aligned}(SH)^3|\psi_0\rangle=&\frac{1}{2\sqrt{2}}(\alpha+\beta)|-3,0\rangle-\frac{1}{2\sqrt{2}}(\alpha-\beta)|3,1\rangle\\&+\frac{1}{\sqrt{2}}\alpha|-1,0\rangle+\frac{1}{2\sqrt{2}}(\alpha+\beta)|-1,1\rangle\\&-\frac{1}{\sqrt{2}}\beta|1,1\rangle+\frac{1}{2\sqrt{2}}(\alpha-\beta)|1,0\rangle\end{aligned}$$

を得る．

これより，3 ステップ後の確率分布は，

$$P_{\mathrm{QW}}(-3)=\frac{1}{8}|\alpha+\beta|^2,\qquad P_{\mathrm{QW}}(3)=\frac{1}{8}|\alpha-\beta|^2,$$
$$P_{\mathrm{QW}}(-1)=\frac{1}{2}|\alpha|^2+\frac{1}{8}|\alpha+\beta|^2,\qquad P_{\mathrm{QW}}(1)=\frac{1}{2}|\beta|^2+\frac{1}{8}|\alpha-\beta|^2$$

となるので，$P_{\mathrm{QW}}(x)=P_{\mathrm{QW}}(-x)$ となる条件は $|\alpha+\beta|^2=|\alpha-\beta|^2$ かつ $|\alpha|^2=|\beta|^2$ である．これは $\alpha^*\beta+\alpha\beta^*=0$ となる場合に満たされるが，$\alpha=|\gamma|e^{i\theta_\alpha}$, $\beta=|\gamma|e^{i\theta_\beta}$ とおくとこの条件が満たされるのは $\theta_\alpha-\theta_\beta=\pi/2+n\pi$ (n は整数) の場合である．すなわち，$(\alpha,\beta)\propto(1,\pm i)$ の場合である．

問題 4.3

状態

$$|\phi_A\rangle_A\otimes|\phi_B\rangle_B=[\alpha|0\rangle+\beta|1\rangle]\otimes|\phi_B\rangle_B \tag{A.52}$$

にユニタリー演算子 U を作用させると

$$U[\alpha|0\rangle+\beta|1\rangle]\otimes|\phi_B\rangle_B=[\alpha|0\rangle+\beta|1\rangle]\otimes[\alpha|0\rangle+\beta|1\rangle]$$
$$=\alpha^2|0\rangle|0\rangle+\alpha\beta(|0\rangle|1\rangle+|1\rangle|0\rangle)+\beta^2|1\rangle|1\rangle$$

となる．一方，状態

$$|\phi_A\rangle_A\otimes|\phi_B\rangle_B=\alpha|0\rangle\otimes|\phi_B\rangle_B+\beta|1\rangle\otimes|\phi_B\rangle_B \tag{A.53}$$

にユニタリー演算子 U を作用させると

$$\alpha U|0\rangle\otimes|\phi_B\rangle_B+\beta U|1\rangle\otimes|\phi_B\rangle_B=\alpha|0\rangle|0\rangle+\beta|1\rangle|1\rangle \tag{A.54}$$

となり，明らかに異なる状態が得られ，矛盾が生じる．

第5章

問題 5.1

まず，状態 $|11\rangle|\frac{1}{2}\frac{1}{2}\rangle=|Y_{11}\rangle|\uparrow\rangle$ を考える．この状態に $\boldsymbol{j}^2$ および j_z を作用すると，$\boldsymbol{l}^2|Y_{11}\rangle=2\hbar^2|Y_{11}\rangle$，$\boldsymbol{s}^2|\uparrow\rangle=\frac{3}{4}\hbar^2|\uparrow\rangle$，$l_zs_z|Y_{11}\rangle|\uparrow\rangle=\frac{1}{2}\hbar^2|Y_{11}\rangle|\uparrow\rangle$ となることを用いて，

$$\boldsymbol{j}^2|Y_{11}\rangle|\uparrow\rangle=\frac{15}{4}\hbar^2|Y_{11}\rangle|\uparrow\rangle=\frac{3}{2}\left(\frac{3}{2}+1\right)\hbar^2|Y_{11}\rangle|\uparrow\rangle, \tag{A.55}$$

$$j_z|Y_{11}\rangle|\uparrow\rangle=\left(1+\frac{1}{2}\right)\hbar|Y_{11}\rangle|\uparrow\rangle=\frac{3}{2}\hbar|Y_{11}\rangle|\uparrow\rangle \tag{A.56}$$

となる．ここで，$l_+|Y_{11}\rangle=s_+|\uparrow\rangle=0$ を用いた．これより，$|Y_{11}\rangle|\uparrow\rangle=\left|\frac{3}{2}\ \frac{3}{2}\right\rangle$ であることがわかる．

次に，j_z が 1 だけ小さい状態 $\left|\frac{3}{2}\ \frac{1}{2}\right\rangle$ は，今作った $\left|\frac{3}{2}\ \frac{3}{2}\right\rangle$ に j_- を作用させることで作ることができる．$l_-|Y_{ll}\rangle=\sqrt{2l}|Y_{ll-1}\rangle$，$s_-|\uparrow\rangle=|\downarrow\rangle$ に注意すると，

$$\left|\frac{3}{2}\ \frac{1}{2}\right\rangle\propto\sqrt{2}|Y_{10}\rangle|\uparrow\rangle+|Y_{11}\rangle|\downarrow\rangle \tag{A.57}$$

となる．ここで，規格化因子を適当に選ぶと $\left|\frac{3}{2}\ \frac{1}{2}\right\rangle=\sqrt{\frac{2}{3}}|Y_{10}\rangle|\uparrow\rangle+\frac{1}{\sqrt{3}}|Y_{11}\rangle|\downarrow\rangle$ となる．さらに j_z が 1 小さい状態 $\left|\frac{3}{2}\ -\frac{1}{2}\right\rangle$ は同様に $\left|\frac{3}{2}\ \frac{1}{2}\right\rangle$ に j_- を作用させて作ることができる．$l_-|Y_{10}\rangle=\sqrt{2}|Y_{1-1}\rangle$ を用いると，$\left|\frac{3}{2}\ -\frac{1}{2}\right\rangle\propto j_-\left|\frac{3}{2}\ \frac{1}{2}\right\rangle=\frac{1}{\sqrt{3}}|Y_{1-1}\rangle|\uparrow\rangle+\sqrt{\frac{2}{3}}|Y_{10}\rangle|\downarrow\rangle$

となる．

さらに j_z が 1 小さい状態 $\left|\frac{3}{2}\ -\frac{3}{2}\right\rangle$ も同様に $\left|\frac{3}{2}\ -\frac{1}{2}\right\rangle$ に j_- を作用させて作ること ができる．結果は，$\left|\frac{3}{2}\ -\frac{3}{2}\right\rangle \propto j_-\left|\frac{3}{2}\ -\frac{1}{2}\right\rangle = |Y_{1-1}\rangle|\downarrow\rangle$ である．
ここまでで，状態 $|jj_z\rangle$ のうち，$j=3/2$, $j_z=-3/2\sim+3/2$ の 4 つの状態ができたことになる．

式 (A.57) で与えられる状態 $\left|\frac{3}{2}\ \frac{1}{2}\right\rangle$ は 2 つの項の足し合わせであるので，足し合わせの係数を変えることによって，この状態に直交する状態をもう 1 つ作ることができる：$-\sqrt{\frac{1}{3}}|Y_{10}\rangle|\uparrow\rangle+\sqrt{\frac{2}{3}}|Y_{11}\rangle|\downarrow\rangle$. この状態は j_z の固有状態であり，その固有値は 1/2 である．また，$\boldsymbol{j}^2$ を作用させると

$$
\begin{aligned}
&\boldsymbol{j}^2\left(-\sqrt{\frac{1}{3}}|Y_{10}\rangle|\uparrow\rangle+\sqrt{\frac{2}{3}}|Y_{11}\rangle|\downarrow\rangle\right)\\
&\quad=\frac{3}{4}\hbar^2\left(-\sqrt{\frac{1}{3}}|Y_{10}\rangle|\uparrow\rangle+\sqrt{\frac{2}{3}}|Y_{11}\rangle|\downarrow\rangle\right)\\
&\quad=\frac{1}{2}\left(\frac{1}{2}+1\right)\hbar^2\left(-\sqrt{\frac{1}{3}}|Y_{10}\rangle|\uparrow\rangle+\sqrt{\frac{2}{3}}|Y_{11}\rangle|\downarrow\rangle\right) \qquad \text{(A.58)}
\end{aligned}
$$

となるので，この状態は $\boldsymbol{j}^2$ の固有状態であり，j の大きさは 1/2 である．すなわち，$\left|\frac{1}{2}\ \frac{1}{2}\right\rangle=-\sqrt{\frac{1}{3}}|Y_{10}\rangle|\uparrow\rangle+\sqrt{\frac{2}{3}}|Y_{11}\rangle|\downarrow\rangle$ である．

この状態より j_z が 1 小さい状態は，これまでと同様この状態に j_- を作用させることによって作ることができる．すなわち，$\left|\frac{1}{2}\ -\frac{1}{2}\right\rangle \propto j_-\left|\frac{1}{2}\ \frac{1}{2}\right\rangle=-\sqrt{\frac{2}{3}}|Y_{1-1}\rangle|\uparrow\rangle+\frac{1}{\sqrt{3}}|Y_{10}\rangle|\downarrow\rangle$ となる．

$\left|\frac{1}{2}\ \frac{1}{2}\right\rangle$ に直交する状態はこれ以上もう作れない．この状態は 2 つの状態の線形結合であり，そこから作れる線形独立な状態は 2 つのみ $\left(\left|\frac{3}{2}\ \frac{1}{2}\right\rangle\right.$ と $\left.\left|\frac{1}{2}\ \frac{1}{2}\right\rangle\right)$ だからである．$\left|\frac{1}{2}\ -\frac{1}{2}\right\rangle$ も同様である．

したがって，ここまでですべての状態が表せたことになる．これを整理すると表 A.1 のようになる．

表 A.1 大きさ 1 の軌道角運動量 $\boldsymbol{l}$ と大きさ 1/2 のスピン角運動量 $\boldsymbol{s}$ を合成してできる状態.

$j_z/\hbar$	$j=3/2$	$j=1/2$
3/2	$\lvert Y_{11}\rangle\lvert\uparrow\rangle$	
1/2	$\sqrt{\frac{2}{3}}\lvert Y_{10}\rangle\lvert\uparrow\rangle+\frac{1}{\sqrt{3}}\lvert Y_{11}\rangle\lvert\downarrow\rangle$	$-\frac{1}{\sqrt{3}}\lvert Y_{10}\rangle\lvert\uparrow\rangle+\sqrt{\frac{2}{3}}\lvert Y_{11}\rangle\lvert\downarrow\rangle$
−1/2	$\frac{1}{\sqrt{3}}\lvert Y_{1-1}\rangle\lvert\uparrow\rangle+\sqrt{\frac{2}{3}}\lvert Y_{10}\rangle\lvert\downarrow\rangle$	$-\sqrt{\frac{2}{3}}\lvert Y_{1-1}\rangle\lvert\uparrow\rangle+\frac{1}{\sqrt{3}}\lvert Y_{10}\rangle\lvert\downarrow\rangle$
−3/2	$\lvert Y_{1-1}\rangle\lvert\downarrow\rangle$	

問題 5.2

$\boldsymbol{j}=\boldsymbol{l}+\boldsymbol{s}$ の辺々を 2 乗すると,

$$\boldsymbol{l}\cdot\boldsymbol{s}=\frac{1}{2}(\boldsymbol{j}^2-\boldsymbol{l}^2-\boldsymbol{s}^2) \tag{A.59}$$

となるが，軌道角運動量 l とスピン角運動量 $\boldsymbol{s}$ を合成した状態

$$\mathcal{Y}_{jlm}(\hat{\boldsymbol{r}})\equiv\sum_{m_l,m_s}\left\langle l\ m_l\ \frac{1}{2}\ m_s\middle|jm\right\rangle Y_{lm_l}(\hat{\boldsymbol{r}})\chi_{m_s} \tag{A.60}$$

にこれを作用すると,

$$\boldsymbol{l}\cdot\boldsymbol{s}\mathcal{Y}_{jlm}(\hat{\boldsymbol{r}})=\frac{\hbar^2}{2}\left(j(j+1)-l(l+1)-\frac{3}{4}\right)\mathcal{Y}_{jlm}(\hat{\boldsymbol{r}}) \tag{A.61}$$

となる．すなわち，$\mathcal{Y}_{jlm}(\hat{\boldsymbol{r}})$ は V_{ls} の固有関数であり，固有値は

$$V_{ls}=\begin{cases}\dfrac{l}{2}\alpha, & j=l+1/2\\[2ex] -\dfrac{l+1}{2}\alpha, & j=l-1/2\end{cases} \tag{A.62}$$

である．これより，スピン・軌道力 V_{ls} を含めたハミルトニアンの固有関数は

$$\psi_{jlm}(\boldsymbol{r})=R_l(r)\mathcal{Y}_{jlm}(\hat{\boldsymbol{r}}) \tag{A.63}$$

であり，その固有値は

$$\epsilon_{jl}=\begin{cases}\epsilon_l+\dfrac{l}{2}\alpha, & j=l+1/2\\[2ex] \epsilon_l-\dfrac{l+1}{2}\alpha, & j=l-1/2\end{cases} \tag{A.64}$$

となる.

第6章

問題 6.1

粒子の入れ替えで波動関数が対称になることに注意すると以下のようになる．
基底状態：

$$\Psi_0(x_1,x_2)=\phi_0(x_1)\phi_0(x_2). \tag{A.65}$$

第一励起状態：

$$\Psi_1(x_1,x_2)=\frac{1}{\sqrt{2}}[\phi_0(x_1)\phi_1(x_2)+\phi_1(x_1)\phi_0(x_2)]. \tag{A.66}$$

第二励起状態：

$$\Psi_2^{(1)}(x_1,x_2)=\frac{1}{\sqrt{2}}[\phi_0(x_1)\phi_2(x_2)+\phi_2(x_1)\phi_0(x_2)], \tag{A.67}$$

$$\Psi_2^{(2)}(x_1,x_2)=\phi_1(x_1)\phi_1(x_2). \tag{A.68}$$

$\phi_n(x)$ に対する調和振動子ポテンシャルの固有エネルギーが $(n+1/2)\hbar\omega$ で与えられるので，上の式の基底状態，第一励起状態，第二励起状態はそれぞれ $E_0=\hbar\omega$，$E_1=2\hbar\omega$，$E_2=3\hbar\omega$ の固有エネルギーを持つ．

問題 6.2

2つのフェルミ粒子の合成スピンが $S=0$ のときに波動関数の空間成分は粒子の入れ替えに対して対称，$S=1$ のときに反対称になる．したがって，同種2フェルミオン系の固有状態は以下のようになる．
基底状態：

$$\Psi_0(x_1,x_2)=\phi_0(x_1)\phi_0(x_2)|S=0\rangle. \tag{A.69}$$

第一励起状態：

$$\Psi_1^{(1)}(x_1,x_2)=\frac{1}{\sqrt{2}}[\phi_0(x_1)\phi_1(x_2)+\phi_1(x_1)\phi_0(x_2)|S=0\rangle, \tag{A.70}$$

$$\Psi_1^{(2)}(x_1,x_2)=\frac{1}{\sqrt{2}}[\phi_0(x_1)\phi_1(x_2)-\phi_1(x_1)\phi_0(x_2)|S=1,S_z\rangle. \tag{A.71}$$

第二励起状態：

$$\Psi_2^{(1)}(x_1,x_2)=\frac{1}{\sqrt{2}}[\phi_0(x_1)\phi_2(x_2)+\phi_2(x_1)\phi_0(x_2)]|S=0\rangle, \tag{A.72}$$

$$\Psi_2^{(2)}(x_1,x_2)=\phi_1(x_1)\phi_1(x_2)|S=0\rangle, \tag{A.73}$$

$$\Psi_2^{(3)}(x_1,x_2)=\frac{1}{\sqrt{2}}[\phi_0(x_1)\phi_2(x_2)-\phi_2(x_1)\phi_0(x_2)]|S=1,S_z\rangle. \tag{A.74}$$

エネルギー固有値はそれぞれ $E_0=\hbar\omega$，$E_1=2\hbar\omega$，$E_2=3\hbar\omega$ となる．

第7章

問題 7.1

$$H=T+V_{\rm sw}(r)=T+V_{\rm ho}(r)+V_{\rm sw}(r)-V_{\rm ho}(r) \tag{A.75}$$

と書き直し，$\lambda V(r)=V_{\rm sw}(r)-V_{\rm ho}(r)$ を摂動として井戸型ポテンシャル $V_{\rm sw}(r)$ の固有状態を考える．図からわかるように，摂動ポテンシャル $\lambda V(r)$ は r のすべての領域に対して負である．すなわち，一次の摂動論の範囲内ではエネルギーは調和振動子ポテンシャルの固有エネルギーから下がる．また，摂動ポテンシャルの絶対値は $r=0$ でゼロであり，$r=r_0$ までは r とともに大きくなる．$N=2$ の 2 つの状態，$l=0$ と $l=2$ を比べた場合，l の値が大きい $l=2$ の状態の波動関数の方が r が大きい領域により大きな成分を持ち，摂動ポテンシャルの影響をより強く受ける．したがって，$l=2$ の状態の方が $l=0$ の状態に比べてエネルギーがより下がることになる．

問題 7.2

2 粒子間に相互作用が働いていないとき，この系の基底状態の波動関数は

$$\Psi_0^{(0)}(x_1,x_2)=\phi_0(x_1)\phi_0(x_2) \tag{A.76}$$

であり，固有エネルギーは $E_0^{(0)}=\hbar\omega$ である．ここで，$\phi_0(x)$ は調和振動子ポテンシャルの基底状態の波動関数

$$\phi_0(x)=\left(\frac{m\omega}{\pi\hbar}\right)^{1/4}e^{-\frac{m\omega}{2\hbar}x^2} \tag{A.77}$$

である．相互作用 v を 1 次の摂動論で扱うと，基底状態のエネルギーは近似的に

$$\begin{aligned} E_{\rm gs} &\sim \hbar\omega+\langle\Psi_0^{(0)}|v|\Psi_0^{(0)}\rangle \\ &=\hbar\omega+\int dx_1dx_2(\Psi_0^{(0)}(x_1,x_2))^*v(x_1,x_2)\Psi_0^{(0)}(x_1,x_2) \\ &=\hbar\omega-g\int dx[\phi_0(x)]^4=\hbar\omega-g\sqrt{\frac{m\omega}{2\pi\hbar}} \end{aligned} \tag{A.78}$$

と求まる．

問題 7.3

（1） 時間に依存する摂動論を用いると，摂動の 1 次の範囲で式 (7.147) の $\alpha(t)$ と $\beta(t)$ は

$$\alpha(t)=1, \tag{A.79}$$

$$e^{i\epsilon t/\hbar}\beta(t)=\frac{1}{i\hbar}\int_0^t dt'\, e^{i\epsilon t'/\hbar}F(t') \tag{A.80}$$

と表される．$\beta(t)$ の式を t に関して部分積分を行い，$\dot{F}(t)$ に比例する項を無視すると，$\beta(t)$ は近似的に

$$\beta(t)\sim-\frac{1}{\epsilon}F(t) \tag{A.81}$$

となる．

（2） 式 (7.146) の 2×2 行列を対角化すると，固有値は ϵ および $-F^2/\epsilon$ となる．$|F|\ll\epsilon$ の場合，このうち固有値の絶対値が小さいほうは $-F^2/\epsilon$ である．この固有値に対する固有関数は

$$\Psi=\begin{pmatrix} 1 \\ -F(t)/\epsilon \end{pmatrix} \tag{A.82}$$

であるが，これは (a) で求めたものと一致している．

問題 7.4

粒子 B は速度 v で等速直線運動をしているから，時刻 t において $r(t)=\sqrt{b^2+v^2t^2}$ となる．これを用いると，時刻 $t=\infty$ において粒子 B の状態が ϕ_1 となっている遷移振幅は

$$\begin{aligned}C_1(t=\infty)&=\frac{1}{i\hbar}\int_{-\infty}^{\infty}dt'\, e^{i\epsilon t'/\hbar}Fe^{-g(b^2+v^2t'^2)}\\&=\frac{F}{i\hbar}e^{-gb^2-\frac{\epsilon^2}{4gv^2\hbar^2}}\sqrt{\frac{\pi}{gv^2}}\end{aligned} \tag{A.83}$$

と求まる．ここで，

$$\int_{-\infty}^{\infty}dx e^{-\alpha(x-i\beta)^2}=\sqrt{\frac{\pi}{\alpha}} \tag{A.84}$$

を用いた．これより，遷移確率は

$$P_1 = |C_1(t=\infty)|^2 = \frac{\pi F^2}{gv^2\hbar^2} e^{-2gb^2 - \frac{\epsilon^2}{2gv^2\hbar^2}} \tag{A.85}$$

と求まる．

第８章

問題 8.1

（1）

$$\langle r^2 \rangle = \frac{3}{5} R^2 \tag{A.86}$$

（2） 式 (8.29) と同様の計算を行うと

$$F(q) = \frac{3Z}{qR^3} \left(-\frac{R}{q} \cos qR + \frac{1}{q^2} \sin qR \right) \tag{A.87}$$

を得る．

（3） $F(q)$ を q について展開すると，

$$\begin{aligned} F(q) &= \frac{3Z}{qR^3} \left(-\frac{R}{q} \left(1 - \frac{q^2R^2}{2} + \frac{q^4R^4}{4!} + \cdots \right) + \frac{1}{q^2} \left(qR - \frac{q^3R^3}{6} + \frac{q^5R^5}{5!} + \cdots \right) \right) \\ &= Z - \frac{Zq^2R^2}{10} \end{aligned}$$

となり，式 (8.42) が確かめられた．

問題 8.2

$\rho = kr$ としてシュレーディンガー方程式 (8.123) を書き直すと

$$\left(\frac{d^2}{d\rho^2} + 1 - \frac{l(l+1)}{\rho^2} \right) u_l(r) = \frac{V(r)}{E} u_l(r) \tag{A.88}$$

となる．この式の両辺に $\tilde{j}_l(\rho)$ をかけたものから式 (8.248) の両辺に $u_l(r)$ をかけたものを引くと

$$\tilde{j}_l(\rho) \frac{d^2}{d\rho^2} u_l(r) - u_l(r) \frac{d^2}{d\rho^2} \tilde{j}_l(r) = \frac{V(r)}{E} \tilde{j}_l(\rho) u_l(r) \tag{A.89}$$

を得る．この両辺を ρ に関して 0 から ∞ まで積分すると，

$$\tilde{j}_l(\rho) \frac{d}{d\rho} u_l(r) - u_l(r) \frac{d}{d\rho} \tilde{j}_l(r) \Big|_{\rho=0}^{\infty} = \int_0^\infty d\rho \frac{V(r)}{E} \tilde{j}_l(\rho) u_l(r) \tag{A.90}$$

となるが，$u_l(r)$ と $\tilde{j}_l(\rho)$ はともに原点で正則なので，左辺の $\rho=0$ での値はゼロである．$\rho=\infty$ に対して $u_l(r)$ および $\tilde{j}_l(\rho)$ の漸近形を用いると，式 (8.249) を得る．

問題 8.3

$qf_{\mathrm{Born}}(q)$ に $\sin(qr')$ をかけて q に対して 0 から ∞ まで積分すると，

$$\int_0^\infty q\sin(qr')f_{\mathrm{Born}}(q)dq=-\frac{2\mu}{\hbar^2}\int_0^\infty dr\int_0^\infty dq\sin(qr)\sin(qr')rV(r)=-\frac{\pi\mu}{\hbar^2}r'V(r') \tag{A.91}$$

となり，r' を r に変えて整理すると式 (8.251) を得る．

問題 8.4

束縛状態の波動関数は以下の形で与えられる．

$$u_B(r)=\begin{cases} A\sin\tilde{k}'r & (r\leq R), \\ Be^{-\tilde{\kappa}r} & (r>R). \end{cases} \tag{A.92}$$

式 (8.142) で $\tilde{k}'\sim\tilde{k}_0$ とおくと，

$$a=R\left(1-\frac{\tan\tilde{k}R}{\tilde{k}R}\right)\sim R\left(1-\frac{\tan\tilde{k}'R}{\tilde{k}'R}\right) \tag{A.93}$$

となるが，$r=R$ における波動関数の接続条件より，

$$\frac{\tilde{k}'\cos\tilde{k}'R}{\sin\tilde{k}'R}=\frac{-\tilde{\kappa}e^{-\tilde{\kappa}R}}{e^{-\tilde{\kappa}R}} \tag{A.94}$$

であるので，

$$a\sim R+\frac{1}{\tilde{\kappa}}\sim\frac{1}{\tilde{\kappa}} \tag{A.95}$$

を得る．ここで，$E_b\sim 0$ では R に比べて $1/\tilde{\kappa}$ が十分大きいことを用いた．(この式からも，束縛状態があるときには散乱長 a は正の値を持ち，また，束縛状態のエネルギーがゼロの極限で散乱長が発散することが見てとれる．)

問題 8.5

$r>R$ での波動関数は $u(r)=e^{-ikr}-Se^{ikr}$ $(k=\sqrt{2\mu E/\hbar^2})$ で与えられる．$r=R$ で内側と外側の波動関数の接続を行うと，

$$S=\frac{K-k}{k+k}e^{-2ikR} \tag{A.96}$$

を得る．$l=0$ のみが吸収断面積に寄与するとすると，吸収断面積は

$$\sigma_{\rm abs} \sim \frac{\pi}{k^2}(1-|S|^2) = \frac{\pi}{k^2}\frac{4kK}{(k+K)^2} \tag{A.97}$$

となる．$E\sim 0$ であるから，$k\sim 0$，$K=$定数 であり，$\sigma_{\rm abs}\sim 4\pi/(kK)\propto 1/k$ となる．

問題 8.6

$\psi(\boldsymbol{r})=e^{ikz}\phi(\boldsymbol{r})$ をシュレーディンガー方程式 (8.21) に代入して $\boldsymbol{\nabla}^2\phi(\boldsymbol{r})$ を無視すると

$$\frac{ik\hbar^2}{\mu}\frac{\partial}{\partial z}\phi(\boldsymbol{r}) = V(r)\phi(\boldsymbol{r}) \tag{A.98}$$

を得る．$\phi(\boldsymbol{r})\to 1$ $(z\to -\infty)$ の境界条件のもとでこの方程式を解くと

$$\phi(\boldsymbol{b},z) = e^{2i\chi(b,z)}; \qquad \chi(b,z) = -\frac{\mu}{2k\hbar^2}\int_{-\infty}^{z} V(\boldsymbol{b},z')dz' \tag{A.99}$$

となる．ここで，$\boldsymbol{b}=(x,y)$ であり，また，ポテンシャル $V(r)$ が球対称であれば関数 χ は $\boldsymbol{b}$ の大きさのみによる．

式 (8.61) より，散乱振幅は

$$f(\theta) = -\frac{\mu}{2\pi\hbar^2}\int d^2b\int_{-\infty}^{\infty} dz e^{-i\boldsymbol{q}\cdot\boldsymbol{r}} V(\boldsymbol{b},z)\phi(\boldsymbol{b},z) \tag{A.100}$$

で与えられるが，式 (A.98) を用いると，

$$f(\theta) = -\frac{ik}{2\pi}\int d^2b e^{-i\boldsymbol{q}\cdot\boldsymbol{r}}[\phi(\boldsymbol{b},z)]_{z=-\infty}^{\infty} = -\frac{ik}{2\pi}\int d^2b e^{-i\boldsymbol{q}\cdot\boldsymbol{r}}\left(e^{2i\chi(b)}-1\right) \tag{A.101}$$

を得る．ここで，

$$\chi(b) \equiv \chi(b,z=\infty) = -\frac{\mu}{2k\hbar^2}\int_{-\infty}^{\infty} V(\boldsymbol{b},z')dz' \tag{A.102}$$

である．さらに，

$$\int d^2b e^{-i\boldsymbol{q}\cdot\boldsymbol{b}} = \int_0^{\infty} bdb\int_{-}^{2\pi} d\varphi e^{-iqb\cos\varphi} = 2\pi\int_0^{\infty} bdb J_0(qb) \tag{A.103}$$

を用いると，

$$f(\theta) = -ik\int_0^{\infty} bdb J_0(qb)\left(e^{2i\chi(b)}-1\right) \tag{A.104}$$

となる．

第９章

問題 9.1

調和振動子ポテンシャルに対し，$E=V(x)$ を満たす転回点は $x=\pm\sqrt{\dfrac{2E}{m\omega^2}}\equiv\pm a$ となる．このとき，

$$\int_{-a}^{a}k(x)dx=\int_{-a}^{a}\sqrt{\frac{2m}{\hbar^2}\left(E-\frac{1}{2}m\omega^2x^2\right)}dx=\sqrt{\frac{2mE}{\hbar^2}}\int_{-a}^{a}\sqrt{1-\frac{x^2}{a^2}}dx \tag{A.105}$$

となる．ここで，$\dfrac{1}{2}m\omega^2=\dfrac{E}{a^2}$ を用いた．この積分で $y=x/a$ とおいて変数変換を行うと

$$\int_{-a}^{a}k(x)dx=\sqrt{\frac{2mE}{\hbar^2}}\int_{-1}^{1}\sqrt{1-y^2}\,ady=\frac{2E}{\hbar\omega}\int_{-1}^{1}\sqrt{1-y^2}dy \tag{A.106}$$

となるが，さらに $y=\cos\theta$ と変換すると，

$$\int_{-a}^{a}k(x)dx=\frac{2E}{\hbar\omega}\int_{0}^{\pi}\sin^2\theta d\theta=\frac{2E}{\hbar\omega}\frac{\pi}{2} \tag{A.107}$$

を得る．これより，エネルギー固有値は

$$E=\left(n+\frac{1}{2}\right)\hbar\omega \tag{A.108}$$

と求まる．これは量子力学的にシュレーディンガー方程式を解いて得たものと完全に一致している．

問題 9.2

(a)

$$\frac{d}{dr}=\frac{d\xi}{dr}\frac{d}{d\xi}=e^{-\xi}\frac{d}{d\xi}, \tag{A.109}$$

$$\frac{d^2}{dr^2}=\frac{d\xi}{dr}\frac{d}{d\xi}\left(e^{-\xi}\frac{d}{d\xi}\right)=e^{-\xi}\left(-e^{-\xi}\frac{d}{d\xi}+e^{-\xi}\frac{d^2}{d\xi^2}\right) \tag{A.110}$$

を用いると

$$\left[-\frac{\hbar^2}{2m}e^{-2\xi}\left(-\frac{d}{d\xi}+\frac{d^2}{d\xi^2}\right)+\frac{l(l+1)\hbar^2}{2m}e^{-2\xi}+V(\xi)-E\right]g(\xi)e^{\xi/2}=0 \tag{A.111}$$

となる．ここで

$$\frac{d}{d\xi}\left(g(\xi)e^{\xi/2}\right)=g'e^{\xi/2}+\frac{g}{2}e^{\xi/2}, \tag{A.112}$$

$$\frac{d^2}{d\xi^2}\left(g(\xi)e^{\xi/2}\right)=g''e^{\xi/2}+g'e^{\xi/2}+\frac{g}{4}e^{\xi/2} \tag{A.113}$$

を代入して整理すると

$$\left[-\frac{\hbar^2}{2m}\frac{d^2}{d\xi^2}g(\xi)+e^{2\xi}\left(V(\xi)+\frac{(l+1/2)^2\hbar^2}{2mr^2}-E\right)g(\xi)\right]=0 \tag{A.114}$$

を得る．遠心力ポテンシャルの $l(l+1)$ が $(l+1/2)^2$ に変化していることに注意せよ．

(b)

$$k_\xi(\xi)=\sqrt{\frac{2m}{\hbar^2}e^{2\xi}\left(E-V(r)-\frac{(l+1/2)^2\hbar^2}{2mr^2}\right)}, \tag{A.115}$$

$$\gamma_\xi(\xi)=\sqrt{\frac{2m}{\hbar^2}e^{2\xi}\left(V(r)+\frac{(l+1/2)^2\hbar^2}{2mr^2}-E\right)} \tag{A.116}$$

とおく．転回点は，

$$E-V(r_0)-\frac{(l+1/2)^2\hbar^2}{2mr_0^2}=0 \tag{A.117}$$

となる r_0 を用いて $\xi_0=\ln r_0$ と書ける．関数 $g(\xi)$ に対して WKB 接続公式を用いると，$\xi>\xi_0$ で

$$g(\xi)=\frac{C}{\sqrt{k_\xi(\xi)}}\sin\left(\int_{\xi_0}^{\xi}k_\xi(\xi')d\xi'+\frac{\pi}{4}\right)\qquad(\xi>\xi_0) \tag{A.118}$$

および $\xi<\xi_0$ で

$$g(\xi)=\frac{C}{2\sqrt{\gamma_\xi(\xi)}}\exp\left(-\int_{\xi_0}^{\xi}\gamma_\xi(\xi')d\xi'\right)\qquad(\xi<\xi_0) \tag{A.119}$$

となる．$k_\xi(\xi)=e^{\xi}k(r)$，$\gamma_\xi(\xi)=e^{\xi}\gamma(r)$，$dr=e^{\xi}d\xi$ であることに注意して逆変換を行うと式 (9.70)-(9.72) を得る．

問題 9.3

9.3 節で述べたように波動関数の接続を行うと，$x>c$ における波動関数として

$$\begin{aligned}\psi(x)=&\frac{4}{\sqrt{k(x)}}\cos\left(\int_a^b k(x')dx'\right)\exp\left(\int_b^c\gamma(x')dx'\right)\cos\left(\int_c^x k(x)dx-\frac{\pi}{4}\right)\\&-\frac{1}{\sqrt{k(x)}}\sin\left(\int_a^b k(x')dx'\right)\exp\left(-\int_b^c\gamma(x')dx'\right)\sin\left(\int_c^x k(x)dx-\frac{\pi}{4}\right)\end{aligned}$$

$$(A.120)$$

を得る．ここで，エネルギー E が破線ポテンシャルの束縛状態のエネルギーから十分離れているとすると，この式で第 1 項に比べて第 2 項を無視することができる．したがって，波動関数は

$$\psi(x) \propto \cos\left(\int_c^x k(x)dx - \frac{\pi}{4}\right) = \sin\left(\int_c^x k(x)dx - \frac{3\pi}{4}\right) \tag{A.121}$$

となるが，これを $\psi(x) \propto \sin(kx+\delta)$ と比べると，位相のずれとして

$$\delta \equiv \delta_{\mathrm{bg}} = -kx + \int_c^x k(x)dx - \frac{3\pi}{4} = \int_c^x (k(x)-k)dx - kc - \frac{3\pi}{4} \tag{A.122}$$

を得る．

問題 9.4

エネルギーが破線ポテンシャルの束縛状態のエネルギーと一致するとき，ボーア-ゾンマーフェルトの量子化条件より式 (A.120) の 1 項目がゼロになる．したがって，位相のずれは

$$\delta = -kx + \int_c^x k(x)dx - \frac{\pi}{4} = \delta_{\mathrm{bg}} + \frac{\pi}{2} \tag{A.123}$$

となる．

参考文献

量子力学に関する良い教科書は数多く出版されているが，本書の執筆にあたり以下の教科書を参考にした．

[1] ガシオロウィッツ著，林武美，北門新作訳『量子力学 I, II』，丸善出版 (1998) (S. Gasiorowicz, *Quantum Physics, 2nd ed.*, Wiley (1996) の和訳)

[2] 猪木慶治，川合光『量子力学 I, II』，講談社 (1994)

[3] J.J. サクライ著，桜井明夫訳『現代の量子力学 上，下』，吉岡書店 (2014, 2015) (J.J. Sakurai, *Modern Quantum Mechanics*, Addison-Wesley (1994) の和訳)

[4] J.J. サクライ著，樺沢宇紀訳『サクライ上級量子力学 I, II』，丸善プラネット (2010) (J.J. Sakurai, *Advanced Quantum Mechanics*, Addison-Wesely (1965) の和訳)

[5] 国広悌二『量子力学』，東京図書 (2018)

[6] 倉本義夫，江澤潤一『量子力学』，朝倉書店 (2008)

[7] 岡本良治『スピンと角運動量』，共立出版 (2014)

[8] K. Konishi, G. Paffuti, *Quantum Mechanics: A New Introduction*, Oxford University Press (2009)

[9] E. Merzbacher, *Quantum Mechanics, 3rd ed.*, Wiley (1997)

[10] P.A.M. Dirac, *The Principles of Quantum Mechanics*, Oxford University Press (1958)

[11] 朝永振一郎『量子力学 (第 2 版) I, II, 補巻「角運動量とスピン」』，みすず書房 (1969, 1997, 1989)

[12] 佐川弘幸，吉田宣章『量子情報理論 第 3 版』，丸善出版 (2019)

[13] D.M. Brink, *Semi-Classical Methods for Nucleus-Nucleus Scattering*, Cambridge University Press (2009)

[14] 緒方一介『量子散乱理論への招待』，共立出版 (2017)

[15] 小野寺嘉孝『物理のための応用数学』，裳華房 (1988)

この他にも，量子力学のよく知られた教科書として以下のものがあげられる．

[16] シッフ著，井上健訳『量子力学 上，下』，吉岡書店 (1970, 1972)

[17] メシア著，小出昭一郎，田村二郎訳『メシア量子力学 1, 2, 3』，東京図書 (1971, 1972)

[18] ランダウ，リフシッツ著，好村滋洋，井上健男訳『量子力学』，東京図書 (1984)

[19] ファインマン，レイトン，サンズ著，砂川重信訳『ファインマン物理学 5. 量子力学』，岩波書店 (1986)

[20] ファインマン，ヒッブス著，北原和夫訳『量子力学と経路積分』，みすず書房 (2017)

[21] 砂川重信『散乱の量子論』，岩波書店 (1977, オンデマンドブックス 2015)

[22] 小出昭一郎『量子力学 1, 2』，裳華房 (1990)

[23] 小出昭一郎，水野幸夫『量子力学演習 (新装版)』，裳華房 (2020)

[24] 清水明『量子論の基礎』，サイエンス社 (2004)

[25] 湯川秀樹『量子力学序説』，弘文堂書房 (1947); (大阪大学出版社にて復刊，2021)

[26] 前野昌弘『よくわかる量子力学』，東京図書 (2011)

[27] D.J. Griffiths *Introduction to Quantum Mechanics*, Cambridge University Press (2016)

索引

数字・アルファベット

あ行

か行

さ行

た行

な行

は行

ま行

や行

ら行

わ行

萩野浩一 (はぎの・こういち)

略歴

1971年 宮城県に生まれる.

1998年 東北大学大学院理学研究科物理学専攻博士後期課程修了.

同 東北大学,博士(理学).

現 在 京都大学大学院理学研究科物理学・宇宙物理学専攻教授.

専門は,原子核物理学(理論).

量子力学(りょうしりきがく) 物理学(ぶつりがく)アドバンストシリーズ

2022年3月25日 第1版第1刷発行

著 者 萩野 浩一

発行所 株式会社 日本評論社

〒170-8474 東京都豊島区南大塚3-12-4

電話 (03) 3987-8621 [販売]

(03) 3987-8599 [編集]

印 刷 三美印刷

製 本 難波製本

装 丁 山田信也(ヤマダデザイン室)

ISBN978-4-535-78955-5